新一代人工智能系列教材

赋能：人工智能与数字经济

王延峰　于晓宇　史占中　吴明辉

李泉　周曦　俞凯　惠慧　熊友军

编著

U0129782

中国教育出版传媒集团

高等教育出版社·北京

内容提要

本书提出了"为工科学生培养产业思维"的构想，希望在人工智能技术知识的基础上，提供更为宏观的产业视角，通过介绍管理学、经济学等领域的知识和案例，将技术知识点串联起来，帮助读者了解人工智能技术在具体行业中的应用，形成对整个商业生态系统的认知，理解人工智能如何赋能数字经济。

本书的内容分为三篇：第 1 篇系统性地介绍数字经济及其相关管理学、经济学领域的知识，并最终将抽象的知识落脚于本书的研究主体——人工智能，对人工智能的技术演进与业态发展进行概述；第 2 篇从人工智能供给侧的角度，围绕基础技术、应用场景及相关产业和企业的发展介绍计算机视觉技术、智能语音语言技术、信息检索与挖掘和控制智能与机器人这4 个代表性技术；第 3 篇从人工智能需求侧的角度，选取社会生产和生活密切相关的制造、电信和医疗三大行业，探讨人工智能技术的应用基础与成效。

本书适合作为高等学校计算机类相关专业、人工智能类相关专业，以及管理类相关专业的本科生、研究生学习人工智能与数字经济的教材使用，还可供相关领域的科研人员、工程技术人员和管理人员参考阅读。

图书在版编目（ＣＩＰ）数据

赋能：人工智能与数字经济 / 王延峰等编著. --
北京：高等教育出版社，2022.10
ISBN 978-7-04-059115-6

Ⅰ.①赋… Ⅱ.①王… Ⅲ.①人工智能-高等学校-
教材②信息经济-高等学校-教材　Ⅳ.①TP18②F49

中国版本图书馆 CIP 数据核字（2022）第 141760 号

Funeng: Rengong Zhineng yu Shuzi Jingji

| 策划编辑 | 韩　飞 | 责任编辑 | 韩　飞 | 封面设计 | 张申申 | 版式设计 | 李彩丽 |
| 责任绘图 | 黄云燕 | 责任校对 | 张　薇 | 责任印制 | 朱　琦 | | |

出版发行	高等教育出版社	网　　址	http://www.hep.edu.cn
社　　址	北京市西城区德外大街 4 号		http://www.hep.com.cn
邮政编码	100120	网上订购	http://www.hepmall.com.cn
印　　刷	保定市中画美凯印刷有限公司		http://www.hepmall.com
开　　本	787mm×1092mm　1/16		http://www.hepmall.cn
印　　张	19.5		
字　　数	420 千字	版　　次	2022 年 10 月第 1 版
购书热线	010-58581118	印　　次	2022 年 10 月第 1 次印刷
咨询电话	400-810-0598	定　　价	41.10 元

新一代人工智能系列教材编委会

序

　　人工智能是引领这一轮科技革命、产业变革和社会发展的战略性技术，具有溢出带动性很强的"头雁效应"。当前，新一代人工智能正在全球范围内蓬勃发展，促进人类社会生活、生产和消费模式巨大变革，为经济社会发展提供新动能，推动经济社会高质量发展，加速新一轮科技革命和产业变革。

　　2017年7月，我国政府发布了《新一代人工智能发展规划》，指出了人工智能正走向新一代。新一代人工智能 (AI 2.0) 的概念除了继续用电脑模拟人的智能行为外，还纳入了更综合的信息系统，如互联网、大数据、云计算等去探索由人、物、信息交织的更大更复杂的系统行为，如制造系统、城市系统、生态系统等的智能化运行和发展。这就为人工智能打开了一扇新的大门和一个新的发展空间。人工智能将从各个角度与层次，宏观、中观和微观去发挥"头雁效应"，去渗透我们的学习、工作与生活，去改变我们的发展方式。

　　要发挥人工智能赋能产业、赋能社会，真正成为推动国家和社会高质量发展的强大引擎，需要大批掌握这一技术的优秀人才。因此，中国人工智能的发展十分需要重视人工智能技术及产业的人才培养。

　　高校是科技第一生产力、人才第一资源、创新第一动力的结合点。因此，高校有责任把人工智能人才的培养置于核心的基础地位，把人工智能协同创新摆在重要位置。国务院《新一代人工智能发展规划》和教育部《高等学校人工智能创新行动计划》发布后，为切实应对经济社会对人工智能人才的需求，我国一流高校陆续成立协同创新中心、人工智能学院、人工智能研究院等机构，为人工智能高层次人才、专业人才、交叉人才及产业应用人才培养搭建平台。我们正处于一个百年未遇、大有可为的历史机遇期，要紧紧抓住新一代人工智能发展的机遇，勇立潮头、砥砺前行，通过凝练教学成果及把握科学研究前沿方向的高质量教材来"传道、授业、解惑"，提高教学质量，投身人工智能人才培养主战场，为我国构筑人工智能发展先发优势和贯彻教育强国、科技强国、创新驱动战略贡献力量。

　　为促进人工智能人才培养，推动人工智能重要方向教材和在线开放课程建设，国家新一代人工智能战略咨询委员会和高等教育出版社于2018年3月成立了"新一代人工智能系列教材"编委会，聘请我担任编委会主任，吴澄院士、郑南宁院士、高文院士、陈纯院士和高等教育出版社林金安副总编辑担任编委会副主任。

　　根据新一代人工智能发展特点和教学要求，编委会陆续组织编写和出版有关人工智能基础理论、算法模型、技术系统、硬件芯片、伦理安全、"智能+"学科交叉和实践应用等方面内容的系列教材，形成了理论技术和应用实践两个互相协同的系列。为了推动高质量教材资源的共享共用，同时发布了与教材内容相匹配的在线开放课程、研制了新一代人工智能科教平台"智海"和建设了体现人工智能学科交叉特点的"AI+X"微专业，以形成各具优势、衔接前沿、涵盖完整、交叉融合具有中国特色的人工智能一流教材体系、支撑平台和育人生态，促进教育链、人才链、产业链和创新链的有效衔接。

"AI赋能、教育先行、产学协同、创新引领"，人工智能于1956年从达特茅斯学院出发，踏上了人类发展历史舞台，今天正发挥"头雁效应"，推动人类变革大潮，"其作始也简，其将毕也必巨"。我希望"新一代人工智能系列教材"的出版能够为人工智能各类型人才培养做出应有贡献。

衷心感谢编委会委员、教材作者、高等教育出版社编辑等为"新一代人工智能系列教材"出版所付出的时间和精力。

前　言

　　科学技术是第一生产力。回顾人类发展进程，古今中外的每一次伟大跃迁都伴随着科学技术的重大进步，利用工具来解决生存与发展的问题，并从中总结出规律是人类前进的基石。历史证明，当人类社会的发展面临饥饿、瘟疫、战争等困境而停滞不前时，是科技革命一次次带领人类走出泥潭，挺进新时代。只是在享受科技革命恩赐时，人们时常忘记汲取足够的教训，也始终面临着技术带来的新问题，于是又屡屡因为自身的局限和对未知的迷茫陷入新的泥潭，人类文明的发展始终遵循螺旋式上升、波浪式前进的规律。因此，每一次科技领域的关键变革，除了技术演进的脉络本身，都需要放置在更为广阔的社会背景与历史进程中进行观察和思考。

　　我的学术研究生涯起步于商学院，商学院最重要的思路之一就是从需求出发，在实践中提炼抽象的规律，形成认识世界万事万物的底层逻辑。毕业后我执教于上海交通大学电子信息与电气工程学院，在工学院的科技"大咖"们中间，着实是个"少数派"。我经常拿工科教授与商科教授迥然不同的风格开玩笑，例如企业如果邀请一位工科教授授课，工科教授介绍的一般都是自己最"硬核"的技术，很少会根据听众的背景改变重点；而如果邀请的是一位商科教授，他一般首先问给谁讲，再考虑讲什么，更看重听众需求与自身供给的匹配。两种风格其实各有千秋，不存在孰优孰劣，但是否存在一种可能，将两者有机融合，产生"1+1>2"的效果？

　　这本教材正是这样一次实践。中国工程院原常务副院长潘云鹤院士牵头，组织编写新一代人工智能系列教材，以解决我国该领域高质量本土教材不足的问题。一套连接最新科技成果与未来研究者的人工智能系列教材应该算是一个充满希望的起步。系列教材中的绝大部分介绍的重点是技术、算法，能够传授学生"硬科技"，为他们修炼"内功"打下坚实的基础。但是，我在工学院工作时也有一个感悟：学生如饥似渴地学习了很多技能，掌握了十八般武艺，但在面对真正"战场"时，仍然不知道什么时候该用大刀、什么时候该用长矛？更不清楚如何组合自己的招式才能事半功倍？所以，我向潘院士谏言，在系列教材中增加一本帮助工科学生培养一些产业思维的教材。交叉融合的学习、工作与科研经历，加上作为教育工作者的使命感，形成了我编写这本教材的初衷。

　　从历次工业革命来看，大部分技术创新的实现方式往往起源于某一技术点的突破，包括本教材重点讲述的人工智能技术也是如此。而商业经营活动是一种无法完全预判，在生产和交易过程中存在极大不确定性的复杂系统，特别是现阶段数字经济中的企业管理和运营，往往涉及整个商业生态体系的互动与演进。传统的工科学生在校园里系统地学习各自领域的技术专业知识，实现了"点"的积累，在走出校园步入职业生涯后，面对的都是商业生态系统这一复杂体系。因此，本教材提出"为工科学生培养产业思维"的构想，希望以各种人工智能技术的创新和应用为抓手，引入更为宏观的产业视角，即通过介绍管理学、经济学等领域的理论知识和案例，帮助学生了解实体经济运行的逻辑、人工智能企业本身对应用场景和商业模式的摸索，以及现阶段各行业对人工智能技术的采纳状况，从而将点状的技术创新串联起来，帮助学生形成对整个商业生态系统的认知。从这一构想出发，本教材的交叉融合精髓可以归纳为两点：一是为学生建立经济学中经典的"供给与需求"认知框架；二是借鉴技术编年史的手法，进行人工智能技术应用的梳理，回首过往、审视当下，从而奔赴未来。

在"供给与需求"的思维视角下，本教材的具体内容包括：第1篇系统性地介绍数字经济及其相关管理学、经济学领域的知识，并将这些知识落脚于本教材的研究主体——人工智能，对人工智能的技术演进与业态发展进行概述；第2篇从人工智能供给侧的角度，围绕基础技术、应用场景及相关产业和企业发展介绍计算机视觉技术、智能语音语言技术、信息检索与挖掘、控制智能与机器人这四大代表性技术；第3篇从人工智能需求侧的角度，选取与社会生产和生活密切相关的制造、电信和医疗这三大行业，探讨人工智能技术的应用基础与成效。

特别感谢我的研究团队、各位欣然参与编写的来自业界的朋友们以及他们的团队。这其中不乏目前中国人工智能领域的创业领军人物，包括商汤科技的徐立、云从科技的周曦、明略科技的吴明辉、思必驰的俞凯，以及优必选的熊友军等。他们均具备深厚的学术与技术功底，在编写教材的过程中融入了对人工智能技术创新的认识和理解，同时也将创业企业实际运营中面临的问题和技术商业化过程中的体会无私地分享了出来，他们对技术和市场的洞察与愿景形成了本教材非常独特的亮点之一。编写过程中，我和我的团队成员李泉博士、惠慧博士也在与他们一次次的讨论、交流中受益匪浅。作为数字经济时代的弄潮儿，他们一方面有着科技工作者对于科学与技术不断探索的热忱和毅力，另一方面又带着国际化的背景和眼光，活跃在中国当下的商业环境和营商规则中，这些创业领军人物表现出的坚韧和弹性令我折服。同时，他们团队中的钱彦旻、樊帅、温浩、庞建新和李晓明等多位专家也对书稿的编写作出了很大贡献。

除了这些国内人工智能业界的精英们，我们还邀请了上海交通大学的史占中教授、上海大学的于晓宇教授参与教材部分内容的编写工作。他们都和我一样有着商科背景，又各自在技术创新创业、产业经济学、战略营销等领域有着长期的积累，不断对管理实践进行观察总结。他们从各自的学术和实体行业背景出发，更多地从人工智能技术服务实体经济的角度，总结实体经济中代表性行业的运行规律，观察当下人工智能技术商业化的实践。这种交叉领域的知识收获会促使工科的学生毕业后更快地转变角色，胜任自己的工作岗位，因为技术只有在应用中才能产生价值，而这种价值被认可的实质是恰当地满足实体经济本身的需求。

　　这本交叉融合领域的教材，尝试建立创新和变革不确定性表象下的"锚"和"底层逻辑"。当然，限于本人的知识与认知，这本教材难免会有不足之处，尤其身处这个瞬息万变的时代，不断有新知新觉出现，也希望能与学界、业界同仁们交流，在思维碰撞中产生新火花。更望青年学子们致知力行，踵事增华，行而不辍，未来可期。

王延峰

2022 年 5 月 20 日于上海家中

目　录

第1篇　数字经济及其商业逻辑

第2篇 人工智能技术及其业态

第3篇 人工智能技术的行业赋能

第1篇　数字经济及其商业逻辑

本篇共由 3 章构成，旨在介绍数字经济及其相关管理学、经济学领域的知识，并最终将抽象的知识落脚于本教材的研究主体——人工智能，对人工智能的技术演进与业态发展进行概述。

第 1 章从内涵与外延、供需关系、生产要素、数字技术等方面对数字经济进行了全面介绍，并从价值创造的视角，分析数字经济商业模式的特点以及人工智能赋能商业模式创新的路径。第 2 章从技术视角入手，分析了人工智能技术的演进及产业演进和典型应用场景。第 3 章在分析人工智能技术的主要风险基础上，就数据治理、应用治理、监管等问题展开讨论。

第 1 章

数字经济概论

> 健全劳动、资本、土地、知识、技术、管理、数据等生产要素由市场评价贡献、按贡献决定报酬的机制。
> ——《中共中央关于坚持和完善中国特色社会主义制度、推进国家治理体系和治理能力现代化若干重大问题的决定》

人类社会从传统经济形式一路走来,在农业经济时代,犁耕和骡马是维持生计的关键,步入工业时代后,钢铁、发动机、化石燃料和交通运输成了经济的主导。近三十年来,人们孜孜不倦地追求技术创新,数字与信息通信技术领域的创新带来了革命性的影响,创新的速度和冲击力日益加强,人类社会进而迈入了经济发展的新篇章——数字经济时代。

数字经济时代的农业和工业也发生了巨大变化。21 世纪,在田间,面朝黄土背朝天的农民被灵活的机器取代,播种收割自动化作业,无人机喷洒农药,装备智能芯片的农业设备全方位监测作物生长。工厂里,工人们开始习惯和机器人协同工作,部分工厂已经实现完全自动化,无人工厂、黑灯工厂成为体现智能制造能力的重要指标之一。在变革最为剧烈的服务业,数字化给普通消费者带来了全新的体验,足不出户即可购买海内外商品,智能导航成为出行必备,从城市到乡村移动支付逐步覆盖所有消费场景,家庭生活开始被智能家居设备改造提升……数字化已经深入人们日常生活的方方面面。

1.1 数字经济的内涵与外延

1995 年,数字经济(digital economy)一词在美国学者唐·泰普斯科特(Don Tapscott)的《数据时代的经济学》书中首次出现。同时,书中提出网络智能时代的经济是数字经济的概念。若干年后的今天，虽然我们的世界仍处于数字化的初级阶段，但新技术，尤其是数字化相关技术，正以前所未有的速度不断创新，在人类社会中衍生出纷繁复杂的各种新型经济活动和商业主体类型。

数字技术的日新月异使得数字经济所包含的范围一直在不断变化，数字经济的外延与内涵也在不断地拓展延伸。2016 年，G20 杭州峰会发布的《二十国集团数字经济发展与合作倡议》指出，数字经济是指以数字化的知识和信息为关键生产要素，以现代信息网络为重要载体，以信息通信技术的有效使用为效率提升和经济结构优化的重要推动力的一系列经济活动。

联合国贸易和发展会议（United Nations Conference on Trade and Development，UNCTAD）2019 年报告中，将数字经济的概念分成以下三个主要组成部分。

① 核心概念，包括重要的创新、核心的技术和通信网络等数字基础设施。

② 数字与信息技术，包括数字化平台、移动应用和支付服务等。数字经济在很大程度上体现为这些领域的活动以及数字与信息技术对其他领域经济增长的乘数效应。

③ 行业数字化，即数字经济的新经济模式以及改造传统农业和工业的数字化模式。也包括研究数字化对企业员工、消费者和买卖双方的影响。

在我国，国家统计局是制定行业分类标准、统计和发布各行业经济发展相关数据的官方机构。该机构于 2021 年 6 月 3 日公布了《数字经济及其核心产业统计分类（2021）》，首次确定了数字经济的基本范围，从"数字产业化"和"产业数字化"两个方面，确定了数字经济的基本范围，将其分为数字产品制造业、数字产品服务业、数字技术应用业、数字要素驱动业、数字化效率提升业五大类。其中前四大类为数字产业化部分，是指为产业数字化发展提供数字技术、产品、服务、基础设施和解决方案，以及完全依赖于数字技术、数据要素的各类经济活动，是数字经济发展的基础。从经济学供需关系角度看，数字产业化的主体，就是数字经济的供给端。第五大类数字化效率提升业，即产业数字化部分，是指应用数字技术和数据资源为传统产业带来的产出增加和效率提升，是数字技术与实体经济的融合。从经济学供需关系角度看，产业数字化中的实体经济里的"产业"主体，就是数字经济的需求端。

本书下一节将从数字经济的供给侧与需求侧角度进一步阐述数字经济及其特征。

1.2　数字经济的供给与需求

数字经济虽然是一种新兴经济形式，但与传统的农业经济、工业经济类似，仍然可以从供给与需求两方面来讨论。

由于数字经济概念本身的演进，它包含的行业从统计口径来看也处于变化之中。例如1998 年到 2002 年间，美国商务部的数字产业分类标准对比中，数字经济涵盖的 20 多项产业发生了十几处变化：光纤、软件出版、软件复制、编程服务、设备管理、电缆、卫星通信等行业纷纷被列入数字经济的行列，广播、电视、信息检索服务等行业则被剔除。

在《数字经济及其核心产业统计分类（2021）》中，数字经济供给侧，即数字化产业，包括电子通信产业、物联网服务产业、云计算产业、人工智能产业、硬件和智能终端制造业、软件和信息服务业、大数据产业和工业机器人产业等；数字经济需求侧，即产业数字化，主要包括产业数字化转型和公共服务领域的数字化变革的需求，例如传统农业和工业的数字化改造、政府公共服务的数字化变革等。本书后续章节针对人工智能这一新兴的代表性数字技术，在第 2 篇着重介绍人工智能产业供给侧，即各类人工智能相关企业，涉及计算机视觉技术、智能语音语言技术、信息检索与挖掘、控制智能与机器人四大技术领域，阐述对应领域的技术演进、应用场景、行业特点与代表性企业业务模式；第 3 篇则围绕人工智能赋能实体产业转型的需求侧特征展开，具体包括制造、电信和医疗行业。

值得一提的是，统计分类中关于产业数字化中的需求，是面向企业需求市场（to-business，ToB）的，和人们日常生活比较熟悉的个人消费者市场（to-customer，ToC）的需求不同。以人工智能技术为例，从需求侧看，人工智能企业除了面向企业用户的市场，还面向个人消费市场提供产品和服务，例如随身翻译机、智能音箱、扫地机器人等产品。这种由数字化、智能化技术满足个人消费市场需求的方式，与工业化时代生产诸如家用电器、日用品等企业的商业逻辑是不同的，前者提供商品定制化服务并进行市场补贴，后者的商品统一规模制造，对有定制化需求的产品需要收取更高的费用。例如，用户使用导航软件时，每一次导航路线都根据用户当时的位置、交通状况、目的地位置等情况实时规划，每个人在当时当地的导航需求都是不同的，而且用户使用导航服务不需要向服务提供商支付费用；另一个例子是智能音箱（如天猫精灵等），由于厂家提供补贴，导致市场上智能音箱产品功能越来越完善，但是价格却没有显著增加，同型号的产品价格甚至下降很快，幅度很大。两者商业逻辑不同的原因有其经济学基础——提供数字化产品与服务的企业和提供工业化实体产品的企业面对的成本不同。工业化实体产品往往有相当显著的固定成本，用规模经济摊薄固定成本是企业追求的目标；数字化产品与服务的提供往往依赖平台型企业以及对云端设备的租赁，前期对物理设备的投入少，能否积累更多的用户信息，实现算法迭代成为这类企业发展的关键。因此，当前市场上运用人工智能技术的企业在面向个人消费者的服务上可以提供各种针对细分市场的高水平定制化服务。本书后续章节会结合具体实例对此领域进行更详尽地阐述。

产业数字化具体到人工智能这一数字技术领域，是现阶段的发展热点之一，即人工智能赋能实体产业转型。这里谈论的需求方是实体经济里各行各业的企业。如前所述，这种企业需求市场和个人消费者市场有着不同的商业逻辑和特征：人工智能企业在满足个人市场需求实现的"小而美"的定制化服务，在面对企业用户市场时却不那么游刃有余。造成这种现象的主要原因在于为实体企业提供基于人工智能技术的服务，与个人需求一样，需要因个体企业而异；然而与个人需求的特征洞察不同，不同实体企业具有不同的行业特征、工作流程和场景，而且每一个行业都有独特的产业结构和产业链特征，即使同一行业中的企业，数字化基础实力也不同；再者，人工智能企业在实际服务过程中，与客户企业运营结合的细节问题多如牛毛，远比对个人消费行为、偏好等的理解、分析更复杂，因此现阶段，人工智能企业服务的每一个实体企业基本都需要被看作一个独立的实施项目。

与此同时，从需求侧即实体企业用户角度看，企业对于人工智能技术的采纳与其他技术采纳策略无差异，主要存在三种形式的决策：第一，如果企业用户拥有的数据具有重大战略意义，而人工智能技术被采纳后的业务可以衍生出新盈利能力，有一定研发能力的企业会更倾向于自己建设这种核心竞争力；第二，若企业用户自身相关技术能力不足，但人工智能技术被采纳后的业务有重大战略意义，企业可能会选择收购或者投资相关技术的创业技术公司实现服务；第三，直接从市场采购第三方人工智能企业的产品和服务。因此，第三方人工智能企业实际面对的市场主要来自第二种和第三种形式的需求。企业购买人工智能服务或者投资人工智能企业首先考虑的是投资收益问题，实现自身降本增效的运营目标。

从整体上看，我国数字经济仍处于发展初级阶段，具体到人工智能技术而言，对实体经济企业赋能、助其产业转型的道路方兴未艾。

1.3 数字经济的生产要素

2020 年 4 月，中共中央、国务院发布《关于构建更加完善的要素市场化配置体制机制的意见》，将数据列入新的生产要素，并要求"加快培育数据要素市场"，体现数据在数字经济发展阶段的重要性。这里提到的生产要素是一个经济学概念，用于生产的输入，指进行社会生产经营活动时所需要的各种社会资源，包括人的要素、物的要素及其结合因素等。在经济发展的不同阶段，生产要素有着不同的构成和作用机理。

1.3.1 生产要素的演进

在漫长的农业社会时代，经济发展的决定因素是土地和劳动力，此二者构成农业社会的生产要素。直到 18 世纪 60 年代英国工业革命后，机械制造取代手工劳动，成为当时经济发展的基本特征，以机器设备、厂房为代表的资本成为与土地和劳动力一样重要的生产要素。经过一个世纪，到了 19 世纪下半叶，以"电气化"为基本特征的第二次工业革命后，出现了资本的所有权与经营权的分离，劳动力大军中企业家群体的作用越来越突出，于是涌现出了一个新的生产要素——企业家才能。

在传统的工业时代，土地、劳动力、资本与企业家才能被认为是企业生产运营最为重要的生产要素，特别是在社会化大生产和全球化大分工尚未盛行的时期，在卖方市场（即产品供不应求，企业相对而言拥有更强的话语权）的条件下，企业往往更加关心如何提高生产效率和降低成本，容易忽视买方的真实需求，更不会花费成本通过市场调研等方式获取买方的需求或反馈数据。随着生产能力的提升，物质产品逐渐丰富，卖方市场逐步转变成买方市场，在当时条件下，即便越来越多的企业意识到充分掌握市场和需求数据是克敌制胜的法宝，但是由于相关数据的收集与开发过程困难，成本高昂且效率较低，很少有企业能够充分有效地利用数据这种有价值的资源。

1.3.2 基础性生产要素——数据

当人类社会进入 20 世纪 90 年代，随着计算机的发明和普及，以计算机为代表的数字革命改变了世界，人类的生产、生活在数字化出现后呈现出前所未有的交汇融合。随着硬件技术的飞速发展，用来收集、处理和利用信息的基础计算存储设备价格飞速下降，劳动力市场上出现了大量计算机相关专业技术人员，企业的生产经营方式也逐渐发生变化，不同领域的领先企业开始在数据收集和开发方面积累大量经验并从中获利。例如，美国零售巨头沃尔玛（Walmart）公司利用巨量的顾客购买数据实时灵活调整货架与货品摆放，其中最经典的应用案例之一就是通过对销售数据分析，发现将啤酒与尿片两种看似完全无关的产品放置在临近的位置，会大幅提升啤酒的销量。不难看出，企业的经营活动发展到这一阶段，建立在数据基础上的洞见已经对产品的生产和销售决策产生影响，这也使得数据与土地、劳动力、资本和企业家一起，成为国民经济的重要生产要素之一。

然而，数据作为一种新型生产要素，与其他要素相比有其独特性，也正是这些独特性奠定了数字经济不同于传统农业和工业时代经济运行的底层逻辑基础。数据作为生产要素的特征具体表现为以下几个方面。

① 非排他性地供给：即数据可以多次、同时被不同的对象所使用，前人的使用并不会影响他人后续的使用。以一个苹果为例，如果食品企业用它来生产苹果罐头，那么这个苹果就无法再次被用来生产果酱。而同样作为生产要素的数据则性质不同。例如，证券交易所的价格信息数据可以实时供应给不同的券商，使得券商们的证券买卖订单可以匹配成交；同样的价格信息数据还可以传递给金融信息提供商，金融机构的分析师们可以采用同样的价格信息数据对证券价格未来走势进行分析，形成研究报告。

② 传播复制的"零边际成本[①]"：数据传播和复制的边际成本近乎零。在数字化时代，信息的传播和复制虽然对硬件有一定的要求，但是相比实体产品的物流来说，成本要低廉得多。例如，软件的盗版问题居高不下，从经济角度来看，其中重要原因是虽然软件的研发成本巨大，但是随后无论通过实体的光盘还是硬盘的复制或者互联网的传播，用户成本都非常低，导致盗版情况屡禁不止。

同时，很多技术领域的优化概念也源于数据的这种非排他性供给和"零边际成本"传播的特性：正是低成本的更新使技术具备了快速迭代的可能。

此外，数据本身还具有产品属性。专注于大数据业务的公司提供的产品到底是什么？在 Web2.0 时代，用户在网络上上传的照片、分享的文字、在搜索引擎上检索的过程、对

---

① 在经济学中，边际成本指的是每一单位新增生产的产品（或者购买的产品）带来的总成本的增量。

视频内容的点击等，所有在互联网上留下记录的行为，都是"生产"数据的过程。对于企业来说，随着"无纸化"办公的兴起，运营过程中产生大量数据，同时也积累了前端用户的需求和反馈数据，数据挖掘技术为企业产品和服务战略的制定提供了新的辅助决策工具。相比管理者的个人思考，数据能够帮助企业洞察更多原本不被注意的因素，促进优化运营决策以应对快速变化的竞争环境。并且，随着时间的推移和技术的进步，数据对企业的价值会不断发展演进。例如在银行信贷业务中，审核一笔大额贷款与小额贷款的流程几无差异，再加上小额信贷客户的信息不对称问题更加严重，所以他们长期以来都不是传统银行青睐的贷款对象。但是随着数字支付等技术的发展，银行及其金融科技公司对人们日常消费数据的收集越发便利，以此为基础建立信用体系，发展个人消费信贷以及其他衍生类金融服务，近些年取得了快速的发展。

当然，可以想象，随着时间的推移和技术的进步，企业业务的数字化程度不断加深，相关数据的种类和数量都会呈现爆炸式增长。海量数据中并非所有的数据都有价值，对数据筛选、管理、分析和应用的能力非常重要。在企业内部为数据建立一套规范和标准，让数据收集处理工作成为业务流程的有机组成部分，在数据拥有者、使用者和系统管理之间建立和谐互补的工作关系成为企业数据处理的目标，这正是数据治理（data governance）成为当下企业管理重要内容的原因。

数字经济时代，社会和企业都意识到数据的重要性，认为数据驱动的决策过程比传统决策过程要更科学。但是，在实践中越来越多的挑战迎面而来，有些是技术相关的挑战，以城市交通管理部门为例，数以万计的摄像头每天录下海量视频，视频数据量大、内容复杂，如何进行有效内容识别、筛选，以及分类、归档、索引和存储都需要统筹安排，类似于选择传回云集中处理，还是在摄像头部署一定的计算能力的技术路径选择问题都已超出了公共部门传统 IT 系统的能力，需逐步整合到后续业务系统设计上。除了技术需要不断发展应对数据爆发的挑战外，其他相关领域诸如伦理和法规等方面的重要意义也引起越来越多的关注和研究。

本书第 3 篇将对制造、电信和医疗三大典型行业的大数据特征进行进一步翔实介绍，这些大数据也构成了三大行业广泛、深度应用人工智能技术的重要基础。

1.4 数 字 技 术

2022 年 1 月 12 日，国务院发布了《"十四五"数字经济发展规划》，明确数字经济是继农业经济、工业经济之后的主要经济形态，是以数据资源为关键要素，以现代信息网络为主要载体，以信息通信技术融合应用、全要素数字化转型为重要推动力，促进公平与效率更加统一的新经济形态。数字经济以数字化的知识和信息为关键生产要素，以数字技术创新为核心驱动力，正在通过数字技术与实体经济深度融合，不断提高传统产业数字化、智能化水平，加速重构经济发展模式。

　　数字经济的发展离不开数字技术的支撑。狭义上的数字技术，是指可以将各种信息（载体包括图、文、声、像或者其他等）转化为计算机可以识别的语言（二进制语言）进行加工、存储、分析和传递的技术。广义上来说，数字技术产生于连接无处不在、数据无处不在和运算处理能力不断强大的背景下，是包括移动通信网络技术、云计算技术、大数据、物联网、区块链、人工智能等一系列信息技术的集群。不同的技术带来的变革力量各异，并能够推动技术之间的相互作用，例如移动互联网带来了连接、协同和共享的能力，让业务随时在线；云计算使算力转变成社会化的计算能力，让计算唾手可得；大数据能够汇集并处理海量、实时的数据，让创新皆有所倚；物联网关联起周边的一切虚拟与现实，让连接无处不在；区块链开创了一种在竞争环境中低成本建立高可信度的新型范式和协作模式，凭借其独有的信任建立机制，实现了穿透式监管和信任逐级传递，让商业信任可运营。作为数字技术核心之一的人工智能，是模拟、延伸和扩展人类智能的理论、方法、技术和应用系统的一门技术，帮助人类实现从智能交互到对各种商业场景的智能感知，并在此基础上形成数据驱动的智能洞察与决策。

　　数字技术对传统企业运营模式的改变，是各种技术相互作用并由此产生的迭代，可以培育丰富的商业模式和商业生态。以云计算为例，它是一种可以随时、随地按需通过网络访问的可自动均衡负载、自主配置的计算资源，包括网络、服务器、应用程序等，以实现计算资源的共享。目前比较成熟的企业云应用及服务包括：营销云、制造云、采购云和财务云等，涉及企业价值链的各个环节。传统的 IT 支持下的企业运营，包括采用企业资源计划（enterprise resource planning, ERP）系统、采购大型服务器和信息管理系统等，沉淀出大量的数据，对企业的数据存储能力带来挑战，并由此对基于数据分析的辅助管理决策提出新的需求。支撑企业发展的 IT 新需求一般具有可拓展、易更新的特点，要能够跨不同的系统，产生对经营决策的辅助信息，除此之外还要尽量节约成本。云计算技术恰好适应了这样的需求，能够取代传统的本地服务器，将传统 IT 架构的初始购置成本转为基于使用付费的运营和销售成本，避免了初始阶段的大规模投入。考虑到目前市场瞬息万变、技术更迭迅速，云技术服务"易于扩张、易于管理"的特点非常容易帮助企业实现 IT 能力快速低廉地提升，以跟上业务发展的速度，如图 1.1 所示。

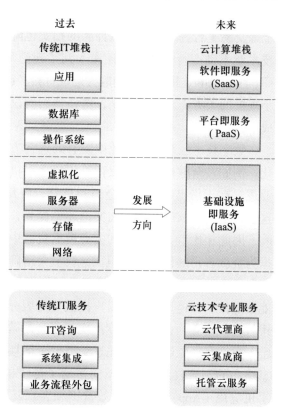

图 1.1　传统 IT 与云计算对比

"云"中丰富的应用服务让需求企业能够快速获取创新业务的能力，例如机器学习、视觉识别、语音识别等较为成熟的智能化应用及服务模块，也为企业提高运营效率和创新业务提供支撑。例如在零售领域，通过对用户消费行为进行智能分析，可以精准识别用户需求，从而大幅提升转化率。企业通过将硬件、软件、数据等基础要素迁移上云，可以快速拥有数字化能力；同时通过调整和变革原有的架构体系，利用云技术和云服务，将核心业务系统应用在云端集成，进而在开放的"云上生态"中创新，实现业务增长和效率提升，一个典型案例就是淘宝的"双十一"促销，在类似于零点等高峰时间段里会集中出现海量小额并发的支付需求，传统的 IT 架构很难支撑这样的场景，只有云计算架构可以支撑。但是，目前云计算架构还未能完全打消企业用户的顾虑，从企业用户角度来看，把 IT 系统和业务建立在云上很难满足即时的定制化需求，响应的速度仍有不足，同时数据与业务在云端的安全也是当前企业顾虑的主要问题。

数据传播复制的"零边际成本"这一特性也是数字技术的产物，以互联网上的各种平台为例，它们改善了流通渠道的透明度和可靠性，降低交易成本。例如越来越多的国内购房者和承租人上网搜索理想的住宅，房屋交易电商平台与搜索引擎合作，提供房产搜索和交易的流水线作业，提供开发商、房产代理和个人业主所发布的广告和房屋信息，方便更快地鉴别真正买家，并根据用户财务能力和实际需求提供更匹配的房屋推介，降低了开发商和房屋中介商的营销和持有成本。同时，地方政府通过线上平台进行土地拍卖等活动，增加了交易的透明度，能够更好地防止"暗箱操作"。此外，通过淘宝等交易平台进行房屋等抵押品的拍卖也降低了拍卖的成本，增加了交易成功率。数字技术对不动产行业的改造还深入到了建造环节，例如电商平台帮助中小型房地产开发商、承包商和连锁酒店在线购买建筑材料、设施、设备和内部装饰，有研究表明，将这些小规模的买方需求协同起来，增强他们的议价能力，可以为买方降低 5% ~ 30% 的购买成本。

数字技术也与传统行业中固有的运营方式和行业自身技术结合，实现企业业务的优化。例如在金融行业中，银行等传统金融机构一项重要的业务就是借贷，这一业务的商业逻辑在于借出与借入资金的利息差，而是否放贷的关键在于对贷款对象的风险评估，这也是信用贷款的基础。前文论述也提到，贷款的额度对于银行的审核流程几乎没有影响，因此相比于大型企业的大规模借贷，中小企业更难从银行获得贷款。但是随着大数据为贷款客户的信用提供担保，线上渠道降低了交易成本，针对中小企业贷款的风险控制和成本控制能力增强，便涌现出了像蚂蚁金服这样依托阿里巴巴集团的整体业务平台，能够直接、快速地对中小商户提供信贷服务的金融科技企业。这类企业扩大了现有商业银行贷款覆盖面，一定程度上实现了金融普惠。同时，在个人业务方面，余额宝等"宝宝"类产品，能够让人们在享受类似于活期存款的资金使用灵活性的同时获得比活期利息略高的利息收入。这也反向带动了传统银行进一步重视线上渠道，通过移动互联网、手机应用（App）来进行有效营销和客户互动，节省成本的同时扩大对个人业务的服务范围。

1.5　数字经济中的价值创造

1.5.1　共生：数字经济中的企业形态与生态逻辑 ······················□

随着新兴数字技术的发展，万物互联、万物智能现象日趋普遍，企业组织形态也随之发生深刻变化。从工业经济时代初期，注重将原材料制造成产品的生产型组织，到后期在社会化大分工基础上，专注于价值链上某一环节的合作型组织，再到现阶段数字经济时代，撮合交易的平台逐渐成为企业组织的重要形式，平台企业与商业生态中的各伙伴之间共生共创成为价值创造的主导逻辑。

1. 价值链中的企业形态

（1）生产型组织

在工业经济初期，企业主要以生产型组织为主，它们依赖于传统的基础设施，人与物、物与物之间维持着主要的联系，实现从原材料到产品的输出。而传统的基础设施是经济和社会发展的血脉，生产型组织在市场上分配资源时需要考虑时代的因素，时代的基本特征致使交易费用高昂。企业要节约交易成本和有关费用，则需要按照各员工和高管所拥有的权力分配资源，尽最大努力使市场交易内部化，用内部的科层制代替外部的价格机制，强调权力的层级化和中心化，通过建立或兼并等手段，将供应链的上游、中游和下游置于组织内[①]。

（2）合作型组织

工业经济后期，伴随生产分割技术进步和信息通信技术的快速发展，行业分工形态发生了深刻变化，逐步从以最终产品为界限的传统模式，转向以价值增值环节为界限的新型模式，至此价值链成为行业分工的主导形式，每个企业在价值链的角色不可或缺，企业之间通过分工建立合作关系，由此形成合作型组织。随着价值链分工的快速演进，经济全球化得到了迅猛发展，世界经济也由此实现了持续几十年的繁荣发展，人类物质文明达到了前所未有的高度[②]。

（3）互联网赋能的平台组织

随着互联网移动通信、物联网等新一代信息技术的不断发展，物理世界中的人与人、人与物，以及物与人之间都产生了关联，从互联网到移动通信，从消费互联网到工业互联网，物理世界之外的虚拟世界打破了时间与空间的局限，孕育了新型的企业组织形式和组织间的关联模式。信息的流通特征是零时间、零距离、零成本、零边界。随着互联网技术不断与实体企业的融合发展，也催生了一类撮合交易类型的平台型组织，建立起生产企业

---

① 何碧晨.数字经济与组织形态演变对员工心理与行为的影响［J］.中阿科技论坛（中英文），2020（12）：76-78.

② 戴翔，张雨.全球价值链重构趋势下中国面临的挑战、机遇及对策［J］.中国经济学人，2021（5）：132-160.

与终端用户之间的"虚拟桥梁"[①]。

（4）数字技术赋能的生态系统

数字经济时代，数字技术革命的不断创新使得万物互联、万物智能成为可能。企业所处的外部环境也因此发生了颠覆式的变化，这一变化可以概括成：从低速转向高速，由确定的情境变为不确定的情境，由线性转向非线性的变化。企业的组织形式被重塑，通过数字技术实现价值共创、构建互利共生的生态系统成为主导逻辑。

2. 平台型组织

（1）网络外部性

平台型组织的形成和繁荣依赖于网络外部性的存在。网络外部性是一种需求方的规模经济，指该市场中的消费者能够从更多的同类消费中受益，即每个用户加入后所获取的价值与已有用户规模相关，当关系呈现正相关即存在正的网络外部性，负相关则存在负网络外部性，负网络外部性的一个典型的例子就是交通拥堵。一般地，当某种商品具有网络终端的属性时，则该商品对使用者的价值除了其本身的质量外，很重要的一个因素就是通过这个终端能够联系到其他终端用户。这种网络外部性特征在背后有真实网络支撑的产业，如电话、电子邮件、互联网接入、传真和调制解调器等。对于电子邮件的新用户而言，既有电子邮件的使用者越多，该用户加入后的效用才能增加。

以上是同一个市场上用户效用与用户规模的关系。不同市场之间也存在网络外部性，称为交叉网络外部性，描述的是相互关联的市场上，一个市场用户的需求随着相关联市场的规模的增加而增加（或减少），且这种作用不是通过价格来传导的。例如，消费者持有银行卡的效用随着接受该银行卡刷卡服务的商户数量而变化，受理商户越多，消费者持卡的效用越大，消费者越愿意持卡。商户在申请刷卡终端 POS 机的时候，也会考虑潜在的持卡用户数量，只有当消费者达到一定规模，商户才愿意安装 POS 机。交叉网络外部性也有呈现负向效应的情形，最典型的例子是广告商与媒体消费者之间的关系：广告数量越多，消费者对媒体的感受越差，然而厂商之所以投放广告，看重的正是媒体众多的消费者。当然，随着更多媒体类型的出现，广告的形式和内容发生了变化，例如提供搜索引擎的公司创新了广告的投放方式，但广告与媒体消费者两个市场的负网络外部性仍成立。同一市场网络外部性和市场间交叉网络外部性的关系如图 1.2 所示。

在传统理论里，价格决定了市场需求，而在有网络外部性的市场中，决定市场需求的因素还包括已经存在于该市场或关联市场的用户规模。这已成为数字经济非常关键的市场需求特征，深刻地影响着企业的运营逻辑。

（2）双边市场与平台组织

数字经济的企业通常面临的是双边或多边市场，即企业通常面对来自两类（及以上）不同类型市场的需求，各类市场之间的需求存在相互作用，而企业为实现利润，需要协调这些不同市场的用户之间的交易（或其他交互作用），使得不同市场需求同时被满足。

---

① 何碧晨.数字经济与组织形态演变对员工心理与行为的影响［J］.中阿科技论坛（中英文），2020（12）：76-78.

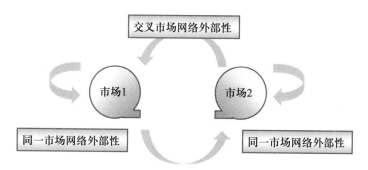

图 1.2 同一市场网络外部性和市场间交叉网络外部性 [①]

此类企业就是双边平台企业（two-sided platform），以平台企业为核心、连接着各类市场用户的数位一体的商业生态系统就是双边市场（two-sided market），如图 1.3 所示。从管理理论研究角度，双边市场至少应包括以下三大特征：① 市场中有两类或者多于两类的不同类型用户（如市场 1 和市场 2）；② 这些不同类型用户之间存在交互作用（interaction），对平台的需求存在自身不能内部化的外部效应；③ 存在平台企业，能从内部化这种外部效应中获取利润或者至少保持盈亏平衡。

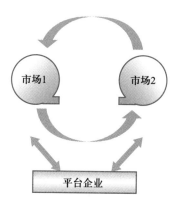

图 1.3 双边市场与平台企业 [①]

许多传统企业也拥有多个市场的用户类型，例如电影院放电影时会区分老年人和儿童观众、散客和企业团体观众等，然而这些市场的需求是可以独立存在的。双边市场中各类市场的需求必须同时实现，一个最简单的例子是餐厅可以仅服务于男性或者女性客户，也可以两者都服务，形成不同特色服务群体的餐厅，而作为双边市场平台的婚姻介绍所，则必须同时拥有男性和女性的客户才能经营，而且如何通过制订合理的策略实现二者的人数达到某种平衡比例至关重要。

在如今的生活和工作中，这种围绕某个平台企业的商业生态已经被大家所熟知，代表性的例子是以腾讯、百度和阿里巴巴为代表的互联网巨头，他们的业务核心并不是如何给一个市场提供高质量的产品和服务，而是通过低成本的协调使得公司能够关注和满足不断变化的需求侧，并借助需求侧的规模吸引其他应用开发者加入生态形成协作网络，拥有以截然不同的方式创造、捕捉和交付价值的能力。这种平台模式业务重要的基础就是数字技术、数据等数字经济生产要素的相互作用。在一个典型的双边市场类型商业生态中，参与主体包括：

① 平台企业，通常是生态的驱动者，也是创造生态价值的主体；

② 市场需求者，即终端消费者；

③ 生态伙伴，即加入平台，为消费者提供服务和产品的第三方。

---

① 李泉. 双边市场价格理论及其产业应用研究［D］.上海交通大学，2008.

3. 生态型组织

从企业的行为与竞争优势的构建角度看,双边市场中平台企业的竞争优势更强调系统性优势,即联合双边市场中各主体所获得的综合性优势。传统理论中企业主要是从产品质量、生产成本等方面应用传统的价值链框架来思考竞争优势的建立,如图 1.4 所示。然而平台企业面对的市场需求是多种类不同类型的用户,而且这些用户之间存在交互作用,所以平台企业需要调动和激励双边市场中的各参与主体,通过协调各市场的需求获取竞争优势。

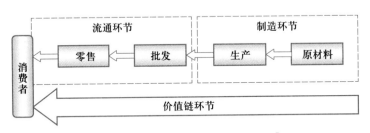

图 1.4　企业生产的线性价值链模型[①]

例如,早期微软公司为了普及 Windows 操作系统,需要推广在计算机上安装光盘只读存储器(CD-ROM),便于操作系统安装光盘的使用。然而微软本身并不生产电脑,所以需要采取技术辅助和提供优惠的价格等各种手段调动硬件企业安装 CD-ROM 的积极性,从而营建自身在操作系统上优势。这与汽车制造商决定是否要在轿车上增加某个元件的情况不同,汽车制造商仅需要从价值链制造环节出发,考虑增加该元件是否在经济上符合收益,在工程上是否可以实现即可。

根据平台企业对双边市场的价值增值作用不同,可以将平台企业划分为 3 类:市场匹配型,降低成本型和受众促成型,如表 1.1 所示。市场匹配型平台的功能侧重于提高双边用户交互作用达成的概率;降低成本型平台的功能侧重于能通过产品设计或技术协助等手段帮助用户降低成本;受众促成型平台主要是为平台一边的用户积累足够多的"眼球"。针对这些不同的功能,平台企业需要通过产品设计、价格设计等各种手段繁荣双边用户,促进它们之间的交互作用频繁发生。

表 1.1　平台企业类型[①]

市场匹配	降低成本	受众促成
阿里巴巴	Windows(微软公司)	Google
Yahoo!	Android(Google 公司)	中央电视台
Amazon	PlayStation(SONY 公司)	Wall Street Journal
上海证券交易所	Xbox(微软公司)	Elsevier

---

① 李泉. 双边市场价格理论及其产业应用研究［D］.上海交通大学,2008.

　　平台企业发展初期，通常需要考虑如何培育市场来启动这个系统正反馈循环。例如一个电子商务网站的推出，需要考虑到底是先吸引足够多的卖方，还是应该先拓展买方市场，这就是用户群聚的"鸡和蛋困局"，策略的选择对平台企业来讲意义重大，甚至关乎企业能否生存。例如，新兴电子支付方式、博客等商业模式与盈利模式的设计，都不可避免遇到同样的问题。然而，这个问题在传统单边市场中并不存在，因为传统理论只关注供给方如何更好地生产、营销并销售产品以实现利润。双边市场的平台企业则需要明确优先发展哪一边市场，以及如何吸引优先发展的一边市场，从而带动另一边市场需求，启动整个系统。通常使用的一种方式是通过让利、免费甚至补贴等方式先发展一边用户，随着该市场的壮大来吸引其他市场的用户，使得平台企业实现利润。用宏观政策中的允许一部分人先富起来的整体发展思路来做类比，让"先富"带动"后富"，最终实现共同富裕的关键是"先富的人"应该具有什么样的特征。实践表明，位于沿海地区、经济特区率先享有开放条件，具备一定的资金和资源的个体成了经济发展的先行者。双边市场的平台企业需要明确的就是优先发展市场的特征。

　　其实解决"鸡和蛋困局"的实践，在人工智能企业现有产品和服务上已有所体现。最典型的例子就是前文提到的智能音箱。企业补贴的低价智能音箱就是为了迅速扩大用户规模，吸引第三方应用生态的繁荣。然而，随着双边市场中用户不断壮大成长，平台企业如何继续从曾经获益的用户身上分享这种成长的利益？作为整个商业生态系统的协调因素，又如何在维持各边用户利益的同时，实现自身利润的增长？2016年9月，美团合并大众点评后，有计划地对商户大幅提高了佣金比例。此外，部分行业还要缴纳"上架费"，捆绑商户通以及推广费，引起了商家的极大不满。众所周知，很多卖家正是由于美团、大众点评等优秀的交易平台大大降低了搜索及销售相关的成本，才得以不断壮大。然而，当提供优秀服务的平台企业希望通过提价分享帮助卖家成长带来的收益时，却遭到了卖家的一致反对。同样的问题，也出现在以美国电话电报公司（AT&T）为代表的互联网基础接入网络和以谷歌公司（Google）为代表的互联网应用开发商这两大阵营，围绕网络中性（net neutrality）[①]问题的争论上。网络中性虽然一定程度上带来了互联网企业的繁荣和应用创新，但通信公司却从此沦为"哑管道（dump pipe）"，并且需要持续的投资以增加带宽支撑互联网企业带来的数据流。

　　传统市场中，企业面对一个市场的消费者，仅仅需要考虑如何通过对消费者提供产品或服务，从而实现自身收益。而平台企业需要同时运作两个或多个高度相关的市场，只有所有市场的需求都得到满足，平台企业才能实现收益。值得指出的是，这些需求对平台企业而言不是简单的线性相加，而是一种联合需求。因此，平台企业除了需要考虑能为一边用户提供什么价值外，还需要明确这边用户能为另一边市场创造什么，以及带来多少价值，才能通过促进两边用户发生相互作用而获利。若只考虑单边用户的利益，无法形成另一边用户市场，则双边市场的模式就无法实现。例如多年前东芝公司推出了高清DVD标

---

　　① 网络中性的概念和相关历史，详见本书3.4.1小节中有关网络中性与电信行业的介绍。

准播放器，虽然其产品具有低价、质优等优点，然而由于该标准无法赢得内容制造商的广泛支持，最终只能遗憾退出播放器零售市场。类似的情况还发生在智能手机操作系统上，早期除了苹果公司的 iOS 系统和谷歌公司的安卓（Android）系统外，还有诺基亚、微软等公司推出的系统，然而由于后两者很难吸引足够的第三方应用开发商，所以相应品牌的智能手机被逐渐边缘化。

1.5.2　共创：数字经济的价值创造逻辑

数字经济时代，以往相对独立的价值活动环节相互连接，参与各方更加紧密地参加到价值创造之中，围绕用户需求，重构企业关系，形成利益共同体，共同创造并分享价值。

1. 价值共创理论

当传统的个人创造模式已经难以满足社会经济发展的需要时，由多人协同完成、共同创造的共创生产模式诞生了。个人精力的有限性以及个人能力的有限性使共创模式在弥补个人不足的同时实现了资源的优化整合。根据 2004 年 C.K. Prahalad 和 Venkatram Ramaswamy 的研究，由于新兴市场的出现、行业规则新形式的诞生、科技与产业的聚合，以及无处不在的各项关联，商业世界的面貌已大大改变，价值的共同创造逐渐成为商业模式领域内的新趋势，如表 1.2 所示。

价值共创理论强调的是顾客的体验价值，是多个利益相关者之间合作，共同获得经济价值与社会价值的过程，是一种企业与用户共同参与完成价值创造的协同消费理念；不再是产品或服务的提供方单方面进行价值输出，而是供需双方甚至多方共同作用创造价值的过程。例如，共享模式的盛行使顾客参与的重要性不断被强化，塑造独特的体验价值成了企业追求利益最大化手段的关键目标。

表 1.2　价值共创理论的演变

	传　统	当　前
主体	企业内部；企业与顾客	多方利益相关者
目标	顾客价值、交换价值	顾客价值、体验价值、使用价值、社会价值等
形式	单一	多元（如共享经济模式）
内容	产品主导逻辑；顾客的消费与互动	服务主导逻辑、大规模用户参与、共享经济平台、多元价值创造等

2. 数字经济时代的价值共创

数字经济时代，平台型企业依托互联网数字技术，突破了物理时空限制，实现虚拟空间与实体空间的互联互通，价值网络成员之间资源共通，有效地降低了运营成本，提高了效率，创造了更大的社会价值。

（1）分工创造客户价值

在工业时代，企业各个部门之间可能会靠信息屏蔽实现部门利益的最大化，在分工环节会产生壁垒，信息阻隔造成信息的不对称，进而可能会导致推诿扯皮现象，降低整体效率。步入数字经济时代后，信息在企业各个部门内部以及部门与部门之间都能够实现畅通无阻地传递。这就使得企业更加通透，每个部门、每个团队和每个成员都可站在同一起跑线上，增加了部门与部门之间、团队与团队之间的协作，并且这种协作都是基于价值共创的原则，以期实现价值共享[①]。

（2）用户参与价值创造

前文介绍的平台型组织正是一种高度以客户为导向的生态型网络化组织。在数字经济时代，数据为生产赋能，更为消费赋能。企业与用户关系的理念经历了从流量思维到产销者思维，再到超级用户思维的转变，超级用户思维成为实现组织与用户之间高价值连接和生态化构建的基本逻辑，企业处理用户关系的侧重点也从外部获取新用户和留存已有用户，转向对已有用户关系的深度经营和用户参与价值创造[①]。

（3）价值共创

互联网一方面使技术以更快的速度发展，产品生命周期大大缩短；另一方面，消费者独特化、定制化需求越来越多。技术创新从最初的有效产品设计、开发和制造，发展到今天的为用户构建解决方案方面转移。因此，企业需要以用户需求为导向，以自身某一项业务为核心，构建由产品流、信息流、资金流、客户流等多向流动组成的资源聚合价值网络，借助信息资本、价值网络和新商业模式，形成新的价值链结构，快速解决信息不对称问题，提高投资效率，减少试错成本，缓解融资约束，降低融资成本，实现价值共创[②]。

1.6　数字经济的商业模式

技术发明如果没有辅以合适的商业模式，难以称为创新。数字经济时代的企业与传统企业一样，需要考虑商业模式的问题。商业模式是利益相关者的交易结构，而一个好的商业模式总是能为企业及其利益相关者创造最大的价值，换成经济学的语言，可以实现企业剩余与利益相关者剩余之和的最大化。

1.6.1　商业模式的演进 ···□

（1）什么是商业模式？

商业模式是一个组织如何创造、交付和获取价值的方式。商业模式作为一个术语最早出现是在 1947 年 Lang 撰写的 *Insurance Research* 一文的摘要中，在论文题目中最初出现是在 1960 年。遗憾的是，学者们最初都没能给出一个确切的定义，如在 *The New New*

---

① 刘源，李雪灵. 数字经济背景下平台型组织的价值共创 [J]. 人民论坛，2020（17）：84-85.
② 张新民，陈德球. 移动互联网时代企业商业模式、价值共创与治理风险——基于瑞幸咖啡财务造假的案例分析 [J]. 管理世界，2020，36（05）：74-86.

Thing 一书中, 迈克尔·刘易斯就将商业模式一词称为"一门艺术"。直到 20 世纪 90 年代, 随着互联网技术的发展与应用普及, 尤其是互联网技术对价值链活动及交易产生了重大影响, 商业模式这一概念逐渐被创业者和风险投资者广泛使用和传播。Magretta 在 2002 年认为, 商业模式是用于解释企业运行方式的故事。2010 年, AI-Debei 和 Avison 在此基础上进一步指出, 商业模式是企业抽象的表现, 包括概念、文本和图形等的核心构建与合作, 是从资本角度来考虑企业的现在和未来发展, 以及企业所提供的核心产品或服务。

哈佛大学教授约翰逊 (Mark Johnson), 克里斯坦森 (Clayton Christensen) 和 SAP 公司的 CEO 孔翰宁 (Henning Kagermann) 共同撰写的《商业模式创新白皮书》提出, 商业模式由三个要素构成: ①"客户价值主张", 指在一个既定价格上企业向其客户或消费者提供服务或产品时所需要完成的任务; ②"资源和生产过程", 即支持客户价值主张和盈利模式的具体经营模式; ③"盈利模式", 即企业用以为股东实现经济价值的过程。

(2) 商业模式的演化

随着信息技术和移动互联网技术的深入推进, 商业模式向着复杂化、高级化方向发展。纵观商业模式演进历程, 相继出现店铺模式、"饵与钩"模式、硬件 + 软件模式, 以及其他商业模式。

① 店铺模式

店铺模式 (shopkeeper model) 是最古老也是最基本的商业模式, 具体来说, 就是在具有潜在消费者群的地方开设店铺并展示其产品或服务。工业经济前期, 社会生产力水平相对较低, 消费水平整体不高, 产品相对稀缺, 企业的内部生产运营和外部市场运作均以标准化产品为主, 对应的商业模式为店铺模式。在此阶段, 顾客需求缺乏多样性, 其价值主张表现为功能性价值需求, 希望以最低成本获得产品的使用价值, 而企业则通过关注顾客的大众化需求, 在潜在消费者聚集的地方开设店铺, 进而完成产品销售。

② "饵与钩"模式

随着社会的进一步发展, 商业模式也变得越来越精巧, "饵与钩"(bait and hook) 模式也称为"搭售"(tied Products) 模式, 出现在 20 世纪早期。在该时期, 社会生产力日益增加和消费水平不断提升, 顾客对产品的需求由必需品转向功能性产品, 而顾客价值主张也由生存型向功能型过渡, 开始关注产品购买和使用过程中的实际体验, 因此"饵与钩"模式应运而生, 在这种模式里, 基本产品的出售价格极低, 通常处于亏损状态; 而与之相关的消耗品或是服务的价格则十分昂贵, 例如: 剃须刀 (饵) 和刀片 (钩), 手机 (饵) 和通话时间 (钩) 等。

③ "硬件 + 软件"模式

随着产业融合发展的日益深入, 企业的生产目标也由基础产品转向产品系统。而且, 新一代信息技术已作为"人造资源"不断融入产品中, 使传统的物理产品演变为智能互联产品, 通过内嵌软件系统不断升级来提高产品性能。因此, "硬件 + 软件"一体化将成为企业发展的重要方向, "硬件 + 软件"模式被提出。这种模式的典型代表是苹果公司, 它以其独到的 iPod+iTunes 商业模式创新，将硬件制造和软件开发进行结合，以软件使用增加用户对硬件使用的黏性，并以独到的 iOS 系统在手机端承载软件，而消费者在硬件升级时就不得不考虑软件使用习惯的因素，进而留住用户。

④ 其他商业模式

随着社会经济从工业经济转向服务经济，制造业与服务业的融合日益深入，服务不仅仅只是产品的附属，而逐渐成为制造业价值链上主要的价值创造环节。相比于产品的共性技术特征和物理性能，用户更关注产品的个性化特征和自己的参与体验，此价值主张下催生了许多创新商业模式。在 20 世纪 50 年代，新的商业模式是由麦当劳（McDonald's）和丰田汽车（Toyota）创造的；20 世纪 60 年代的创新者则是沃尔玛和混合式超市（Hypermarkets）；到了 20 世纪 70 年代，新的商业模式则出现在联邦快递（FedEx）和玩具反斗城商店（Toys R US）玩具商店的经营里；20 世纪 80 年代是百视达（Blockbuster）、家得宝（Home Depot）、英特尔（Intel）和戴尔（Dell）；20 世纪 90 年代则是西南航空（Southwest Airlines）、奈飞公司（Netflix）、易贝（eBay）、亚马逊（Amazon）和星巴克咖啡（Starbucks）。而随着现代科学技术不断发展，商业模式也趋向多样化发展，其中互联网的免费模式成为典型代表，并衍生出多种混合商业模式。

1.6.2 商业模式设计

商业模式的本质是资源交换，它的最高境界是无风险套利。对于企业如何设计商业模式需要知道 why（目的与意图：赚钱）、how（怎么赚钱、打法）、what（要素），而商业模式画布作为一种用来描述商业模式、可视化商业模式、评估商业模式，以及改变商业模式的通用语言，可以帮助企业催生创意、降低猜测，确保找对目标用户和合理解决问题。同时，整个画布基于"为谁提供、提供什么、如何提供，以及如何赚钱"四个视角考虑，它们之间相互关联，互相影响。从商业模式画布的角度，设计商业模式应考虑客户细分、价值主张、渠道通路、客户关系、收入来源、核心资源、关键业务、重要伙伴、成本结构 9 个构造方面，进而从价值主张、关键趋势、竞争优势、客观经济影响方面进行分析，如图 1.5 所示。

① 客户细分。客户细分构造块，描绘了一个企业想要接触和服务的不同人群或组织。客户是任何商业模式的核心。没有可获益的客户，企业就不可能长久。这一板块主要回答的问题是：企业正在为谁创造价值？谁是企业最重要的客户？企业把客户划分成若干个细分区隔，每个细分区隔中的客户都具有共同的需求、共同的行为，以及共同的属性。

② 价值主张。价值主张构造块，描绘了为特定客户细分创造价值的系列产品或服务。价值主张解决了客户问题，满足了客户需求。价值主张是企业提供给客户的受益集合或受益系列。这一板块主要回答的问题是：企业要向客户传递什么样的价值？企业正在帮助客户解决哪一类难题？企业正在满足客户的哪些需求？企业正在提供给客户细分群体哪些系列的产品或服务？有些价值主张可能是创新的、全新的、破坏性的；有些价值主张可能只有一些细微的差异化，只是提供了额外的功能或特性。

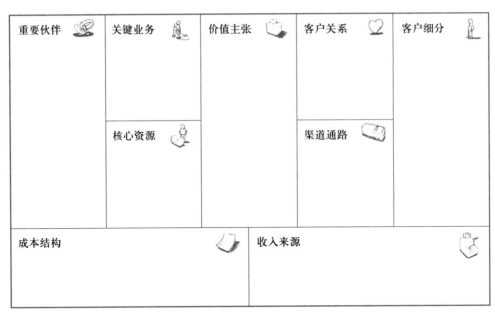

图 1.5　商业模式画布 [1]

③ 渠道通路。渠道通路构造块，用来描绘公司是如何与客户细分进行沟通、接触并传递其价值主张的。沟通、分销和销售这些渠道构成了公司对客户的接口界面。渠道通路是客户接触点，它在客户体验中扮演着重要角色。这一板块首先需要回答的问题是：通过哪些渠道可以接触到客户细分群体？企业现在是如何接触用户的？渠道是如何整合的？哪些渠道最为有效？哪些渠道的成本效率最高？如何把渠道与客户的例行程序进行整合？

④ 客户关系。客户关系构造块，描绘了公司与特定客户细分群体之间所建立的关系类型。企业应该清楚自己期望的与客户细分群体之间的关系类型。这种期望可被以下几个动机所驱动，客户获取、客户维系、提升销售额（二次购买、追加销售）等。同时，企业还需要回答的问题包括：每个客户细分群体期望企业与之建立并保持怎样的关系？哪些关系企业已经建立了？这些关系的成本如何？如何把这些关系与商业模式的其他部分进行整合？

⑤ 收入来源。收入来源构造块，描绘了公司从每个客户细分群体中获得的现金收入（需要从创收中扣除成本）。如果说客户细分是商业模式的心脏，收入来源就是动脉。一个商业模式中，可以包含多种不同类型的收入来源，可以是一次性的交易收入，也可以是经常性的收入。这一板块主要回答的问题是：到底什么样的价值主张才能够让客户细分群体真正愿意付款？客户现在付费买什么？客户是如何支付费用的？客户更愿意如何支付费用？每个收入来源占总收入的比例是多少？

⑥ 核心资源。核心资源构造块，用来描绘让商业模式有效运转所必需的重要因素。

① 亚历山大·奥斯特瓦德，伊夫·皮尼厄. 商业模式新生代［M］. 王帅，毛心宇，严威，译. 北京：机械工业出版社，2011.

核心资源可以是实体资产、金融资产、知识资产、人力资源等。核心资源可以是自有的，也可以是从重要伙伴那里获得的。每个商业模式都需要核心资源，这些资源使得企业能够创造并提供价值主张、接触市场、与客户细分群体建立关系并赚取收入。关于核心资源，需要回答的问题是：企业的价值主张需要什么样的核心资源？企业的渠道通路需要什么样的核心资源？企业的客户关系需要什么样的核心资源？企业的收入来源又需要什么样的核心资源？

⑦ 关键业务。关键业务构造块，用于描绘为了确保其商业模式可行，企业必须要做的重要事情。所有的商业模式都需要多种关键业务活动，这些业务活动是创造和提供价值主张、接触市场、维系客户关系并获取收入所必需的。不同的商业模式，其关键业务也有所差异。这一板块主要回答的问题是：企业价值主张需要哪些关键业务？企业渠道通路需要哪些关键业务？企业客户关系需要哪些关键业务？企业的收入来源又需要哪些关键业务？

⑧ 重要伙伴。重要伙伴构造块，用于描绘商业模式有效动作所需的供应商、合作伙伴等关系网络。合作关系早已经成为许多商业模式的基石，建立合作关系可以优化商业模式、降低风险、获取资源等。在这一部分，需要回答的问题是：谁是企业的重要伙伴？谁是企业的重要供应商？企业正在从合作伙伴那里获取哪些核心资源？合作伙伴都执行了哪些关键业务？

⑨ 成本结构。成本结构构造块，用来描绘运营一个商业模式所引发地所有成本。商业模式中的任何构造块都有可能引发成本。关于成本，需要回答的问题是：什么是商业模式中最重要的固定成本？哪些核心资源花费最多？哪些关键业务花费最多？

商业模式并不是一蹴而就的，在设计好商业模式之后还要准确地找到用户需求，然后不断地进行试错，才有可能找到最高效得商业模式。完美是从一次次的不完美中修正而来的，企业不可能将所有的事情都做得面面俱到才把产品推向市场，重要的不是把所有细节做对，而是从每次试验的结果中学习，快速迭代，针对客户反馈意见以最快速度进行调整，融合到新的版本中。对数字经济时代而言，速度比质量更重要，客户需求快速变化，因此不必追求一次性满足客户的需求，而是通过一次又一次的迭代不断让产品的功能完善。

1.6.3 商业模式创新

在 1934 年，经济学家熊彼特（Schumpeter）最早提出了"创新"的概念，并把创新分成五种，分别是产品创新、技术创新、市场创新、资源配置创新和组织创新，后也有学者将创新分为技术创新和商业模式创新两种类型。如今，越来越多的学者和企业家将目光投向了商业模式创新，但是商业模式创新的概念仍然缺乏一个统一的、精确的理论界定或普遍接受的定义。

进行商业模式创新研究的学者们，分别从两种不同的视角对商业模式创新进行界定。一部分学者从静态视角，即依据商业模式的构成要素的变化程度，对商业模式创新进行界定。例如，Baden-Fuller 和 Morgan 认为，商业模式的构成要素是一种"菜单"，通过改变"菜单"可以为管理者提供一种区别于竞争者企业行为，完成商业模式创新，提高企业竞争力。Afuah 指出，商业模式创新是"创建和 / 或利用"机会更好地创造和捕捉价值，这是由商业模式的构成要素的变化所实现的。Christensen 和 Mark Johnson 提出商业模式创新主要包含 4 个基本要素，分别为客户价值主张、盈利模式、关键资源和关键流程，其中，任何一个要素的变化均会对收入模式创新产生影响，进而实现业务模式的创新。所以，企业能够对商业模式的构成要素进行准确的把握，便可通过改变一个或者几个要素来实现商业模式创新。

另一部分学者提出，商业环境具有时变性，只通过静态视角实施商业模式创新无法满足环境的需求。商业模式必须看作是动态的系统。他们认为，企业逐渐向动态的商业模式应用进行转变，通过追求低的运营成本、最大化的市场效能，不断进行学习如何开发和管理供应网络的挑战。要想保护自己免受竞争对手的威胁，商业模式创新就需要保持动态性。所以，学者和企业家也越来越重视动态视角的商业模式创新，众多学者从动态视角对商业模式创新概念进行界定。例如，Casadesus-Masanell 和 Zhu 在 2013 年提出，商业模式创新是为利益相关者创造和获取价值的一种新的逻辑和方法，最主要是寻找一种新的方式为消费者、供应商和合作伙伴定义价值主张，产生回报。商业模式创新是动态的，能够不断地进行变革，使企业能够不断发展和发现更好的创新点。

1.6.4 传统商业模式面临的挑战与机遇

1. 数字经济对传统模式用户需求定位造成冲击

用户是商业模式的核心，企业的重要资产可以说就是企业用户，用户是企业销售体系的重要组成部分。在数字经济时代，用户的力量日益增强，企业需要及时回应用户的需求，并把用户的思维想法融入产品中，因此企业创新的成功往往依靠对用户的深入理解，包括日常事务、用户关心的焦点及愿望等。而传统商业模式受制于条件等各方面的影响无法精准定位用户需求，进而无法从用户视角来指引企业选择价值主张。近年来，一些企业通过互联网搭建平台、开发工具，不断将用户所思、所想、所需转化为企业的产品和服务，进而将用户创新转化为巨大的财富价值。

2. 数字经济降低了企业成本，拓展了销售渠道

与传统商业模式相比，数字经济改变了企业销售渠道，而渠道创新是企业创新商业模式的关键制胜一步。数字经济时代，企业的销售渠道从过去的线下销售，到现在的线上销售，或者线上线下相结合，当企业把产品转向线上销售之时，让用户对产品有更多的选择。与此同时，受益于数字经济，企业能够获得及时有效的产品及用户资源信息，还能及时获取用户对产品信息的反馈。通过网络平台来进行产品销售，能大大减少库存压力，并减少相应的时间消耗，为企业节约成本。另外，数字经济减少了传统渠道所占用的时间，加快了资金回笼的速度，大大降低了企业所承担的风险，这也降低了产品的成本，让用户从中得到更大的实惠，从而赢得更多用户的关注和青睐。

3. 数字经济提高了产品迭代速度，创造社会价值

创新产品模式是商业模式制胜的首要因素。随着数字经济时代的到来，使得消费者有了更多产品的选择。从整个商业的出发点来说，不管数字经济时代怎么改变，企业的商业本质并没有发生什么变化，企业只有把产品做到最好，消费者才会购买。但与传统商业模式不同的是，数字经济推动企业商业模式的重组和优化，进而满足社会需求，以此获得社会价值。传统企业要在传统的商业模式基础上来进行数字升级改造，应该在原有的市场认知度和公共品牌基础上进行创新，这样才可以创造企业最大化的利润价值。在数字经济时代，未来的企业价值主流，不是产品的品牌，也不致产品技术，而是产品的创新，只有这样才能满足用户需求，抓住用户，才不至于被数字经济时代所淘汰。

4. 数字经济改变了管理思维，焦点由产品转向用户

企业管理模式的创新也是企业在商业模式制胜的要素之一。随着数字经济时代不断发展，衍生出很多以科技发展为依托的企业管理模式，这就是互联网模式下的企业管理创新。传统的企业管理模式虽然成功，但是"闭门造车"跟不上时代发展的步伐，企业要想健康稳定地发展，其管理模式必须不断创新。在数字经济时代，只有企业管理模式实现了管理上的创新，才能有效推动企业发展。数字经济时代为人们带来的改变是颠覆性的，不仅在企业组织形式上有所改变，还对企业管理团队进行了创新，拉近了企业与用户之间的距离，推动了整个企业的发展与创新。在传统商业模式的管理理念中，以产品为核心，很少去注重用户，对于产品的流向并没有过多关注，同时也忽视了产品的品牌经营。而在数字经济时代，用户的需求具有多样化和个性化等特点，企业的生存与发展都依赖用户，所以，企业必须对其管理理念进行创新，来满足不同用户的需求。

5. 数字经济丰富了企业价值创造模式

在数字经济的商业生态中，除了平台类型的企业外，还有不同定位和业务侧重的企业类型，特别是传统行业中的企业，他们一方面感受到了数字化带来的冲击，但也面临着前所未有的机遇。

从 2012 年开始，麻省理工学院的信息系统研究院选取了 13 家代表性跨国公司的高层管理人员举办圆桌会议和一对一访谈，2015 年的研究发现：32% 的决策者们预计自己所在公司的收益会在接下来的五年中受到信息时代数字化的冲击，60% 的决策层认为自己会在 2016 年花更多的时间来应对这些冲击（例如 Uber 对计程车行业、Apple Pay 等对银行支付冲击等），然而他们也承认信息时代的数字化也带来前所未有的机遇。

研究还发现，许多公司在寻求数字化冲击下的转型中聚焦于两个方面的变化：更好地理解终端消费者和增强对数字化商业生态环境的自身认识。例如究竟是依靠自身的发展解决消费者的生活或商业的全套需求，还是自己做一部分的同时，吸引互补性或可能存在一定竞争性的企业做其他部分。总体而言仍然是从需求和供给两个视角考虑，只是需求和供给都已经更复杂、更系统性地被数字化改造了。

为了更好地理解未来企业的商业模式，MIT 信息系统研究院开发了未来企业发展矩阵，如图 1.6 所示。在企业考虑选取正确的业务模式时，需要在两个维度上来考虑：① 企业在商业生态系统的位置，或者企业对价值链的控制能力；② 企业对终端客户的了解程度。于是，企业在这一框架下的定位存在以下四类选择。

图 1.6　MIT 企业发展矩阵

（1）供应商

供应商类型企业对终端客户只有部分了解，而且通常为价值链的主导企业服务。例如，索尼（Sony）公司通过零售商向客户出售电子产品，金融机构通过中介机构将基金产品卖给客户。进入信息时代后，随着客户价格信息搜索的便利性提升，以及中介渠道的势力逐渐变大，供应商类型的业务面对的只能是不断被压低的价格，以及由此形成的行业内兼并重组，以实现抱团取暖。国内的传统电视制造商尤其符合这种类型描绘的特征，而产业发展中出现的价格战也符合此类描述。

（2）全渠道商

全渠道类型企业能通过线上和线下渠道为客户提供产品和服务的信息，并且为客户带来更好的用户体验。很多外国零售商，例如家乐福、沃尔玛等，由于在价值链中最接近客户，所以拥有很强的话语权。围绕怎么能更多、更好地理解和利用终端客户是他们在信息时代遇到的挑战。此类企业也是非常喜欢运用大数据分析、社交媒体和移动 App 来分析客户行为和体验。

（3）生态系统驱动者

生态系统驱动类型企业多为平台企业，如同搭建一个舞台，吸引各方来唱戏、看戏，偶尔自己也"演戏"。跟全渠道商类型企业类似，生态系统驱动类型的平台企业更注重口碑和品牌，以吸引客户和为客户提供服务或产品的其他企业参与者。他们跟全渠道类型企业一样，直接接触终端客户，拥有对客户行为和体验的知识和分析掌控能力。然而，此类企业本身没有把这些知识和能力直接转化成产品和服务，而是帮助第三方企业实现销售，盈利建立在抽取生态系统参与者的"租金"上。

这些类型的企业通常树立满足客户在某领域生活或者商业诉求的形象，其存活依赖全方位地解决客户的需求问题。通常，这样的企业面对的竞争不是另一个同类的生态驱动企业的竞争（由于网络外部性、赢家通吃等造成的），而是在某些局部层面上的挑战。

（4）模块化制造商

模块化制造商类型企业是生态系统驱动类型平台上的"第三方"。与供应商类似，他们与终端客户的距离相对较远，然而他们并不独立带来客户效用。例如国际支付平台PayPal提供的即插即付的小零件，脱离了PayPal就无法使用。这些模块化制造商如果无法在某一功能方面实现绝对的领先优势，假以时日都将被市场抛弃。

此类企业的生存风险非常依赖生态系统驱动类型企业，例如，谷歌轰轰烈烈地推出了谷歌眼镜，于是市场上就涌现出了一大批谷歌眼镜应用的第三方开发者，然而谷歌眼镜推出后反响不如预期，在第二年淡出了谷歌的年度推广重点，相关的开发者就面临了很大风险。中国有句俗语"店大欺客"，模块化制造商企业只有成为行业翘楚才能生存，然而最优秀的模块化制造商又存在被生态系统驱动型企业吞并和排挤的风险。

现实中，一个企业可以兼具这四类中的某几类企业特性，而其中最有吸引力的是生态系统驱动类型，研究证实了此类企业有最可观的利润边际和最好的成长前景。然而，MIT的研究表明，仅有12%的受调查公司属于这一类型。同时，研究表明，在对终端客户的了解程度上，全渠道类型企业事实上与生态系统驱动类型企业不相上下，然而在满足市场需求方面却弱于后者，主要差异就在于对第三方的吸引。从商业收益的成长性和利润边际角度讲，全渠道类型企业比模块化制造商要差，纯供应商类型企业的表现在四个类型中相对最低。

平台企业的优势显而易见，但其成长和发展路径仍有待进一步的研究。例如，中国的市场比美国乃至世界上任何一个其他国家的市场都大，需求种类更丰富多样，所以商业类型也会有不同，如广泛使用的移动支付等。就人工智能而言，平台企业提供人工智能产品和服务的策略与专注人工智能的企业也不同，前者有更丰富的生态和用户基础。例如，谷歌的云平台（Cloud Platform）（如图1.7所示），其根本是基于谷歌云这一基础设施，提供计算、存储和网络资源，并在此基础上，提供大数据分析和机器学习等产品，而提供这些产品的技术本身，也为谷歌自身业务服务，并且拥有相当完备的安全技术保障与数据隐私解决方案，这对很多中小企业或者不具备高端人工智能算法人才的大企业而言，是快速拥有自己的大数据和相关人工智能技术能力的有效途径。可能就某一细分领域，该云平台上的功能并不最优，特别是相比于专注于该领域的人工智能企业的解决方案而言，但是云平台本身是数字经济时代企业的重要IT基础设施之一，如果人工智能相关的产品作为云架构上的一个模块，从企业IT购买

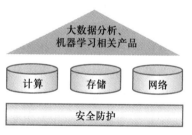

图1.7　谷歌云平台框架结构

决策而言，后者更具竞争力。此外，并非所有的企业都适合平台、生态型的商业模式，例如服务于金融行业的人工智能企业，大部分业务将针对金融行业本身运营规律并以企业实体特征的知识作为竞争核心，对消费者的直接知识要求不高。

数字经济时代，企业需要更好地利用数字技术，深刻理解客户的需求，理解用户体验，理解客户背后的场景和事件。当前，在任何领域，一定要努力成为该领域的头部企业，才能获得足够的来自生态伙伴的支持，而"一将功成万骨枯"的单打独斗已经成为"过去式"，更好地为合作伙伴们发掘和创造新的发展空间，才能在数字经济时代实现合作共赢。

长期以来传统商业模式主要建立在人与人之间沟通的基础上，但是，在物联网、云计算和人工智能等数字技术加持下，基于机器与人、机器与机器沟通的新技术以指数级的速度发展，改变了商业模式创新的土壤，使得商业模式创新围绕如何改变人与人、人与机器、机器与机器之间的互动展开。这一变化会影响企业"下载""查看""感知""关联"和"接收"的能力，以及如何将当前商业模式与未来商业模式有效衔接和统一的能力。企业应该能够构建相应能力，从而能够在未来进行商业模式创新，构筑新型商业模式生态系统。本书第 2 篇，将对现阶段我国提供人工智能产品与服务的企业的运营及其商业模式展开详细叙述。

1.7 产业数字化转型

数字经济是人类社会生产生活演进到当下的经济发展形态，催生了很多数字原生（digital native）的新型组织形式，对传统实体企业的经营展开了竞争、挑战或替代，例如互联网新媒体对报纸、电视等传统媒体的替代和挑战。我国"十四五"规划和 2035 年远景目标纲要中，指明"加快推动数字产业化""推进产业数字化转型"，为把握世界科技革命和产业变革大趋势作出了重要战略部署。推动传统产业实现数字化转型升级，能够让农业、工业和服务业中的各企业有效利用数字技术突破传统生产方式，精确度量、分析和优化生产运营各环节，降低生产经营成本，提高经营效率，提高现有产品和服务的质量，并创造新的产品和服务。随着更丰富的数字技术集群不断发展，如新一代人工智能技术的出现和发展，数字技术已成为推动传统实体产业转型升级的重要抓手。

以工业互联网发展为例，在电子设备制造、装备制造、钢铁、采矿、电力等行业领先发展，应用场景不断丰富，覆盖协同研发设计、远程设备操控、设备协同作业、柔性生产制造、现场辅助装配、机器视觉质检、设备故障诊断、厂区智能物流、无人智能巡检、生产现场监测等各领域。例如，联想公司武汉数字化工厂主板生产测试车间，以传感器技术改造设备，通过 5G 移动技术和物联网技术，实现数据与云端的实时互联，产品换线效率和测试效率大幅提升。矿山领域利用 5G 实现无人矿车驾驶和井下采掘，有效降低事故发生率，平均每年节减相关企业成本约 3000 万元。

从不断拓宽的应用场景，发展到整个产业升级，仍面临诸多挑战。不同于工业革命对产业转型的影响，数字化转型在每个企业的落实比传统技术采纳更复杂，涉及企业在管理流程、组织设计、企业文化和商业模式上的一系列革新，属于企业的战略问题。传统管理理论中，企业战略与企业需要实现的目标密不可分，这些目标包括：① 成为市场份额最大的企业；② 成为盈利效果最好的企业；③ 成为低成本的制造商；④ 成为行业里的细分市场领袖。因此，企业的数字化转型也应该能帮助企业实现上述某一个目标，即降低成本或提高企业收益。具体到企业决策上，数字化转型是企业对一系列数字技术采纳和流程再造的问题，是企业对技术方面的采购和投资，最终落脚于企业经营上的调整，具体表现为：① 运营优化；② 创新和转型；③ 改善用户体验和组织优化；④ 快速适应不同企业生产规模；⑤ 洞悉需求的变化。

从全球角度而言，现阶段企业的数字化转型仍处于初级阶段，数字化技术在企业中的应用未能形成规模化的趋势，需要企业不断投入资金以及提升企业员工的数字技术水平。企业在进行数字化转型投资决策时，通常仍会使用计算投资回报率等手段衡量任何与投资相关的风险和收益，然而这些数字化转型初期的企业往往缺乏有说服力的降本增效的历史数据，加之需要考虑经营成本和运营风险，企业一般会采取比较保守的态度，从而影响了数字化转型的进程。一般来说，在传统行业中，尤其是为客户提供具体产品的企业，如制造类企业等，对新技术的采纳不太积极，盈利性越好、规模越大的企业越谨慎。

数字化技术，例如人工智能、区块链等，大多需要与产业中的传统技术相结合才能发挥重要作用，在运行过程中也需要开发一系列的配套工具和软件等。这不同于蒸汽机技术、电力技术可以直接提升工业动力的作用原理。例如，人工智能技术能优化工厂巡检人员的调度规划，但是需要配套数据可视化工具帮助管理者观察和理解运行效果，在实施规划过程中要有相应的功能模块通知巡检人员、反馈他们的行踪等。现阶段传统产业的企业中，往往缺乏熟练掌握和运用新数字技术的人才，并且新技术本身发展的局限也会成为阻碍企业采纳新技术的原因。以量子计算为例，目前众多企业管理者都意识到了量子技术的变革力量，包括对企业管理中的数据与分析、预测及认知模型产生影响等，然而，由于技术本身仍处于科学研究阶段，离产业化应用仍有距离，绝大多数企业无法找到正确的业务场景，也很难预计准确的时间率先实施和介入此技术。

产业数字化转型的具体分析、以及其在不同产业中的机理、现状和趋势将在本书第3篇通过制造、电信和医疗3个产业具体展开。

1.8　本章小结

距离 1995 年美国学者第一次提出"数字经济"这一概念已经过去了 20 多年，我国于2021 年公布《数字经济及其核心产业统计分类（2021）》，首次确定了数字经济的基本范围。该分类从"数字产业化"和"产业数字化"两个方面，确定了数字经济的基本范围，将其分为数字产品制造业、数字产品服务业、数字技术应用业、数字要素驱动业、数字化效率提升业五大类。

　　数字技术以前所未有的速度不断创新，为各行各业带来新的生产工具和生产能力，成为数字经济发展重要的基础设施。数字经济相关产业分为供给侧——数字化产业、需求侧——产业数字化。数据与土地、资本、劳动力和企业家才能一起成为数字经济时代企业生产运营的生产要素，数据相比其他要素，具有非排他性供给和传播复制"零边际成本"的重要属性。

　　数字经济时代，好的技术商业化，必须厘清商业底层经营逻辑和如何为用户创造价值，实践中新的商业模式不断涌现，冲击着传统的企业定价行为和竞争优势的建立。比较有代表性的理论是双边市场和平台经济。数字经济时代的企业通常面临的是双边或多边市场，即企业通常面对来自两类（及以上）不同类型市场的需求，各类市场之间的需求存在相互作用（网络外部性），而企业为实现利润，需要协调这些不同市场的用户之间的交易（或其他交互作用），使得不同市场需求同时被满足。此类企业就是双边平台企业，以平台企业为核心、连接着各类市场用户的数位一体的商业生态系统就是双边市场。认识平台企业的商业模式及其所在的商业生态需要一些新的管理理论和工具，例如麻省理工学院信息系统研究院提出的未来企业发展矩阵。

　　目前，我国的产业数字化转型仍处于初级阶段，需要提供数字技术产品和服务的企业充分理解需求企业的行业知识、管理流程、组织设计、企业文化和商业模式，帮助企业实现数字化转型，降低成本，提升收益。人工智能技术的兴起不仅创造了新的产业形态，也成为数字经济中最新的变革力量，不仅塑造了新的业态，更为产业的数字化转型提供了有力的抓手。因此，后面的章节将以人工智能技术为主要研究对象，探索这一革命性技术领域对数字经济的赋能作用。

习题 1

　　1. 选择一类代表性数字技术，熟悉并理解该技术不同发展时期的技术特征与实践应用。

　　2. 选取一则典型企业数字化转型的案例，评估该企业数字化转型的效果。

　　3. 理解并总结平台企业的商业逻辑，并以现实中的某一平台企业为例，描述其商业生态，并总结现有商业模式。

　　4. 请阐述企业形态演化的全过程，并详细介绍每种企业形态的特点及优劣势。

　　5. 什么是价值共创？数字经济的价值创造包含哪几部分，并逐一详细介绍。

　　6. 商业模式的概念及其演化，请根据所学知识谈谈什么样的商业模式是好的商业模式。

　　7. 数字经济时代，商业模式不断创新，请结合某一传统企业谈谈数字经济给传统商业模式带来的机遇与挑战。

　　8. 以平台商业模式为例，说明人工智能领域商业模式创新的路径。

◀ 参 考 文 献 ▶

［1］唐·泰普斯科特. 数据时代的经济学：对网络智能时代机遇和风险的再思考［M］. 毕崇毅，译. 北京：机械工业出版社，2016.

［2］国家工业信息安全发展研究中心. 工业和信息化蓝皮书：数字经济发展报告（2018—2019）［R］. 北京：社会科学文献出版社，2020.

［3］张雪玲，陈芳. 中国数字经济发展质量及其影响因素研究［J］. 生产力研究，2018（6）：5.

［4］李泉，陈宏民. 产业技术标准的竞争与兼容性选择——基于双边市场理论的分析［J］. 上海交通大学学报，2009（4）：4.

［5］WESTERMAN G, BONNET D, MCAFEE A. Leading digital: turning technology into business transformation［M］. Boston: Harvard Business Review Press, 2014.

［6］李泉. 双边市场价格理论及其产业应用研究［D］. 上海：上海交通大学，2008.

［7］BRYNJOLFSSON E, MCAFEE A. The second machine age［M］. New York: W. W. Norton&Company, 2014.

［8］IDC 咨询. 企业大数据的现状与痛点［EB/OL］.（2019-02-26）.

［9］CASADO M, BORNSTEIN M. The new business of AI(and how it's different from traditional software)［EB/OL］. (2020-02-16).

［10］OSTERWALDER A, PIGNEUR Y. Business model generation: A handbook for visionaries, game changers, and challengers［M］. New Jersey: Wiley, 2010.

［11］PRAHALAD C K. Co-creation experience: The next practice in value creation［J］. Journal of Interactive Marketing, 2004, 18(3): 5-14.

［12］LANG F. Insurance research［J］. Journal of Marketing, 1947, 12(1): 66-71.

［13］LEWIS M. The new new thing［M］. New York: W. W. Norton&Company, 1999.

［14］MAGRETTA J. Why business models matter［J］. Harvard Business Review, 2002, 80(5): 86-92.

［15］AI-DEBEI M M, AVISON D. Developing a unified framework of the business model concept［J］. European Journal of Information Systems, 2010, 19(3): 359-376.

［16］ZOTT C, AMIT R. Business model design: an activity system perspective［J］. Long Range Planning, 2009, 43(2-3): 216-226.

［17］TEECE D J. Business models, business strategy and innovation［J］. Long Range Planning, 2009, 43(2-3): 172-194.

［18］BADEN-FULLER C, MORGAN M S. Business models as models［J］. Long Range Planning, 2010, 43(2-3): 156-171.

［19］AFUAH A. Business model innovation: concepts, analysis, and cases［M］.

London: Routledge, 2014.

［20］JOHNSON M W, CHRISTENSEN C C, KAGERMANN H. Reinventing your business model［J］. Harvard Business Review, 2008, 87(12): 52-60.

［21］MORRIS M, SCHINDEHUTTE M, ALLEN J. The entrepreneur's business model: toward a unified perspective［J］. Journal of Business Research, 2005, 58(6): 726-735.

［22］MASON K J, LEEK S. Learning to build a supply network: An Exploration of Dynamic Business Models［J］. Journal of Management Studies, 2008, 45(4): 774-799.

［23］SCHWEIZER L. Concept and evolution of business models［J］. Journal of General Management, 2005, 31(2): 37-56.

［24］ALLAN A, CHRISTOPHER T. Internet business models and strategies［M］. Boston: McGraw-Hill, 2001.

［25］CHIOU Y C, CHEN Y H. Factors influencing the intentions of passengers regarding full service and low cost carriers: A note［J］. Journal of Air Transport Management, 16(4): 226-228.

［26］CASADESUS-MASANELL R, ZHU F. Business model innovation and competitive imitation［J］. Working Papers——Harvard Business School Division of Research, 2010.

［27］AMIT R, ZOTT C. Value creation in e-business［J］. Strategic Management Journal, 2001, 22(6/7): 493-520.

［28］ZOTT C, AMIT R. Business model design and the performance of entrepreneurial firms［J］. Organization Science, (2007), 18(2): 181-199.

［29］CASADO M, BORNSTEIN M. Taming the tail: Adventures in improving AI economics［EB/OL］, (2020-08-12).

［30］亚历山大·奥斯特瓦德, 伊夫·皮尼厄. 商业模式新生代［M］. 王帅, 毛心宇, 严威, 译. 北京: 机械工业出版社, 2011.

［31］博文书友会. 商业模式的四个要素［EB/OL］,（2018-06-28）.

第 2 章

人工智能技术及其典型应用场景

从科技视角俯瞰历史，从历史视角理解科技。

——钱颖一、吴军

技术的历史演进和当期社会经济发展水平息息相关，从这一角度出发，人工智能技术的发展与各阶段经济水平、商业业态模式是紧密联系的。尽管当今世界仍处在数字经济发展的初期，由于数字技术的非常规发展速度，已经让世人领略了各种定律范式的强大威力，例如集成电路相关的摩尔定律[①]，通信信息相关的信息论[②]，软件相关的安迪比尔定律[③]等，这些规律本身随着数字技术在生产生活中广泛应用也演进变化，这种变化不仅存在于工业革命以来创造的物理空间中，也存在于网络虚拟空间以及二者交叉的领域。本章内容正是从以上思路出发，将人工智能技术的演进编织入经济发展、商业业态的历史长河中，并将现阶段人工智能代表性应用场景进行了综述。

2.1　人工智能技术的演进

对人工智能的研究起始于 20 世纪 30 年代末到 50 年代初，先后经历了人工智能发展前期（Pre-AI）时代、黄金时代、第一次低谷、第二次繁荣、第二次低谷，在起起落落多年后，终于迎来了第三次浪潮。这充满起伏的发展历程与世界科技和社会经济的发展水平

[①]　1965 年，摩尔预测集成电路的性能每年翻一番。1975 年，摩尔将预测修改为每两年翻一番。后来人们把性能翻番的时间改为 18 个月。

[②]　信息论：将信息的传递作为一种统计现象来考虑，给出了估算通信信道容量的方法。信息传输和信息压缩是信息论研究中的两大领域。这两个方面又由信息传输定理、信源 - 信道隔离定理相互联系。

[③]　安迪 - 比尔定律：例如微软等软件公司的新软件总是要比从前的软件耗费更多的硬件资源，以至于完全覆盖了英特尔等硬件公司带来的硬件性能的提升。

息息相关。

2.1.1 国际人工智能技术发展历程 ································· □

1. Pre-AI 时代

最初的人工智能研究可追溯至 20 世纪 30 年代末到 50 年代初。20 世纪 30—40 年代，科学家开始对研究信息度量和反馈机理给予很大关注，并有了比较深刻的认识。英国统计学家 R.A. 费希尔基于古典统计理论提出信息量问题；美国电信工程师香农从通信工程研究信息量并提出信息熵公式；应用数学家维纳从控制观点研究有噪声信号的处理，建立了维纳滤波理论，并给出信息概念实质和提出信息量测定公式。1943 年，沃伦·麦卡洛克和皮茨首次提出"神经网络"的概念。1948 年维纳的奠基性著作《控制论》出版，成为控制论（cybernetics）诞生的一个标志，深度学习（deep learning）的雏形出现在控制论中，控制论的提法直接影响着与人工智能并行发展多年的行为主义学派。1950 年，阿兰·图灵提出了著名的"图灵测试"：如果一台机器能够与人类展开对话（通过电传设备）而无法被辨别出其机器身份，那么可以认为这台机器具有智能。到如今，图灵测试仍然是人工智能的重要测试手段之一。1951 年，马文·明斯基与他的同学一起建造了第一台神经网络机，并将其命名为 SNARC（stochastic neural analog reinforcement calculator）。

2. 人工智能诞生——1956 年

20 世纪 50 年代开始，世界经济在第二次世界大战后进入黄金发展的 20 年，第一代计算机诞生，第一代、第二代软件诞生；来自不同领域（数学、心理学、工程学、经济学和政治学）的一批科学家开始探讨制造人工大脑的可能性。

在 1956 年举办的达特茅斯会议中，"人工智能"（artificial intelligence，AI）这个词被确定下来并沿用至今。值得一提的是，此次会议的学派是以符号主义为主的，之后连接主义的神经网络和行为主义的强化学习兴起也都被认为是人工智能。此外，该会议还讨论了自动计算机、程序设计语言、神经网络、计算规模理论、自我改造（机器学习）、抽象、随机性与创造性等诸多议题，展开了人工智能各个研究方向波澜壮阔的历史画卷。

3. 黄金时代——1956—1974 年

20 世纪 50 年代至 70 年代，美国在罗斯福新政的带领下，经济稳步发展。第三次科技革命的完成，第二代、第三代计算机的出现，以及第三代软件的完善，使得人工智能进入第一个黄金发展年代。

研究者们在私下的交流和公开发表的论文中表达出相当乐观的情绪，美国国防高级研究计划局（Defence Advanced Research Projects Agency，DARPA）等政府机构向这一新兴领域投入了大笔资金，使得达特茅斯会议后的十几年成为人工智能的第一个繁荣发展期。这一阶段开发出的程序使计算机可以解决代数应用题，证明几何定理，学习和使用英语。1957 年，Frank Rosenblatt 提出"感知器（perceptron）"是第一个用算法来精确定义的神经网络，也是日后许多新的神经网络模型的始祖。

4. 第一次低谷——1974—1980 年

1969 年，马文·明斯基和西摩尔·派普特共同出版了《感知器：计算几何简介》一书，书中论证了感知器模型发展的关键制约因素：单层的神经网络无法解决不可线性分割的问题（例如异或门），以及计算机能力的不足导致无法满足感知器模型对计算量的需求。当时传感数据的不足也成为限制感知器进一步发展的重要因素。这些问题无法有效解决导致感知器模型的发展几乎停滞。与此同时，美国遭遇经济危机，政府提供给人工智能的研究经费被撤销，以神经网络为基础的人工智能研究所开始进入低潮，人工智能发展进入了第一个低谷。

5. 第二次繁荣——1980—1988 年

1980 年，卡内基·梅隆大学为数字设备公司（Digital Equipment Corporation，DEC）设计了一个名为 XCON 的专家系统，并对外宣称为 DEC 省下了最高一年 4 000 万美元的成本，标志着人工智能技术真正开始被商业采纳并取得成功。与此同时，日本政府也在积极地投资第五代计算机项目，旨在造出能够与人对话、翻译语言、解释图像，并能像人一样推理的机器。"专家系统"开始由理论研究走向实际应用，人工智能迎来了又一波发展浪潮。

专家系统一般采用人工智能中的知识表示和知识推理的技术来模拟通常由人类领域专家才能解决的复杂问题。当时发达国家政府和有实力的企业纷纷投入巨资支持人工智能的研发。日本经济产业省拨款 8 亿 5 000 万美元支持第五代计算机项目，英国开始了耗资 3 亿 5 000 万英镑的 Alvey 工程。第四代计算机的诞生，引领了第四代软件的开发，计算机的算力和存储空间都有了极大的提升。1981 年，里根总统上台，带领美国经济走出通货膨胀，走向繁荣。美国一个企业协会组织了微电子与计算机技术合作工程（Microelectronics and Computer Technology Corporation，MCC），向人工智能和信息技术的大规模项目提供资助。DARPA 组织了战略计算促进会（Strategic Computing Initiative），其 1988 年向人工智能的投资是 1984 年的 3 倍。

6. 第二次低谷——1988—1993 年

1987 年左右，人工智能硬件市场需求不断下跌，而美国股市的崩溃引起全球股灾爆发，经济运行受到重创。与此同时，Apple 和 IBM 公司生产的台式机经过性能的不断提升，已经超过了 Symbolics 公司和其他厂家生产的昂贵的 Lisp 机，而此时第一代的人工智能"专家系统"的使用和升级比较困难，维护费用也居高不下，因此，20 世纪 80 年代末战略计算促进会大幅削减了对人工智能的资助。DARPA 的新任领导认为人工智能并非"下一个浪潮"，于是拨款开始倾向于那些看起来更容易出成果的项目。

虽然在商业领域，人工智能"专家系统"遇冷，但从理论发展的角度，1988 年朱迪亚·珀尔发表论文将概率论和决策理论引入人工智能，带领越来越多的人工智能研究者们开始开发和使用复杂的数学工具。1989 年，美国经济复苏，计算机硬件发展更加成熟，第五代软件诞生。计算机及人工智能技术的突破性发展，加上美国经济快速复苏，此轮人工智能发展的低谷持续时间极短，很快又回到了科技的风口浪尖上。

7. 第三次浪潮——1993 年至今

数据驱动方法从 20 世纪 70 年代开始起步，在 20 世纪八九十年代得到缓慢但稳步的发展，其核心就是变智能问题为数据问题。1994 年，美国科学家乔纳森·谢弗的人工智能程序 Chinook 第一次战胜西洋跳棋世界冠军；1997 年 5 月 11 日，IBM 公司的"深蓝"超级电脑战胜国际象棋世界冠军加里·卡斯帕罗夫，深蓝团队把机器智能问题变成了大数据和大量计算的问题。

2005 年是大数据元年，Google 的机器翻译专家弗朗兹·奥科博士用了上万倍的数据来训练系统，使 Google 的机器翻译团队以巨大的优势打败了全世界所有机器翻译研究团队；2006 年，杰弗里·欣顿提出"深度学习"，自此，人工智能进入了快速发展的阶段；2011 年，IBM 沃森参加"Jeopardy！"节目，打败人类选手；2016 年 3 月，AlphaGo 击败韩国九段围棋选手李世石，人工智能彻底走入大众的视野。

21 世纪，互联网的发展，大数据时代的到来，让可用的数据激增，数据驱动方法的优势越来越明显，人工智能迎来了从量到质的变化。期间，美国经历了又一次金融市场的次贷危机，但整个世界经济前进的脚步没有受到本质的影响。

2.1.2　中国人工智能技术发展历程

与国际人工智能技术和产业的发展情况相比，国内的人工智能研究不仅起步较晚，而且发展道路曲折坎坷，直到改革开放之后，中国的人工智能才逐渐受到重视和发展，现阶段更是上升到国家战略高度。

1. 探索阶段

20 世纪 50 年代至 60 年代，当人工智能在西方国家逐步得到重视时，中国却几乎没有人从事专业的人工智能研究。直到 1978 年 3 月，全国科学大会在北京召开，吴文俊提出了"利用机器证明与发现几何定理的新方法——几何定理机器证明"，获得了当年全国科学大会重大科技成果奖，可以作为我国早期对人工智能领域研究的涉足。

2. 起步阶段

20 世纪 70 年代末至 80 年代，知识工程和专家系统在欧美发达国家得到迅速发展，并取得了重大的经济效益。当时国内相关研究处于艰难起步阶段，开展了一些基础性的工作，并逐步开始重视相关人才的培养。自 1980 年起，中国派遣了大批留学生赴西方发达国家，学习科技新成果，其中也包括了人工智能和模式识别等学科领域。1981 年 9 月，中国人工智能学会（CAAI）在长沙成立，次年，中国人工智能学会刊物《人工智能学报》于长沙创刊，这是国内首份人工智能学术刊物。人工智能技术相关领域，特别是生物控制和模式识别等方向的研究开始起步，"智能模拟"也于 1978 年纳入国家研究计划。

3. 稳步推进阶段

20 世纪 80 年代中期，中国的人工智能开始走上稳步发展的道路。国防科工委于 1984 年召开了全国智能计算机及其系统学术讨论会，1985 年召开了全国首届第五代计算机学术研讨会；1986 年起，把智能计算机系统、智能机器人和智能信息处理等重大项目列入国家高技术研究发展计划（863 计划）；1987 年 7 月，蔡自兴编写的《人工智能及其应用》正式出版，成为国内首部具有自主知识产权的人工智能专著。此后，蔡自兴编写的，中国首部《机器人原理及其应用》和《智能控制》著作分别于 1988 年和 1990 年出版；1993 年起，智能控制和智能自动化等项目被列入国家科技攀登计划。

4. 快速发展阶段

当前阶段，国家政策是我国人工智能技术和产业进入快速发展阶段的重要支撑，并且在发展中比较注重人工智能规模化应用落地，加速推进了人工智能和经济社会发展的深度融合。2015 年和 2016 年，国务院连续发布《"互联网＋"行动指导意见》和《"互联网＋"人工智能三年行动实施方案》，重点推动人工智能核心技术的突破；2017 年国务院发布《新一代人工智能发展规划》，人工智能正式上升到国家战略层面；同时国务院明确提出"必须加速人工智能深度应用"，随后《促进新一代人工智能产业发展三年行动计划（2018—2020 年）》发布，从各个方面详细规划了人工智能在未来三年的重点发展方向与目标；2019—2020 年，国家要求充分发挥地方主体作用，发展"新基建"，助推中国人工智能发展迈向更高的台阶。

这一阶段我国人工智能领域的科研水平开始努力追赶西方发达国家的脚步，特别是围绕人工智能的论文数量快速增长（如图 2.1 所示）。代表性的研究有视觉与听觉的认知计算、面向 Agent 的智能计算机系统、中文智能搜索引擎关键技术、智能化农业专家系统、虹膜识别、语音识别、人工心理与人工情感、基于仿人机器人的人机交互与合作、工程建设中的智能辅助决策系统，以及未知环境中移动机器人导航与控制等。

图 2.1　1996—2018 年不同地区人工智能研究论文发表数量①

从产业角度，进入 21 世纪后，国内互联网科技巨头纷纷布局人工智能。从整体看，百度、阿里巴巴、腾讯三家互联网巨头所占市场份额最高，发展比较均衡，各有所长，其中布局最早的百度公司在诸多技术领域处于相对领先地位，如图像识别、自动驾驶、机器翻译和语音识别等，阿里巴巴在云计算领域一马当先，抢占了国内一半的云计算市场，同

————————————
① 资料来源：Eisevier。

时在零售行业占据极大优势；腾讯则是在大数据领域尤其是在社交数据方面独占优势，从而在社交、游戏、内容等行业遥遥领先。

随着资本的加速入场，众多人工智能创业企业不断诞生和成长，2016 年达到了数量的高峰（如图 2.2 所示）。现阶段我国人工智能创业企业，大多完成了早期人工智能相关原始技术的积累，业务的重心加速向场景洞察和方案落地转移。市场上，基于视觉、语音和文本的人工智能技术相对较为成熟，在安防、医疗、教育、金融等领域有较多的落地成果，未来人工智能企业的发展将更加依赖落地场景的洞察以及解决行业实际需求的能力。各个技术细分领域以及代表性场景和业务应用在本书的后续章节中会有详细解读与分析。

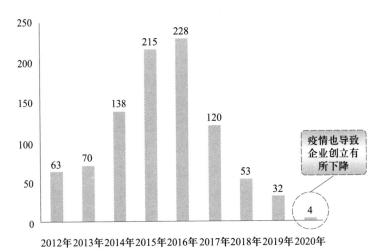

图 2.2　2012—2020 年 4 月中国人工智能领域初创企业成立情况[1]

除了互联网巨头和人工智能创业企业，近年来，许多传统企业也将人工智能渗透到自己的业务框架中，例如传统金融企业中国平安保险集团将人工智能、云计算解决方案与保险、金融等业务相结合，推出智能保险推荐、智能债务催收等业务，开辟出一条传统企业成功数字化转型的道路。

2.1.3　经济发展与技术进步的耦合

纵观历史上人工智能的发展，每一轮的繁荣与衰落，除了与人工智能技术自身的阶段性发展有关，与当期的经济社会发展水平和其他相关技术的发展状况也密切相关（如表 2.1 所示）。从这一观察出发，本轮即人工智能的第三次浪潮与历史上前两次的繁荣不同，是建立在算法、算力和数据基础上的商业实践层面的爆发。

---

① 资料来源：亿欧数据《2020 年中国人工智能商业落地研究报告》。

表 2.1　人工智能技术演进大事年表

时间（年）	人工智能发展历程	美国金融市场发展历程	世界科技发展历程	计算机发展历程	中国人工智能发展历程
1943—1956	人工智能诞生	20世纪50年代起，经历了大萧条和第二次世界大战，世界经济迎来了高增长、低失业、低通货膨胀的黄金发展20年	20世纪40—50年代，第三次科技革命：计算机的广泛应用。（1）科学技术推动生产力的发展，转化为直接生产力的速度加快；（2）科学技术密切结合，相互促进；（3）科学技术各个领域相互渗透	1946—1959年采用电子管的第一代计算机诞生。1946—1953年，用机器语言编写第一代软件。1946—1953年，用高级程序设计语言编写第二代软件	20世纪50—60年代，中国几乎没有专门针对人工智能技术的研究
1956—1974	黄金年代			1960—1964年，采用晶体管的第二代计算机诞生。1965—1970年，采用集成电路的第三代计算机诞生。1965—1970年，操作系统出现，开始用结构化程序设计理念编写第三代软件	20世纪60—70年代，苏联解禁控制论和人工智能的研究，但由于中苏关系破裂，中国人工智能研究继续停滞
1974—1980	第一次低谷	1973年，美元贬值、石油危机共同催生通货膨胀，美国经济进入大萧条时代		1971年至今，采用超大规模集成电路的第四代计算机诞生。	20世纪80年代初，钱学森等科学家主张开展人工智能研究
1980—1987	第二次繁荣	1981年，里根总统上台，采用减税、减少政府对市场干预、缩减社会福利的经济政策，使美国经济复苏，摆脱"滞胀"	20世纪后期，第四次科技革命：互联网的广泛应用	1971—1989年，结构化程序设计技术、多媒体计算机引领的第四代软件。1975年，ATARI-8800微电脑问世。1977年，柯莫道尔公司宣称全组合微电脑PET-2001研制成功。1977年，TRS-80微电脑诞生	1981年9月，中国人工智能学会（CAAI）在长沙成立

续表

时间 （年）	人工智能 发展历程	美国金融市场 发展历程	世界科技 发展历程	计算机 发展历程	中国人工智能 发展历程
1987—1993	第二次低谷	1987 年，股灾爆发，美元贬值，美国股市暴跌引起全球股灾	20 世纪后期，第四次科技革命：互联网的广泛应用	1990 年至今，用面向对象的程序设计方法编写的第五代软件。	20世纪 90 年代，中国人工智能开始稳步发展
1993 年至今	第三次浪潮（2005年起开启大数据时代）	1989 年，因为美国政府、美联储以及美国证监会的措施，市场恐慌情绪得以缓解，美国股市缓慢反弹，并回到 1987 年的高点 2007 年 9 月，次贷危机现形，美国金融市场深陷泥潭。在联邦政府的积极救助下，市场恐慌情绪开始缓解，2009 年 3 月，美股触底反弹	1993 年至今，第五次科技革命：机器人和人工智能的广泛应用	2005 年，Google 机器翻译专家弗朗兹·奥科博士，用了上万倍的数据来训练系统，使 Google 的机器翻译团队以巨大的优势打败了全世界所有机器翻译研究团队	21世纪至今，中国人工智能进入快速发展阶段

2.2　技术驱动的人工智能产业演进

2.2.1　技术驱动的业态创新

　　300 年前，蒸汽机、内燃机等系列工业技术的发明创新，推动当时社会进入了工业化大发展时代。围绕当时的工业化生产，企业形成从上游原料供应、内部生产运营、市场销售和售后服务的单向价值链，企业通过在价值链上的任一环节实现创新突破，实现超常规的利润，建立自身竞争力的核心。数字经济时代，特别是互联网诞生后，数据和信息化成为时代发展的重要特征，在这期间来自大学、科研院所和企业研发中心的技术创新层出不穷，催生了一系列的高科技明星企业，可以毫不夸张地宣称，历史上没有任何一个时代像当下这样快速地创造着伟大的企业，如图 2.3 所示。快速变革成为这个时代的主旋律，特别是近几年企业不断打破传统的价值链单向特性，与上下游形成商业生态系统，业态创新正悄然催生着行业的巨大变革。

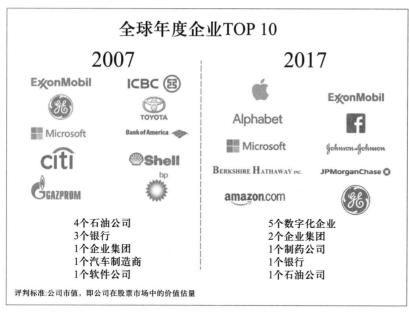

图 2.3　2007 年和 2017 年全球前 10 年度企业对比

以电信行业为例，自从第一代电信技术诞生以来，虽然经历了如数字交换网络、光纤等多次技术创新，电信业静态单一的盈利模式依然存在。这期间构成电信企业业态的主要有两个重要因素：① 纵向一体化，电信企业拥有或者完全控制着网络，向网络的消费者和企业提供服务；② 收益与成本简单清晰，电信企业由于网络运维和购买设备、内容而产生成本，收益来源于使用其服务的消费者和企业用户。通俗地来讲就是在产业链中"上下通吃"，对终端收钱。虽然技术演进提高了电信行业的效率和提供服务的能力，然而渐进式创新的业态只是累进式的变化，从价值链的角度看，电信企业仍然拥有不可撼动的话语权。

随着互联网的兴起，尤其近年来视频网站、搜索和社交化网站等新兴互联网业态的出现，用户的网络服务大多不再直接依赖电信企业，电信企业一贯的纵向一体化模式被打破。新兴的互联网企业主要通过提供免费的服务或内容吸引消费者的眼球，然后通过绑定广告建立可盈利的商业模式。由此，电信公司传统的商业模式和业态受到了很大的冲击：一方面，传统的通信业务（如语音业务）逐渐大众化并加速边缘化，这点从手机的使用普及上可以窥见一斑，早期人们一部"大哥大"代表着财富和身份，而如今人手一部智能手机，随着通过网络社交软件沟通或 IP 通话（语音电话）的兴起，越来越少的人通过传统的主干通信网进行短信或语音通话，传统座机业务也迅速凋零、几近消亡；另一方面，电信企业需要为新兴互联网应用公司不断扩充网络、发展数据业务，支撑这样的数据业务需要与互联网应用、软件开发、硬件生产等企业共同构成新的商业生态系统，面对的就是前述章节中介绍的双边市场。在这样的商业生态系统中，各主体企业之间存在各种关联，仅仅执着地追求开发出更先进的技术是不够的，更为关键的是追求如何更多、更好地为用户创造价值协同。

　　技术领先也不再是企业成功的唯一路径，竞争优势不再单一依赖技术的发展，而要考虑行业的未来，以及其在产业生态中所处的位置与未来的发展空间。例如，在个人计算机、笔记本电脑行业，虽然产品本身配备了双核处理器，拥有高分辨率的显示技术、更突出的计算处理能力等技术上的优势，但仍然摆脱不了个人计算机厂商整体被边缘化的境遇。

　　以苹果公司为例，作为以计算机起步的消费电子企业，其真正的爆发式增长却因为其近年来在手机和平板电脑等手持终端领域的成功，频频推出备受市场青睐的高端产品。在其早期的平板电脑（iPad）和手机（iPhone）的电视广告中，并没有过多地渲染技术创新优势，而是在画面中突出随着手指的不断滑动，iPad 和 iPhone 如何能轻松满足用户对办公、娱乐和沟通功能的需求。其实，触屏技术的发明并不是苹果公司的原创，然而这一技术却是在苹果的产品上得以发扬光大。苹果公司的手机和平板电脑等一系列产品均采用了触屏技术，并与上游供应链企业高效合作，使得产品大受欢迎，也使得触屏技术得到了市场的一致认可，成为当今手持智能终端的主流技术。苹果公司还非常擅长产业生态的建设，通过应用商店（App Store）汇集了大量应用开发者，由此催生了一大批软件、应用程序，通过 iTunes 与各类视频媒体、通信运营商的合作，将商业版图扩大到了内容产业，这是对传统手机业态的颠覆性创新，这不仅给传统手机业甚至个人计算机产业带来了巨大冲击，也营造出了全新的商业生态系统，并成为当前苹果公司的核心竞争力。同时，苹果公司还不断尝试将上述业态创新延伸至其他领域，如苹果电视（Apple TV）。Apple TV 目前已有数代产品，苹果公司与终端设备商、网络运营商、内容生产商、内容集成商、内容运营商、软件开发商和互联网应用提供商一起，塑造了智能电视的商业生态系统，并不断向内容和娱乐产业进军。虽然 Apple TV 的推出未能像手机和平板电脑等苹果明星产品一样受到市场如此大规模的追捧，但是，随着互联网与内容创作结合的不断紧密，线上视频消费逐步成为主流，其发展仍然有巨大的空间。因此，搭建这样完整而庞大的商业生态系统是企业在产业链中占据主动的方式之一，仅仅追求单项技术上的突破虽然不失为一种选择，但是加强对商业生态系统各主体和他们相互间关系的关注与投入，在业态创新上寻求突破，依然成为当前企业，尤其是互联网企业发展的主流选择。

2.2.2　人工智能产业发展

　　一项技术、一个技术领域的发展成熟与否，很重要的一个测度就是是否有产业应用与规模，以及是否具有商业价值。缺少产业应用与规模一直以来都是人工智能被一些经济学家和产业专家所诟病的主要原因。1968 年，爱德华·费根鲍姆提出首个可应用的专家系统 DENDRAL，其中隐含了第二波人工智能浪潮兴起的契机。DENDRAL 输入的是质谱仪的数据，输出是给定物质的化学结构。费根鲍姆和他的学生捕捉了化学家翟若适及其学生的化学分析知识，把知识提炼成规则。

　　1972 年，在 DENDRAL 获得成功后，费根鲍姆团队的成员布坎南建立了自己的团队，设计了针对医学领域使用的专家系统 MYCIN，用于治疗血液感染。MYCIN 是一个针对细菌感染的诊断系统，尝试根据医学报告和检查结果来给患者做诊断。该系统可以向患者要求进一步的信息，以做出可能的诊断，并建议进行额外的检查，推荐疗程。如果有要求，MYCIN 也会解释导致诊断和推荐的原因。MYCIN 使用约 500 条生产规则，处方准确率为 69%，当时专科医生的准确率是 80%，但 MYCIN 的成绩已经优于非本专业的医生。由此，人工智能的算法已经由纯粹基于实验室的科学研究拓展到了实际的产业应用中，并取得了一定的成效，证明人工智能的方法具有产业价值。

1980 年，出现了人工智能历史上第一个最成功的商业应用案例——美国数字设备公司的专家配置系统 XCON。DEC 是个人计算机时代来临之前的宠儿，他们用小型机冲击了 IBM 的业务。当客户订购 DEC 的 VAX 系列计算机时，XCON 系统可以按照需求自动配置零部件。从 1980 年投入使用到 1986 年，XCON 系统一共处理了 8 万个订单，据说 XCON 系统为 DEC 节省了大笔开支，虽然费用的具体金额一直是个谜，但是无论如何，XCON 系统都标志着人工智能真正投入了产业应用，并具备了帮助企业盈利的商业价值。

谷歌公司在 2012 年提出了知识图谱的概念，但它的发展历程始于 20 世纪 80 年代。知识图谱是人工智能领域最快投入商业应用的部分，除了知识工程、专家系统，还有代表性的常识库 CYC。CYC 由 Douglas Lenat 在 1984 年建立，旨在收集生活中的常识知识并将其编码集成到一个全面的本体知识库。CYC 知识库中的知识使用专门设计的 CycL 进行表示。同其他专家系统一样，CYC 不仅包括知识，而且提供了非常多的推理引擎，支持演绎推理和归纳推理。CYC 可以说是历史上持续时间最长的项目，从 1985 年开始，至今这个项目还在持续。目前 CYC 知识库涉及 50 万条概念的 500 万条常识知识。OpenCyc 是其开放出来免费供大众使用的部分知识，包括 24 万条概念的约 240 万条常识知识。

1989 年万维网的出现为知识的获取提供了极大的便利。1998 年，万维网之父蒂姆·伯纳斯·李提出了语义网（semantic web），语义网向机器提供可直接用于程序处理的知识表示，其建设初衷是让机器同人类一样获取并使用知识。但是，作为较为宏观的设想，不同于人工智能中训练机器使之拥有和人类一样的认知能力，语义网的设计模型是"自上向下"的，在实际落地中存在着众多困难。

2001 年，维基百科（Wikipedia）诞生，作为全球性多语言百科全书协作计划，维基百科希望能够为全人类提供可以自由编辑的百科全书。在推出后，仅仅几年时间就有成千上万的全球用户参与其中，他们共同协作完成了数十万词条（如今维基百科上的词条已有上百万条）知识。维基百科的出现推动了很多基于维基百科结构化知识的知识库构建，例如 DBpedia、Yago 等。

2006 年，继万维网、语义网之后，伯纳斯·李再度提出了链接数据（linked data）的概念，鼓励大家将数据公开并遵循一定的原则（2006 年提出 4 条原则，2009 年精简为 3 条原则：① 需要有 HTTP 的名字 / 开头，包括文档、文档描述的事物、人物、地点、产品、事件等概念化的事物；② 通过 HTTP 协议查找，可以从互联网获取标准的格式化数据；③ 通过 HTTP 协议获取到的除了数据本身还有其关联数据以及数据之间的关联）。链接数据的宗旨是希望建立起数据之间的链接，从而形成一张巨大的链接数据网。链接数据中最具代表性是 DBpedia 项目，该项目从 2007 年开始运行，是目前已知的第一个大规模开放域链接数据。

进入 21 世纪第 2 个 10 年，与之前的技术发展、繁荣不同，第三次人工智能的热潮迎来了全面商业化的爆发。深度学习技术在人工智能领域的普及，促进语音识别、图像识别等技术快速发展，并且迅速产业化。我国人工智能及其相关产业发展仍处于初级阶段，就目前而言，各参与主体已逐步形成初步的产业链条，分别为底层基础支撑、核心技术层和上层行业应用。其中，底层基础支撑包括数据、基础算法、智能硬件（如芯片、传感器）等；核心技术层的典型技术有机器学习、深度学习技术、计算机视觉技术、智能语音技术、自然语言处理等；上层行业应用层则涉及由人工智能技术支撑的面向消费者和企业用户的各种应用。

人工智能产业发展离不开社会宏观经济水平的基本面，是政府行业监管、产业政策，以及相关技术发展水平等多种因素共同作用的结果。由于人工智能技术在某些领域迭代很快，管理部门对于这些创新的监管也在不断演进过程中，考虑到国际政治、经济和技术的环境变化，我国人工智能产业在发展初期机遇与风险并存：一方面，新兴人工智能企业不断探索新的应用场景，希望早日实现各种行业赋能；另一方面，传统企业尝试应用人工智能技术开展新的业务、探索降本增效的有效途径；此外，传统互联网科技巨头也纷纷尝试将互联网时代积累的市场和技术优势延伸到人工智能产品和服务的开发中。

表 2.2 以智能语音技术为例，通过梳理各时期技术发展与相关产品出现并达到盛行等商业历程，可以发现：技术发展需要达到一定的临界水平，才能形成相应的产品推出市场；实验室条件下的指标在进行产品化落地的时候，需要综合考虑用户使用场景等外部因素，由此产生对应的领域技术研发与迭代，才能使得产品功能不断优化；底层技术的基础研究很困难、持续时间长，往往依赖于政府与相关科研机构为主进行投入。

表 2.2 智能语音交互技术变迁及应用与业态发展年表

主导方法	时间	技术变迁	产品化应用
模版匹配方法主导	20 世纪 50 年代	1956 年，基于简单的模板匹配的方法进行针对特定人的孤立数字语音识别出现	（1）1952 年，贝尔研究所 Davis 等人成功研究了世界上第一个能识别 10 个英文数字的发音的实验系统。 （2）1958 年，中国科学院声学所利用电子管电路识别 10 个元音。直至 1973 年中国科学院声学所才开始计算机语音识别，由于条件限制，中国的语音识别研究工作一直处于缓慢发展的阶段

续表

主导方法	时间	技术变迁	产品化应用
模版匹配方法主导	20世纪70年代	（1）基于隐马尔可夫模型（HMM）的语音识别系统开始出现。 （2）语音合成的信号特征参数合成法出现。 （3）1976年，第一届国际声学、语音与信号处理会议（International Conference on Acoustics，Speech and Signal Processing，ICASSP）在费城举行，是全世界最大、最全面的信号处理及其应用方面的顶级会议	（1）美国国防部高级计划研究局（DARPA）首次启动1 000词的语音识别及理解研究项目。 （2）1973年，AT&T贝尔实验室在国际会议上展示了一个语音合成程序
模版匹配方法主导	20世纪80年代	基于HMM的概率统计建模方法成为主流语音识别技术：语音识别转向基于概率统计建模的方法；语音合成PSOLA算法被提出，解决了语音段的拼接问题	（1）第一个基于HMM的商用听写机系统Dragon问世。 （2）IBM公司开发20 000词级别的语音录入软件Tangora。 （3）1987年，Kurzweil Applied Intelligence公司的Kurzweil VoiceMed（现为Kurzweil Clinical Reporter）将语音识别技术与医学知识库相结合，使医生能通过与计算机的简单对话来创建医疗报告。Kurzweil VoiceMed让用户在个人电脑上一次说出一个单词来创建书面文档
概率统计建模方法主导	20世纪90年代	（1）剑桥大学语音识别开源软件HTK问世，并得到研究和产业界广泛使用。 （2）HMM声学建模技术推动了大词汇连续语音识别的发展。 （3）可训练的语音合成方法提出，适合嵌入式设备应用	（1）1990年，离散语音识别产品Dragon Dictate发布，该消费产品被AT＆T于1992年用于部署语音识别呼叫处理服务，能够在不使用人工操作员的情况下路由电话。 （2）1997年，连续语音识别产品Dragon Naturally Speaking发布。 （3）围绕HTK成立软件公司Entropic，1999年被微软公司收购，微软公司后来又将HTK开源

2.3 代表性人工智能技术的典型应用场景

除了智能音箱、服务型机器人等人工智能产品外，人工智能创业企业的重点更聚焦于对企业客户的服务，通过提供软件、系统解决方案等服务赋能各行各业，如图2.4所示。

如前所述，面向消费者的产品，需要能快速响应消费者的个性化需求，同时又要能通过规模化生产降低成本。而对企业客户提供服务，一方面人工智能技术需要深度融合于企业客户业务才能释放出其巨大价值，融合的过程就是人工智能企业针对企业客户特征深度合作，共同进行场景适配挖掘和赋能，进而达到降本增效等目的。另一方面，人工智能技术需要优秀的算法，企业用户的海量数据输入才能产生优良的应用模型，从而深化人工智能创业企业的技术壁垒。

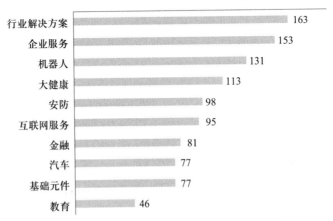

图 2.4　2020 年 4 月中国前 10 人工智能相关企业所属垂直行业分布 [①]

目前人工智能为企业用户提供的应用与服务都是依靠编译代码去执行诸如用户交互、管理数据或与其他系统集成之类的任务。这种应用的核心是一组经过训练的数据模型，这些模型能够解释图像、转录语音、生成自然语言并执行其他的复杂任务。然而，这种服务型的供给需要大量的、针对特定客户的需求分析和输入成本；无论是从毛利率、可扩性和可防御性来看，都代表着一种全新商业类型的可能性。

然而，现阶段人工智能在对企业应用场景的落地中，面临诸多挑战，最典型的问题就是面对企业用户长尾分布的数据。在实际应用中，不仅原始数据具有长尾效应，长尾分布在机器学习中也非常普遍，具有较高价值的学习结果所占的比例往往不到30%，而每个数据的处理所花费的工作量是相同的，因此机器学习中的大部分工作降落在价值相对较低的尾部，开发人员时常会陷入不断收集新数据、再训练的恶性循环，以解决边缘情况。不成功的数据治理会成倍加大企业对数据应用的难度、提高数据存储、计算和开发的成本，故障率也会大幅增长。

数字经济时代，数据有边际传输成本为零等诸多优势，所以以软件产业为代表的企业迅速崛起。人工智能企业目前提供的服务，绝大多数情况都是以软件开发部署方式出现，于是有研究者将人工智能企业的未来与软件企业进行比较观察。然而，就现阶段的发展来

---

① 资料来源：亿欧数据《2020 年中国人工智能商业落地研究报告》。

看，两者区别还是比较大，总体而言，人工智能企业的毛利率较低，这主要与现阶段人工智能的技术发展水平有关。首先，人工智能技术的流畅运行对于数据存储能力、计算处理能力、算法训练能力等各个方面都有极高的要求，这些对于人工智能企业是一笔隐形却巨大的成本；其次，在人工智能模型训练过程中，目前还无法将人从算法闭环中完全剔除，随着人工智能模型性能的提高，对人工干预的需求可能会下降，但是需要的云存储和计算资源的支持就会提高，虽然云计算和人工支持成本都可以进一步优化，但短期内无法到达软件即服务（SaaS）业务接近零成本的水平。

本轮人工智能发展聚焦于应用场景的拓展，虽然神经网络和机器学习等基础技术水平快速提高，但是企业用户的应用场景较难抽象化、规律化，总体而言现象级的产品仍比较少见。目前市场上人工智能企业的应用场景主要涉及以下相关技术领域，如计算机视觉技术、智能语音语言技术、信息检索与挖掘、控制智能与机器人等，以及人工智能技术应用后与其他技术结合出现的交叉衍生智能技术等。

2.3.1　计算机视觉技术

计算机视觉（computer vision）是一门研究如何使机器"看"的科学，更进一步地说，是指用摄影机和计算机代替人眼对目标进行识别、跟踪和测量的科学。近几年计算机视觉技术实现了快速发展，其主要原因是 2015 年基于深度学习的计算机视觉算法在 ImageNet 数据库上的识别准确率首次超过人类，同年谷歌也开源了自己的深度学习算法。计算机视觉系统的主要功能有图像获取、预处理、特征提取、检测 / 分割和高级处理等。

（1）图像获取：提取二维图像、三维图组、图像序列或相关的物理数据，如声波、电磁波或核磁共振的深度、吸收度或反射度。

（2）预处理：对图像做一种或一些预处理，使图像满足后继处理的要求，如：二次取样保证图像坐标的正确，平滑去噪等。

（3）特征提取：从图像中提取各种复杂度的特征，例如，线、边缘的提取和侦测，边角检测、斑点检测等局部化的特征点检测。

（4）检测 / 分割：对图像进行分割，提取有价值的内容，用于后继处理，例如，筛选特征点，分割含有特定目标的部分。

（5）高级处理：验证得到的数据是否匹配前提要求，估测特定系数，对目标进行分类。

计算机视觉技术在各个领域的典型应用包括以下几个方面。

（1）交通：自动驾驶汽车需要计算机视觉。特斯拉、宝马、沃尔沃和奥迪等汽车制造商已经通过摄像头、激光雷达、雷达和超声波传感器从环境中获取图像，研发自动驾驶汽车来探测目标、车道标志和交通信号，从而实现安全驾驶。

（2）翻译：传统翻译采用人工查词的方式，不但耗时长，而且错误率高。光学字符识别（OCR）技术的出现大大提升了翻译的效率和准确率，用户通过简单的拍照、截图或划线就能得到准确的翻译结果。

（3）安防：我国在人脸识别技术的使用方面目前处于领先地位，这项技术被广泛应用于刑侦工作、支付识别、机场安检等。

（4）医疗：由于 90% 的医疗数据都是基于图像的，因此计算机视觉在医学上有很多用途，例如，启用新的医疗诊断方法，通过机器读片、监测患者等。

（5）农业：半自动联合收割机可以利用计算机视觉来分析粮食品质，并找出农业机械穿过作物的最佳路径。另外也可以用来识别杂草和作物，有效减少除草剂的使用量等。

（6）制造业：计算机视觉可以帮助制造商更安全、更智能、更有效地进行生产活动，例如，预测维护设备故障，对包装和产品质量进行监控，筛选不合格产品等。

（7）文体娱乐：计算机视觉还有助于体育比赛中的策略分析、球员表现和评级，以及跟踪体育节目中品牌赞助的可见性等。

除了传统互联网高科技巨头（如谷歌、亚马逊等），计算机视觉在制造相关工业领域的龙头企业包括：基恩士（KEYENCE）公司生产从光电传感器和近接传感器到用于检测的测量仪器和研究院专用的高精度设备；意大利欧几里得（EuclidLabs）公司致力于开发机器人三维视觉系统和离线编程系统；康耐视（Cognex）公司设计、研发、生产和销售各种集成复杂机器视觉技术的产品，即"有视觉"的产品；国内则以商汤科技、旷世科技、依图科技、云从科技等为代表。

2.3.2 智能语音语言技术

智能语音语言技术是人工智能的重要组成部分，包括语音识别、语义理解、自然语言处理、语音交互等。当前，人工智能的关键技术均以实现感知智能和认知智能为目标。语音识别、图像识别和机器人视觉、生物识别等目前最火热的领域，主要解决的是感知智能的需求，即使得人工智能能够感知周围的世界，能够"听见"或者"看到"。自然语言理解、智能会话、智能决策、人机交互等技术更加侧重的是认知智能的领域，解决"听懂""看懂"，并且根据学习到的知识对人类的要求或者周围的环境做出反应。在关键技术层中，语音识别、自然语义处理、语音合成的关键技术在人工智能技术当中居于重要地位，是人机交互技术的基础，如图 2.5 所示。

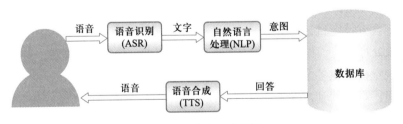

图 2.5　语音交互流程图

自然语言处理（nature language processing，NLP）作为智能语音及对话系统的重要技术之一，其研究可以分为基础性研究和应用性研究两部分，语音和文本是两类研究的重点，如图 2.6 所示。基础性研究主要涉及语言学、数学、计算机科学等领域，相对应的技术有消除歧义、语法形式化等。应用性研究则主要集中在一些应用自然语言处理的领域，例如信息检索、文本分类、机器翻译等。我国机器翻译的研究起步较早，且注重基础理论的研究，所以语法、句法、语义分析等历来是研究的重点；随着互联网技术的发展，智能检索类研究也逐渐升温。近年来，计算机视觉在产业界和学术界不断取得突破，使得自然语言处理在自动摘要、文本分类、字符识别、拼写检查等方面的应用有了阶段性成果。

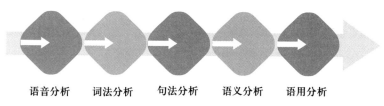

语音分析　词法分析　句法分析　语义分析　语用分析

图 2.6　自然语言处理技术层次

从 2008 年至今，受到图像识别和语音识别领域成果的启发，深度学习理论逐步被引入自然语言处理的研究。这一尝试最早始于词向量的研究，至 2013 年，用来产生词向量的 word2vec 诞生，成为深度学习与自然语言处理结合的典型范例，并在机器翻译、问答系统、阅读理解等领域取得了一定成功。深度学习是一个多层的神经网络，从输入层开始经过逐层非线性的变化得到输出，从输入到输出做端到端的训练，把输入到输出对的数据准备好，设计并训练一个神经网络，即可执行预想的任务。循环神经网络（RNN）已经是自然语言处理最常用的方法之一，门控循环神经网络（GRU）、长短期记忆网络（LSTM）等模型相继引发了一轮又一轮的研究热潮。

智能语音技术率先在公共事业领域应用，在政府的支持下快速发展，如医疗健康、公共安全、教育等，包括智能客服中的民生领域如电信、政府事务等。

（1）医疗健康：智能语音技术应用到医疗健康领域主要有两大功能，一个是诊前的导诊功能，另一个是诊后的记录及电子病历导入功能，如图 2.7 所示。导诊功能的主要职责是帮助医生更快地对病人进行诊断分类引导，节约时间；记录和导入功能则是为下一次更好地进行导诊做准备。

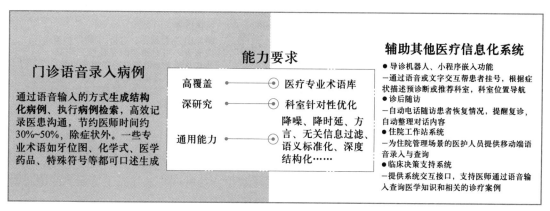

图 2.7　智能语音技术在医疗健康领域应用分析 [1]

---

[1] 资料来源：前瞻产业研究院《2019 智能语音产业应用报告》。

（2）公共安全：智能语音在公共安全中的主要应用是将语音作为安全措施的另一个入口，如语音识别电信诈骗、语音筛选犯罪人、语音提取接警信息等；另一个功能则是记录一切需要文书的领域，如庭审笔录生成、公安笔录生成等，如图 2.8 所示。

智能庭审
采用多语种多方言语音识别、语音合成等技术，结合针对法律业务的专门优化，实现庭审纪律自动播报、**庭审笔录自动生成**、庭审笔录音频即时回听及快速检索等功能。

电信网络反欺诈
电信诈骗指编造虚假信息，设置骗局，大部分电信诈骗是通过电话进行的，声纹识别电信网络反欺诈系统会自动提取声纹并与黑名单做比对，提示重点人员可疑行为，对语音内容关键词识别动态预警，提示可疑案件与犯罪意图。

虚拟法官
通过语音合成和虚拟形象生成，在互联网诉讼平台上，以**虚拟 AI 形象**同当事人进行初步沟通，协助真人法官完成线上诉讼接待等重复性的基础工作。

声纹研判战法
声纹鉴定与语音分析系统能够进行**语音片段检索、语音自动检测分离和声纹模拟画像**，可协助鉴定人员快速锁定犯罪嫌疑人。

智能接警
● 窗口报警自动录入：系统转录报警人的叙述信息。
● 电话警情自动记录。

警务语音语言服务
针对公安领域专业词汇做专门优化，提供**警用语音输入法**和机器翻译服务。

图 2.8 智能语音技术在公共安全领域应用分析[①]

（3）教育：智能语音在教育中的应用主要分布于线上教育，核心功能是丰富线上教育的趣味性，包括但不限于提高师生交互性、监督并反馈课堂质量、拓展学生的口述能力等，如图 2.9 所示。智能语音在线下教育的功能目前还不明朗，但未来可以用于老师上课口音和速度的识别，以防止学生的注意力被老师语速过快或口音严重等问题分散。

语音转录丰富教学模式：
通过语音识别实时转写教师讲课的语音为文字，可在授课视频嵌入字幕，并进行关键词和知识点的快速定位，应用于直播课、小班课、互动课堂。

语音算法助理课堂质量监测：
利用静音检测、语速检测，结合计算机视觉等多模态法自动化监测上课互动情况和教学质量。

虚拟教师互动教学：
通过语音合成+VR+VR 技术，可以打造虚拟的名师形象，通过亲切的语音、动作文字等方式与学生互动。

口语测评：
涵盖中文（普通话、古诗词）测评和英文测评，可对语音的完整性、韵律节奏及语义、语法进行评测等综合打分，可用于日常口语学习及新中/高考口语机考。截至 2019 年底已累计建设 150 万个机位。

图 2.9 智能语音技术在教育领域应用分析[①]

（4）智能客服：作为呼叫中心的进阶版，智能客服的主要功能仍然以识别为主，即识别客户的问题并对接解决方案。而智能客服能够减少传统呼叫中心（人工客服）的服务时间，从而提高呼叫中心人工坐席的利用率，如图 2.10 所示。

———————————

① 资料来源：前瞻产业研究院《2019 智能语音产业应用报告》。

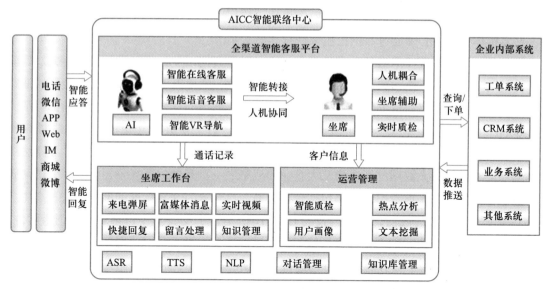

图 2.10　智能语音技术客服打造服务生态闭环 [1]

　　智能语音语言技术的不断发展革新了人机交互的模式。在多样化的智能产品中，包括手机、平板电脑在内的通信和音视频终端设备，可穿戴设备，智能家居，以及智能汽车等的操作系统中都采纳了语音交互方式，相关业务与应用也层出不穷。相应地，经过多年的发展，智能语音产业在核心技术研发的基础上，不断完善知识库，最终形成了覆盖应用和服务的产业链条，其中产业链主体包括人机交互技术提供商、基础平台支撑和关联技术提供商、渠道供应商、设备制造商等。

2.3.3　信息检索与挖掘

　　信息检索（information retrieval）可以看成是计算机科学（computer science）和图书情报学（library and information.science）的交叉学科。信息检索在产业中的发展主要体现于搜索引擎的发展，它改变了人们获取信息的方式，并成为各大科技公司的一项基本服务。1995 年雅虎公司的 yahoo! 作为一个目录导航系统发布，网站的数据收录和更新都要依靠人工维护，所以在信息量剧增的时候实用性不足。1998 年 Google 诞生，凭借独特的 PageRank 技术很快后来居上，成为当前全球最受欢迎的搜索引擎。2000 年 Baidu 诞生，逐步发展成为国内垄断的搜索引擎。正是在这样的背景下，众多公司都"一窝蜂"地进入了搜索引擎的市场，一时间各种搜索引擎层出不穷，但是大部分在短暂的"辉煌"后黯然离场，连微软公司的"Bing"都始终难以撼动 Google 的地位。

　　数据挖掘（data mining）是从大量的、不完全的、有噪声的、模糊的、随机的实际应用数据中，提取隐含在其中的、人们事先不知道的、但又是潜在有用的信息和知识的过程。数据挖掘的基本功能包括：特征提取、分类、聚类，话题检测、自动摘要，智能问答

---

　　① 资料来源：前瞻产业研究院《2019 智能语音产业应用报告》。

等。数据挖掘可以认为是信息检索的一个模块，挖掘出知识用于更好的检索，特别是针对一些多媒体信息，必须通过数据挖掘来跨越"语义鸿沟"。

优秀的数据挖掘技术必须要满足两个前提：海量数据以及处理海量数据的能力。目前国内的阿里巴巴、百度、腾讯三家互联网龙头企业中，阿里巴巴公司拥有让人羡慕的消费数据，百度公司拥有海量的搜索数据，腾讯公司拥有海量的社交数据，并且它们都有基于Hadoop、MPI 和图计算框架（如 Spark、Graphlab）进行二次开发建设的海量数据处理平台（集群），提供存储数据、快速查询数据、增量更新数据、数据挖掘与机器学习算法工具等功能和模块，大数据已经成为三大企业的战略之一。其他的新兴公司，如字节跳动旗下数款基于数据挖掘推荐引擎产品包括今日头条、抖音等因为其精准的推荐算法和高用户满意度获得了巨大的成功；明略科技的 HAO 图谱是基于发展多年积累的知识图谱套件，可面向不同行业，快速定制化构建领域知识图谱；还有一批互联网公司如网易、豆瓣、京东、360 等都各自基于自身的业务特色进行了数据的积累与再利用。国外互联网领军企业如谷歌、脸书（Facebook，现已改名 Meta）、亚马逊、IBM 和微软等本身也都高度重视大数据挖掘与处理平台的建设。

2.3.4 控制智能与机器人

控制智能，又称智能控制（intelligent control），是指无须人的直接干预就能独立地驱动智能机器实现其目标的自动控制。智能控制以控制理论、计算机科学、人工智能、运筹学等学科为基础，扩展了相关的理论和技术，其中应用较多的有模糊逻辑、神经网络、专家系统、遗传算法等理论，以及自适应控制、自组织控制和自学习控制等技术。

机器智能（machine intelligence）是新一代自动化的延伸，用来辅助人类改变工作的性质，让工作变得更加高效。机器智能的基础是计算，核心是会学习的机器，它将人类带入智能化社会。智能机器人模仿了人类的多种能力，其中"感知力"即计算机视觉功能，是对图像的识别能力；"行动力"是机器像人一样行动，如处理多种不同情况下的物体搬运任务；"人的智商"是在网络模型与算法研究的基础上，利用人工神经网络组成实际的应用系统，希望机器能够像人一样思考和处理问题。

智能机器人有多种分类方式，例如依照形态可分为人形机器人、四足机器人、轮式机器人；依照用途可分为民用机器人、工业机器人和军用机器人等。不同类型机器人的发展有不同的侧重点，近年来机器智能的一个研究重点是让机器人具备更强的自主行动能力和更强的学习能力。

目前，工业机器人已经在组装生产线上得到了广泛的应用。随着机器智能水平的提升，机器人也开始在更动态多变的日常环境中应用，如迎宾、送餐、烹饪、导游等。在教育领域，教与乐相结合的教学机器人、陪伴机器人也到了蓬勃发展；在医疗领域，已经出现了辅助手术机器人、可吞咽机器人、义肢机械手臂/腿等；在农业领域，农业无人机、无人收割机、除草机器人、放牧机器人等被广泛应用；在安防领域，智能安保机器人、智能巡检机器人等也逐渐走上一线。

国内外著名的机器人公司有 Fanuc（日本核心发展数控机床），ABB（瑞士商用工业机器人），Kuka（德国工业机器人），SoftBank（软银服务型商用机器人），Intuitive Surgical（手术机器人），DJI（无人机），Amazon（仓储机器人），iRObot/ 小米（扫地机器人），优必选（智能教育陪伴机器人）等。

2.3.5 交叉衍生智能技术

人工智能技术在向各行各业渗透的过程中，由于产品使用场景的需求、复杂度不同，技术需求种类及发展方向的不同，衍生出许多非传统人工智能技术门类上的交叉智能技术，例如跨媒体分析推理、智适应学习、智能芯片、脑机接口和"5G+ 云计算 + 人工智能"等。

（1）跨媒体分析推理技术：以往的媒体信息处理模型往往只针对某种单一形式的媒体数据进行推理分析，例如图像识别、语音识别、文本识别等，而越来越多的任务需要像人一样能够协同综合处理多种形式（文本、图像、音频、视频等）的信息，这就是跨媒体分析与推理。跨媒体是一个比较广泛的概念，既表现为文本、图像、音频、视频等复杂媒体对象的混合并存，又表现为各类媒体对象形成复杂的关联关系和组织结构，还表现在具有不同模态的媒体对象跨越媒介或平台的高度交互融合。通过"跨媒体"能从各自的侧面表达相同的语义信息，比单一的媒体对象及其特定的模态更加全息地反映特定的内容信息。当相同的内容信息跨越各类媒体对象交叉传播与整合，只有对这些多模态媒体进行融合分析，才能尽可能全面、正确地理解这种跨媒体综合体所蕴含的内容信息。跨媒体分析推理技术主要包括跨媒体检索、跨媒体推理、跨媒体存储几个研究范畴，可应用于网络内容监管、舆情分析、信息检索、智慧医疗、自动驾驶、增强现实（AR）智能穿戴设备等场景。

（2）智适应学习（intelligent adaptive learning）技术：作为教育领域最具突破性的技术，智适应学习技术与智能教育类似，但更着重于模拟老师对学生一对一教学的过程，赋予了学习系统个性化教学的能力。和传统千人一面的教学方式相比，智适应学习系统带给学生个性化的学习体验，提升了学生的学习投入度和学习效率。采用了智适应学习技术的学习系统能够针对学生的具体学习情况提供个性化学习解决方案，包括定位学生的知识漏洞、持续性地评估学生的学习能力水平和知识状态，实时动态地提供个性化学习内容。智适应学习技术旨在让教育领域一直困扰的质量、成本、可获取性三大矛盾因素变成历史。目前智适应学习系统已经覆盖了各个年龄段，从小学、初中、高中，到高等教育、职业教育和成人教育，并应用到文、理、工、医等不同学科领域。

（3）智能芯片技术：目前，关于智能芯片的定义并没有一个严格和公认的标准。一般来说，运用了人工智能技术的芯片都可以称为智能芯片，但是狭义上的智能芯片特指针对人工智能算法做了特殊加速设计的芯片，现阶段，这些人工智能算法一般以深度学习算法为主，也可以包括其他机器学习算法，智能芯片可按技术架构、功能和应用场景等维度分成多种类别。近年来我国学术界和产业界都加大了对芯片技术的研发力度，国内智能计算芯片技术不断取得新的成果。一些基于传统计算架构的芯片和各种软硬件加速方案相结合，在一些人工智能应用场景下都取得了巨大成功，但由于市场需求的多样性，很难有单一的通用设计和方法能够很好地适用于各类情况。因此，学术界和产业界涌现出多种专门针对人工智能应用的新颖设计和方法，覆盖了从半导体材料、器件、电路到体系结构的各个层次。

（4）脑机接口技术（brain-computer Interface，BCI）：是在人或动物脑（或者脑细胞的培养物）与外部设备间建立的直接连接通路。通过单向脑机接口技术，计算机可以接受脑传来的命令，或者发送信号到脑，但无法同时发送和接收信号，而双向脑机接口允许脑和外部设备间的双向信息交换。自 2013 年美国首次宣布启动"脑计划"以来，欧洲、日本、韩国等陆续参与"脑科技"竞赛项目，据已公开数据表明，全球在脑机接口相关领域的研发支持已经超过 200 亿美元。

（5）5G+ 云计算 + 人工智能：5G 是数据有效传输的高速公路，能够高可靠地获取海量数据。一方面，目前各国运营商都积极投入 5G 的基础设施建设，我国到 2025 年预计建设 5G 基站 500 万至 550 万个，建成基本覆盖全国的 5G 网络。而在 5G 组网中人工智能技术可以帮助运营商优化布网，实现物理层信道建模与优化、网络性能预测辅助的应用层调整优化、网络切片资源管理优化等。另一方面，融合是新一代网络信息技术的重要特征，其中"5G+ 云计算 + 人工智能"的深度融合将成为推动数字经济发展的重要引擎。5G 负责对数据进行高效地传输、云计算负责对数据进行计算和存储、人工智能负责对数据进行分析和挖掘，"5G+ 云计算 + 人工智能"三者相互协同，将打破众多行业发展的天花板，打开新的成长空间，同时释放出巨大能量，为政企转型和产业升级注入新活力。

2.4　本　章　小　结

早期的人工智能技术发展理念认为只要机械被赋予逻辑推理能力，就可以实现人工智能的推理智能；20 世纪 70 年代到 90 年代逐渐发展到设法让机器学习知识的知识工程阶段；2000 年至今，随着各种机器学习算法的提出和应用，特别是深度学习技术的发展，人们希望机器能够通过大量数据分析，从而自动学习出知识并实现智能化水平。在这样不断进化与演进中，人工智能的技术发展走了近 80 年的历程。

在经历了几次沉浮之后，人工智能在过去十年中（2010—2020 年）实现了感知能力的突破，理论和技术取得了飞速发展，在语音识别、文本识别、视频识别等感知领域取得了重大进展，达到或超过人类水准，成为引领新一轮科技革命与产业变革的战略性使能技术。在此过程中，人工智能从实验室走向工业界，技术应用领域也快速向多方向发展，不仅出现在与人们日常生活息息相关的越来越多的场景中，同时也广泛渗透到经济生产活动的各个主要环节。

不同产品由于使用场景复杂度的不同、技术发展水平的不同，而导致其成熟度也不同。例如，教育和音箱等领域已有成熟产品，技术成熟度和用户心理接受度都较高；个人助理和医疗行业在核心环节已出现试验性的初步成熟产品，但由于场景复杂，涉及个人隐私和生命健康问题，当前用户心理接受度较低；自动驾驶无论是技术方面还是用户心理接受度方面都还没有达到足够成熟的程度。

人工智能技术还在面向企业用户的市场中不断拓展应用领域，目前阶段而言，安防和金融领域对人工智能技术的采纳程度最高，其他行业，如制造、零售和医疗等也都在积极尝试和探索。安防领域是计算机视觉技术的主要应用领域，一直围绕着视频监控在不断改革升级。金融行业拥有良好的数据积累，在自动化的工作流与相关技术的运用上有不错的成效，因此人工智能技术也得到了良好的应用。制造行业虽然在组织机构上的基础相对薄弱，但拥有大量高质量的数据积累以及自动化的工作流，为人工智能技术的介入提供了良好的铺垫。零售行业在数据积累、人工智能应用基础、组织结构方面均有一定基础。医疗与健康行业拥有多年的医疗数据积累与流程化的数据使用过程，因此在数据与技术基础上都有着很强的优势。

人工智能技术在此轮浪潮下，对企业用户的价值逐渐显现，促进社会生产效率的提升，改善人民生活福祉，是各国现阶段经济竞争和产业结构升级的核心驱动力之一。全球主要经济体都高度重视人工智能领域的科学技术研究、基础设施建设，而且也都意识到能够推动技术突破和创造性应用的高端人才对人工智能未来发展至关重要作用。

习题 2

1. 简述人工智能技术发展的重要历程及其特点。

2. 列举 1 个熟悉的人工智能技术，简述其发展及应用现状。

3. 选择 1 个人工智能企业，分析其从技术驱动业态创新的轨迹，分析其技术应用成功／失败的原因。

4. 如何理解伯纳斯·李提出的"数据公开必须遵循一定的原则"？数据公开对人们的生活有什么影响？

◀ 参 考 文 献 ▶

［1］李修全. 当前人工智能技术创新特征和演进趋势［J/OL］. 智能系统学报：1-6，［2020-08-07］.

［2］郝欧亚，吴璇，刘荣凯. 智能语音识别技术的发展现状与应用前景［J］. 电声技术，2020，44（03）：24-26.

［3］孙楚音，黄孟祺，唐德鹏，魏书杰. 中国智能语音产业的发展潜力研究［J］. 科技经济导刊，2020，28（02）：184-185.

［4］许连骐. 手机智能语音助手的发展与未来［J］. 通讯世界，2019，26（04）：262-263.

［5］蔡自兴. 中国人工智能 40 年［J］. 科技导报，2016，34（15）：12-32.

［6］中国人工智能产业技术与应用现状及演进趋势［J］. 科技中国，2019（01）：53-62.

［7］李伯虎. 新一代人工智能技术引领中国智能制造加速发展［J］. 网信军民融合，2018（12）：9-11.

［8］杜传忠，胡俊，陈维宣. 我国新一代人工智能产业发展模式与对策［J］. 经济纵横，2018（04）：41-47.

［9］杨荇. 人工智能在金融领域应用及监管挑战［N］. 上海证券报，2018-01-22（008）.

［10］高奇琦. 中国在人工智能时代的特殊使命［J］. 探索与争鸣，2017（10）：49-55.

［11］贺倩. 人工智能技术的发展与应用［J］. 电力信息与通信技术，2017，15（09）：32-37.

［12］刘辰. 国务院印发《新一代人工智能发展规划》：构筑我国人工智能发展先发优势［J］. 中国科技产业，2017（08）：78-79.

［13］何哲. 通向人工智能时代——兼论美国人工智能战略方向及对中国人工智能战略的借鉴［J］. 电子政务，2016（12）：2-10.

［14］崔悦，宋齐军. 智能语音技术发展趋势及电信运营商应用浅析［J］. 邮电设计技术，2016（12）：6-11.

［15］朱巍，陈慧慧，田思媛，王红武. 人工智能：从科学梦到新蓝海——人工智能产业发展分析及对策［J］. 科技进步与对策，2016，33（21）：66-70.

［16］李子青. 人脸识别技术应用和市场分析［R］. 中国安防，2007（08）.

［17］CSDN. 基于 iOS 平台的 OCR 识别技术的分析与研究［EB/OL］，（2015-03-02）.

［18］朱苏. 可扩展的鲁棒口语语义理解［D］. 上海：上海交通大学，2016.

［19］艾瑞咨询. 凝望璀璨星河：中国智能语音行业研究报告［R］. 艾瑞咨询系列研究报告，2020（02）.

第 3 章

数字经济治理

> 不以规矩，不能成方圆
>
> ——孟子

技术应用于商业社会实践的过程，无法脱离社会经济体中现行的商业运行规律，人工智能虽然是革命性使能技术，但其本质仍然是信息技术的一种，因此必须在商业和社会发展的土壤中被应用、被检验。现阶段数字经济仍处于发展初期，社会对其中的新兴商业模式和组织行为的认识和理解还处在逐渐深入的动态过程，所以本章围绕数字经济治理展开讨论，首先介绍所有数字技术的基础——数据治理，在此基础上再进一步围绕人工智能技术展开分析，介绍人工智能技术的社会与伦理风险、人工智能技术的应用治理和政府监管的相关内容。

3.1 数 据 治 理

数据治理（data governance，DG）的研究对象包含数据质量、数据管理、业务流程管理和风险管理实践等多个不同的方面，其目标是确保数据以可持续的方式服务于组织或企业业务流程。随着企业数字化程度的加深，经营和实践数据种类越来越多，规模越来越大，正确而规范的数据治理就显得愈发重要。数据治理政策也逐渐被各国政府重视，成为引领标准和规范行业行为的手段。

3.1.1 数据治理的内涵

目前数据治理存在多种定义：国际数据治理研究所（The Data Governance Institute）认为数据治理是一个通过一系列信息相关的过程来实现决策权和职责分工的系统，这些过程按照达成共识的模型来执行，该模型描述了谁（who）能根据什么信息，在什么时间（when）和情况（where）下，用什么方法（how），采取什么行动（what）。数据资产管理协会（DAMA）认为数据治理是指对数据资产管理行使权力和控制的活动集合（包括规划、监督和执行）。值得注意的是，有些地区和领域将数据治理等同于信息治理（information governance，IG），具体包含：① 确保信息利益相关者的需要、条件和选择得到评估，以达成平衡的、一致的企业目标，这些企业目标需要通过对信息资源的获取和管理实现；② 确保通过优先排序和决策机制为信息管理职能设定方向；③ 确保基于达成一致的方向和目标对信息资源的绩效和合规进行监督。

　　数据治理的驱动力最早源自两个方面：① 内部风险管理的需要，包括查证财务做假、敏感数据涉密、低质量数据影响关键决策等；② 为了满足外部监管和合规的需要，例如萨班斯－奥克斯利法案（Sarbanes Oxley Act）、巴塞尔Ⅰ/巴塞尔协议（Basel Accord/Basel Concordat）、健康保险流通与责任法案（Health Insurance Portability and Accountability Act，HIPAA）等。随着全球越来越多的企业了解到信息资产的重要性和价值，在过去几年中，数据治理的目标也在发生转变。脸书用户个人信息泄露事件、"头腾大战"（今日头条和腾讯）、抖音在美国市场遇到的挑战等，大量围绕用户数据所有权和收益权争夺的问题不断暴露出来，个人隐私保护、数据产业发展、国家数据安全逐步成为关注的重点。除了满足监管和风险管理的要求外，数据治理的概念和内涵开始不断扩大，数据治理的主体从组织机构扩展到国家政府，数据治理的目的也从单纯的追求经济利益扩展到维护安全、保护隐私、促进发展等多元化目标。基于此，数据治理从广义上还包含一国政府对其数据在收集、处理、利用、保护等方面采取的立场、主张和与之对应的政策、策略和措施的集合。据此，也可将数据治理分为国内数据治理和国际数据治理两大部分，其中国内数据治理的内容主要包括数据权属划分、个人隐私保护、数据流通利用等，国际数据治理则包含数据的跨境流动规则、域外管辖问题和隐私安全问题等。国内外通用的数据治理方法包括法律法规、行业自律、标准规范、双多边协议、执法规则等方面，如图 3.1 所示。

图 3.1　数据治理框架体系

3.1.2　企业的数据治理

　　数据治理是通过数据管理使企业高效访问数据并获取数据全部价值的手段，企业通过数据治理能够充分获取数字经济时代数据带来的经济价值，同时保护企业数据安全，并合法合规地使用数据。当今数字化企业所有领域的数据总量以平均每年 1.5 到 2.5 倍的速度增长，数据使用规范和相关合规问题的法律条款也在不断增加，数据质量、主数据管理（master data management，MDM）和数据迁移计划等相关领域发展快速。有效的数据治理为每个企业的数据合理使用创建了一个框架，它提高了企业操作效率，提高了应用程序的使用效率，并将风险降至最低，保证正确的人能在正确的时间以正确的方式获取正确的信息，既能达到直接的目的，又能与整个组织的数据框架协同工作。然而，由于文化障碍、治理方法上的选择失误、缺乏高层支持等原因，绝大多数企业在第一次尝试数据治理时并不成功。据高德纳咨询公司（Gartner）的调研显示，截至 2022 年 1 月，在实施数据治理的企业中，有 34% 的企业数据治理处于良性建设阶段，有近 50% 的企业数据治理并未取得理想的效果，仅有 16% 的企业数据治理效果显著，处于行业领先水平。

　　企业只有建立了完整的数据治理体系，保证数据内容的质量，才能够真正有效地挖掘企业内部的数据价值，对外提高竞争力。以华为公司为例，其数据治理工作主要分为两个阶段：第一阶段通过数据治理，实现数据清洁，明确责任人（owner）架构及标准，实现数据同源，保证数据质量并准确与业务流打通，通过数字化提升业务效率，通过过程管理提升业务质量；第二阶段通过建设数据底座，加入数据接入、整合、分享、洞察，将数据服务化，及时发现增长点，实现辅助决策和风险预警，支撑数字化转型。2007 年，华为公司就引入了 IBM 数据治理框架，启动信息架构与数据质量建设，建立数据管理框架，支持组策略对象（group policy object，GPO）的数据组织逐步建立；2013 年，华为公司初步启动核心数据的信息架构建设，同时孵化各领域数据组织；2014 年开始，华为公司全面启动数据治理，完成各领域数据责任人的任命，完成各领域数据标准的建设，在公司内部建立了数据质量度量体系；到 2017 年，华为公司基本完成了公司数据管理体系建设及数据清洗任务；2018 年开始，华为公司启动数据底座建设、数据服务化建设、数据分析平台建设，并持续改进数据质量，目标为建设数据底座及分析平台，实现数据可视、共享，支撑数字化转型。

3.1.3　数据治理模型

　　随着数据治理理念的逐步发展，数据流通与数据竞争领域的纠纷也在持续升温。例如，美国领英（LinkedIn）公司与数据挖掘公司 HiQ 案件的裁定，要求领英公司不得采取法律或技术措施限制第三方公司爬取其网站上的公开数据。美国 2017 年废除了《宽带隐私保护法》，背后反映了电信运营商和互联网应用服务商之间的利益之争；在针对微软公司收购领英公司、脸书公司收购 WhatsApp 公司的审批过程中，拥有监管职能的政府和管理机构都需要考虑数据融合及其对用户和竞争对手产生的影响。欧洲欧盟委员会针对数据权属问题频频发声，在 2017 年发布的《发展欧盟数据经济——数据权属问题白皮书》针对数据权属（data ownership）提出了分析和见解。

　　在发展中，数据治理逐步形成了一些模型。DMBOK（如图 3.2 所示）是 1988 年成立的由数据资产管理协会编撰的关于数据管理的专业书籍，是 DAMA 数据管理的辞典。

DMBOK 对企业级数据治理给出了框架性建议，对于企业数据治理体系的建设有一定的指导性。DMBOK 将数据管理分为以下 10 个职能域。

（1）数据治理（data governance）：在数据管理和使用层面之上进行规划、监督和控制。

（2）数据架构管理（data architecture management）：定义数据资产管理蓝图。

（3）数据开发（data development）：数据的分析、设计、实施、测试、部署、维护等工作。

（4）数据操作管理（database operations management）：提供从数据获取到清除的技术支持。

（5）数据安全管理（data security management）：确保隐私、保密性和适当的访问权限等。

（6）数据质量管理（data quality management）：定义、监测和提高数据质量。

（7）参考数据和主数据管理（reference & master data management）：管理数据的黄金版本和副本。

（8）数据仓库和商务智能管理（data warehousing & business intelligence management）：实现报告和分析。

（9）文件和内容管理（document & contact management）：管理数据库以外的数据。

（10）元数据管理（meta-data management）：元数据的整合、控制，以及提供元数据。

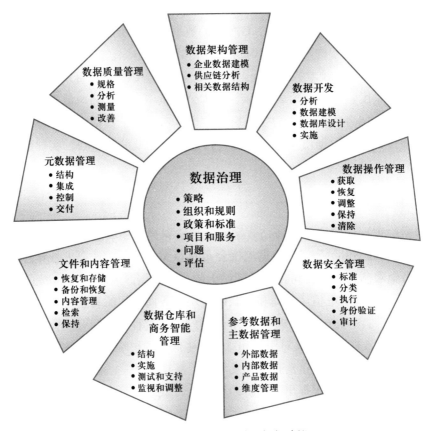

图 3.2　DMBOK 数据治理框架建议

相对于国际组织和国际企业发布的数据治理框架，已纳入我国国家标准（GB/T 34960）的数据治理框架，比较符合我国企业和政府的组织现状，该框架更加全面、精炼地描述了数据治理的工作内容，包含顶层设计、数据治理环境、数据治理域和数据治理过程，如图 3.3 所示。

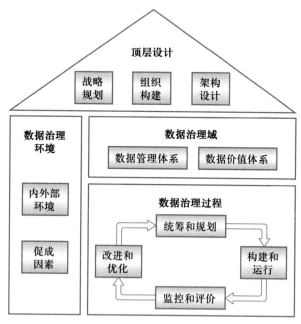

图 3.3　数据治理框架国家标准 GB/T 34960

（1）顶层设计是数据治理实施的基础，是根据组织当前的业务现状、信息化现状和数据现状，设定组织机构的职责与权利，并定义符合组织战略目标的数据治理目标和可行的行动路径。

（2）数据治理环境是数据治理成功实施的保障，指的是分析领导层、管理层、执行层等利益相关方的需求，识别项目支持力量和阻力，制定相关制度以确保项目的顺利推进。

（3）数据治理域是数据治理的相关管理制度，指的是制定数据质量、数据安全、数据管理体系等相关标准制度，并基于数据价值目标构建数据共享体系、数据服务体系和数据分析体系。

（4）数据治理过程是 PDCA（plan-do-check-act）循环的过程，是数据治理的实际落地过程，包含确定数据治理目标、制定数据治理计划、执行业务梳理、设计数据架构、数据采集清洗、存储核心数据、实施元数据管理和血缘追踪，并检查治理结果与治理目标的匹配程度。

不同企业的数据治理方案必须因地制宜、量身定制。通常来说：没有最好的解决方案，只有更合适的解决方案。企业在实施数据治理的时候，应做好充分的分析和评估，切勿盲目跟风，避免出现支出巨大而收效甚微的窘境。

3.1.4　企业数据特征及治理政策

　　任何企业实施数据治理都是由管理需求和业务目标驱动的。然而，目前大部分企业的数据现状还无法直接满足高效数据治理的要求，存在以下几个问题。

　　（1）孤岛化：多样化的业务线、系统、平台每时每刻都在产生数据，但是这些数据往往分散在各种数据源中，无法快速汇聚。常见的情况是数据分散在各个服务中，缺乏有效整合，甚至因为业务发展的先后，许多数据没有位于同一套系统，尤其当系统进行新老版本迭代时，企业往往只聚焦于如何快速迭代好业务，而忽略了新老版本之间数据存储传输的差异化，导致无法将数据有效地汇聚统一，成为企业数据历史遗留问题。

　　（2）多格式：企业数据历史遗留问题中最常见的是数据杂乱无章，存在类型、格式等多方面的不统一，导致数据无法被直接有效利用。因此，能否将数据整合成统一格式进行有效应用，是企业数据治理的一个关键。

　　（3）低价值：企业的数据往往呈现不平衡现象，且具有巨大价值的核心业务数据只占所有数据量的 5% ～ 10%，其他 90% 都是附加数据，不能有效地产生价值。因此，大数据实际上是海量数据的代名词，90% 不产生价值的数据属于沉睡数据资产，占用大量存储空间。但是当进行数据处理时，现有的理论通常默认假设数据集近似均匀分布，即类别平衡。

　　（4）无应用：拥有大量数据，却无法将数据转化为可以被客户直接感知，或者为企业业务提高效率、提供价值的应用。造成这种现象的原因是企业的数据治理能力欠缺和数据训练能力欠缺，将数据转化为价值对企业的信息化程度、资源、财力、能力等都有颇高的门槛要求。

　　数据治理的困难不言而喻，目前来看，主要包括以下三个方面。① 监管合规对应的数据质量低。自 2014 年以来，金融监管部门陆陆续续对各大中小银行开出数百张与数据质量问题有关的罚单，包括未明确监管数据归口管理部门或授权不足，相关部门履职尽责不到位；没有业务制度，对相关监管数据报送要求理解不到位，缺乏明确、清晰和符合业务实际的填报规则；质量控制不到位，监管数据迟报、漏报、错报和瞒报现象时有发生。② 数据支撑企业管理决策的能力不足。数据孤岛造成的部门间沟通成本高，各异构系统中数据不一致，导致业务系统之间的应用集成无法开展。③ 数据质量差，无法支撑后续的数据分析，分析结果与实际偏差较大，无法实现通过数据驱动管理和业务这一目标。企业产生的数据、需要的数据和有利用价值的数据概念不同，数据治理需求也不同，难以用标准化的方法应对。许多企业在缺乏对自身数据治理需求认知的前提下，建设数据标准化流程，在主数据、元数据没有清晰划分的情况下就盲目投资建立管理系统、购买外部数据，在通用模型上跑结果，当最终结果不理想时也无法判断产生问题的主要原因是模型还是数据。

　　好的数据治理，必须从正确了解数据、处理数据开始。数据的生命周期是企业首先需要明确的概念。在大多数情况下，数据像是组装线上的产品，从一种环境转移到另一种环境，并在沿途进行各种转换。

检视图 3.4 中数据生命周期中的各个参数间的关系可以发现，数据生命周期管理可以大幅提升高价值数据的查询效率，降低高价格存储介质的采购量。但是，随着时间推移，数据的使用频率会逐步下降，数据被依次归档，查询的时间周期变长，当数据的使用频率以及数据的价值趋近于零后，可以逐渐销毁数据。

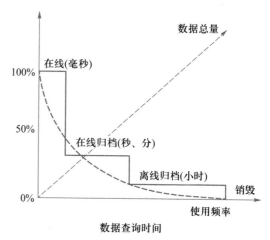

图 3.4　企业数据生命周期中各参数间关系[①]

做好数据治理是一项复杂、长期、系统性的工程，涉及思维、方法、组织、系统工具等多方面要素的综合运用。为了满足企业内部的信息使用需要，一般会设立专门的数据治理体系来保证数据的可用性、可获取性、高质量、一致性，以及安全性。数据治理包含保障机制和核心领域两个部分，他们之间相互支撑，共同保障数据治理的全过程管理。保障机制提供制度支持和战略支持，明确组织架构、制度章程、流程管理和及时应用，用来规范数据治理的各个核心领域标准化实施。数据治理的核心领域提供了全方位的数据治理视角，从多层面和多维度进行数据质量保障，通过相应的系统和技术对战略目标进行支撑和落地，两者之间紧密配合，如图 3.5 所示。例如，银行的数据治理体系呈金字塔结构，依次为战略、机制、领域、技术支撑，从上至下指导，从下而上推进，形成一个多层次、多维度、多视角的全方位框架。

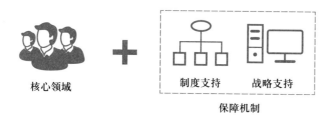

核心领域　　制度支持　　战略支持

保障机制

图 3.5　企业大数据治理体系

企业的数据治理过程是建立数据治理保障机制和完善数据治理核心领域的过程，两方面相辅相成，保障机制是数据治理的战略指挥，核心领域是数据治理的枪支弹药，要打好数据治理这场持久战，必须双管齐下进行建设。

3.1.5　各国数据治理发展及政策

数据治理体系是国家法治化建设的重要组成部分，是有效保障国家数据安全、促进数据产业发展和保护个人隐私的基本要求，对于增强人们利用信息技术、发展数字经济的信心至关重要。世界各国已经围绕数字技术和数字生态展开了激烈的竞争，以数据治理为代

---

① 资料来源：CSDN 社区《如何做数据治理》。

表的规则体系将是下一个重要的竞争领域。以欧盟、美国为代表的发达国家和地区，正在不遗余力地推动其数据治理规则和理念走向全球，更多的发展中国家也在积极构建维护自身利益的数据治理规则。

作为全球主要的数字经济市场之一，欧盟的互联网日均活跃用户超过 3 亿，欧盟 27 国的数据经济价值在 2019 年接近 3 250 亿欧元，占 GDP 的 2.6%。据估计，到 2025 年，这一数字将增至 5 500 亿欧元以上，占欧盟 GDP 的 4%。[①] 然而由于欧盟成员国之间的语言、法律、标准、发展水平等存在差异，欧盟数字经济市场的碎片化非常严重，数字经济企业分布不均，缺乏骨干互联网企业，成员国之间的在线服务活跃度低。从供需关系来看，美国企业始终是欧盟最大的数字产品及服务提供商，欧盟则主要扮演着数字经济市场消费者的角色。在此背景下，欧盟确立了构建数字经济单一市场的战略，一方面建立高水平的数据治理规则，另一方面消除区域内的数字经济壁垒，鼓励数据在区域内充分自由地流动。目前欧盟的数据治理体系已经基本形成。首先，欧盟出台了统一的数据保护规则，建立较高的数据保护标准，对欧盟数据接收国家、地区和企业提出"充分性"保护要求。例如，《数据治理法案》作为实施欧盟数据计划的第一部立法，规定了欧盟数据是在其边界内存储和处理的，这会对谷歌等美国数字巨头公司在欧盟市场的行为产生深远影响。其次，围绕推进欧盟数字单一市场战略的需求，大力支持各类数据在欧盟境内自由流动，以消除区域内的数字壁垒，促进欧盟数字经济发展。最后，为满足安全和执法诉求，欧盟提出了数据的域外管辖要求。总体来讲，欧盟数据治理体系建设不断趋于完善，尤其自《通用数据保护条例》（GDPR）正式实施以来，在构建成员国数据保护机构之间的合作机制和欧洲数据保护委员会的一致性机制方面取得了显著进展。截至 2019 年 2 月，欧洲经济区 [②] 的 30 个国家的数据保护机构共接到 206 326 起案例报告，其中 52% 已经结案，累计行政罚款超过 5 595 万欧元。同时，欧盟的数据治理理念和规则已经开始对其他国家的相关规则制定产生重大影响。特别是在个人数据和隐私保护方面，包括日本、印度、韩国、巴西在内的很多国家已经或者正在推进类似 GDPR 的数据保护立法。

美国依仗其在数字技术、专利标准、商业品牌、数字内容等领域的领先优势，控制着全球数字经济的关键领域和产业链环节，对数据的控制能力和分析能力远超其他国家。因此，美国数据治理体系的核心是在全球范围内消除贸易壁垒，支持数据在全球范围内自由流动，为其数字经济企业进军全球市场扫清障碍，但对于一些特殊领域的数据也会制定专门的规则予以严格保护。第一，对外输出数据全球自由流动理念，并将其作为贸易战略的关键组成部分之一。第二，以国家安全为由就特定领域的数据提出限制出境或严格审查要求。第三，寻求数据领域的域外管辖区，制定出台旨在为增强美国执法机构获取数据能力的法案。此外，脸书个人用户数据大规模泄露事件爆发后，美国联邦政府和州政府层面的个人信息和隐私保护要求有所加强，特别是部分州政府加快出台个人信息和隐私的保护法

---

① 资料来源：Final Study Report：The European Data Market Monitoring Tool。
② 欧洲经济区：由冰岛、列支敦士登、挪威，以及 27 个欧盟成员国组成的当今世界上最大的自由贸易区。

规。2018 年 6 月，《加州消费者隐私保护法案》快速获得通过，而联邦层面统一的隐私保护立法也已提上议程，美国国会和社会各界展开了激烈的讨论。值得注意的是，《加州消费者隐私保护法案》的立法理念（选择退出，Opt-Out）与 GDPR 的（选择进入，Opt-In）存在较大差异，而且严厉程度也不及 GDPR。总体来说，美国数据治理体系构建的核心始终服务于其贸易战略和国家整体利益，围绕支持全球数据自由流动，消除数字贸易壁垒，为自身的发展积累数据资源。

发展中国家在数据安全保障能力、数据控制能力和数据分析能力上普遍与发达国家存在较大差距，其经济发展阶段仍然处于工业化过程中，没有系统完善的数据治理规则体系。但是，面对全球数字经济发展的浪潮，特别是随着近年来一些基于数据收集和分析结果危害国家安全的事件出现，发展中国家普遍存在非常强烈的不安全感，由于担忧过于宽松的数据监管环境会威胁到国家安全和政权稳定，发展中国家比较倾向于限制数据自由流动的主张和规则。总体来看，很多发展中国家主要从维护国家数据安全和保护个人数据的层面出发，提出包括在本地建立数据中心、在本地处理和存储数据、在本地进行特殊数据的容灾备份等要求。例如，越南早在 2013 年就要求互联网服务提供者需在境内建设至少一个数据中心，且部分特殊数据需本地化存储；2018 年 9 月，巴西出台了《通用数据保护法》，对个人数据的收集、使用、存储和处理制定了详细的规则，并要求数据跨境传输时，数据接收方所在国家的数据保护达到充分性保护水平。虽然限制数据跨境流动的规则可能对全球数字贸易带来负面影响，也不利于这些发展中国家融入全球经济体系和实施数字化转型，但部分要求和规则也是发展中国家维护国家数据安全和保护个人隐私非常有效的手段和措施之一。

在各地的政策陆续出台后，围绕政策内容及其影响的研究纷纷活跃起来。例如 GDPR 实施之后，美国信息技术创新基金会（Information Technology & Innovation Foundation，ITIF）对 21 个国家的研究显示，在一定的个人信息保护水平基线以下，提升个人信息保护水平可以提高人们的信任水平并促进数字经济的发展，当个人信息保护水平提高到基线以上时，继续加强监管并不能带来额外的信任，也不能进一步促进数字经济发展，并可能抑制或减少数字经济创新。ITIF 的研究表明数据治理需要与国民经济、社会发展水平以及产业阶段相适应，否则会产生相反的效果。再如 DGA 计划宣称使欧洲的公民、社会和公司受益，将以数据中介为基础，组织数据共享或汇集，以确保数据使用保持中立和透明，并且保证不会以向第三方出售数据或自己使用的方式来利用数据。

所以，数据治理的核心目标是寻求最佳的数据监管水平或强度，以保证个人隐私保护、数据产业发展和国家数据安全的诉求得到不同程度的满足，并根据实际的需要进行调节以达到全社会的利益最大化。

3.1.6 新一代数据治理平台

目前的数据治理平台虽然已经初步具有存储、清洗、管理、分析等能力，但由于数据没有形成统一的标准，平台也没有形成统一的系统架构及功能产品。

新一代数据治理平台（如图 3.6 所示）的发展，需要从以下 6 个方面统筹。

第一，企业需要成立数据治理委员会，制定统一的数据治理政策，确定数据标准，确立业务和技术数据的所有权和管理权，夯实平台基础。

第二，以数据资产为核心，进行数据安全运营能力重塑。平台以数据资产为核心，全面围绕身份画像、资产画像、行为画像 3 个视角，进行全流量协议解析，实现海量信息的精准聚合，在此基础上拟合重复出现的要素信息，协助安全运维人员建立虚拟统一身份资源池、统一资产资源池，为后续用人工智能技术赋能风险控制提供可靠支撑。

第三，基于传统数据治理平台数据安全架构，分布式架构模块化安全管理平台。平台整体从数据治理流程自动化、集成敏捷开发（Agile）与开发运维一体化（DevOps）、元数据获取（自动化、REST、识别）、数据质量（实时、非结构化）、数据模块接口标准（如 OAuth2）五大基础维度进行智能数据治理，通过新增功能模块、访问联动、合规验证等维度，进行综合的、全量的数据资产边界弹性化考量，使得各类画像更加精准、数据资产边界更加灵活、风险定位更加精准、安全运营更加高效。

第四，海量数据关联分析，提高用户对数据的"挖掘"能力。例如，在数据安全防护设备中搜集全量日志信息，基于安全信息和事件管理（security information event management，SIEM），提供统一事件的规范化校准方案，并结合用户和实体行为分析（user and entity behavior analytics，UEBA）技术，快速对各类访问行为进行全局关联分析，建立行为基线。同时，通过内置的敏捷威胁情报搜集和智能事件分析引擎、动态数据模型等技术，可及时发现安全威胁，并采取相应措施。

第五，风险策略自动下发，使数据安全管控更加有力。通过平台的全景式策略分析，快速发现各类已知和未知威胁，同时自动化编排引擎短时间内全方位审视风险危害等级，形成风险策略，快速下发至各类防护资源底座，形成智能数据安全运营平台与各防护资源底座的策略协同联动。

第六，可视化态势分析，多维度展示数据分析成果。新一代数据治理平台还应提供数据防护、数据分布、威胁攻击的可视化态势分析，便于进行数据安全策略的优化、响应、决策。

新一代数据治理平台对数据治理有重大指导意义。首先，透明化、自动化的复杂数据资产管理能够提升运营效率，形成资产防护的统一视角，避免各类数据重复存储、管理冗余，使数据治理流程制度化、规范化，提升工作效率，降低投入成本。其次，海量数据协同分析提升整体防御能力。从单一防御、重复防御到协同防御，通过新一代数据治理平台，海量数据聚合、结合分布式智能监测分析模块，可形成新的元数据资产，快速定位更多原来单个平台、产品无法发现的潜在风险，各类数据安全模块之间主动联合作战，横向促进防护体系发挥最大优势。最后，完善的数据安全管理体系能够提升数据安全能力。数据安全管理平台能够改变组织机构模糊管理、防护能力提升困难的现状，通过量化管理方案大幅提升防护能力。

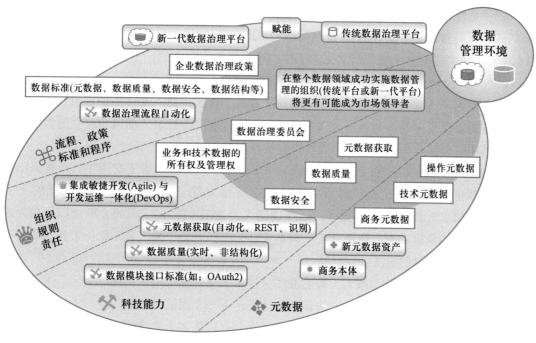

图 3.6　新一代数据治理平台框架

3.2　人工智能技术的社会与伦理风险

　　人工智能技术是一把双刃剑，在改善人们生活，创造价值的同时，也在个体、组织和社会 3 个层面引发了诸如失业、侵犯隐私、安全、不平等、政治与经济风险等一系列问题，如表 3.1 所示。

表 3.1　人工智能风险的类型

个体	组织	社会
人身安全	财务绩效	国家安全
隐私和声誉	非财务绩效	经济稳定性
数字安全	合法合规	政治稳定性
财务安全	声誉完整性	基础设施完整性
平等对待		

3.2.1　工作高度自动化引发失业风险

　　工作自动化所导致的潜在失业问题和对工人权利的侵犯通常被视为人工智能对未来社会就业最直接的挑战。现在的关键不再是人工智能是否会取代某些类型的工作，而是在何种程度上取代。在那些从事可预测和重复性工作的行业，人工智能的工作自动化更迭带来的破坏正日益凸显。2019 年布鲁金斯学会（Brookings Institution）的一项研究表明，有 3 600 万人从事"高度接触"自动化的工作，这意味着不久之后，他们中至少 70% 的工作（从零售、市场分析到酒店和仓库相关岗位）将使用人工智能完成。

著名的未来学家马丁·福特博士表示，随着人工智能机器人变得更加聪明和灵活，同样的任务将需要更少的人力。虽然人工智能确实会创造就业机会，但就业机会的数量仍未确定，其中许多就业机会并非面向受教育程度较低的劳动力。

在约翰·C·黑文斯就机器学习问题与一家律师事务所的负责人交流中，负责人已经发现，一款价值 20 万美元的软件可以代替 10 名年薪 10 万美元的员工，这意味着 80 万美元的成本下降，70% 的生产力提升，以及消除大约 95% 的错误。因此，单纯以股东为中心的单一底线的角度来看，解雇员工可能是更好的选择。人工智能自动化所带来的效益要远高于雇佣相应数量的员工。

专业人士也不能幸免于被人工智能取代。技术策略师克里斯·梅西纳表示，人工智能已经对医疗行业产生了重大影响，法律和会计将是下一个面临挑战的行业。人工智能有能力梳理并提供格式和要素完善的合同范本，可能会取代许多企业律师。而一旦人工智能能够按照各种要求快速梳理大量数据，并基于计算解释自动做出决定，人类审计员也很可能会被替代。

3.2.2　技术滥用带来隐私与安全威胁

隐私作为自然人的基本权利，被众多国家和地区的法律所保护。由于算法和模型的训练需要大量数据进行驱动，人工智能系统的滥用（即不合规使用或过度使用）极易侵犯个人隐私。面部识别技术的滥用就是一个典型的例子，除了出于合法情况和遵照有关规定所设置的面部识别技术，如我国《个人信息保护法》所规定的"为维护公共安全所必须"，很多出于商业目的的个人信息采集都存在技术滥用和侵犯个人隐私权利的情况。由于法律的相对滞后性，各国也在逐步完善关于人脸数据滥采、滥用等问题的相关法律，以整顿行业乱象。

滥用也可能对多种维度的安全构成威胁。例如，在由来自剑桥大学、牛津大学、耶鲁大学的 26 名专家学者联合撰写的《人工智能的恶意使用：预测、预防和缓解》报告中提道："恶意地使用人工智能，可能威胁到数字安全（例如，犯罪分子训练机器以人类或超人的水平对受害者进行黑客攻击或破坏）、人身安全（例如，将民用无人机武器化）和政治安全（例如，通过针对性的自动化虚假宣传活动来影响社会，威胁政治安全）。"

政治安全与国家安全是上述安全维度的重中之重。深度伪造技术的滥用就是威胁国家安全的典型案例，深度伪造是深度学习（deep learning）与伪造（fake）二者的组合，最初是指基于人工智能尤其是深度学习的人像合成技术。随着技术的进步，深度伪造技术已经发展为包括视频伪造、声音伪造、文本伪造和微表情合成等多模态视频欺骗技术，为国家间的政治抹黑、军事欺骗、经济犯罪甚至恐怖主义行动等提供了新工具，给政治安全、社会安全、国民安全等国家安全领域带来了诸多风险 [①]。通过深度伪造技术合成的虚假视频、音频等产品能够让人说现实中没有说过的话、做现实中没有做过的事，达到以假乱真的程度，冲击着人们"眼见为实"的传统认知。人工智能将产生高度拟真的社交媒体"人格"，并且很难与真实的"人格"区分开来，如果在推特、脸书或 Instagram 上大规模廉价部署，它们会影响各类重要的选举行动，直接或间接地操控西方国家的选举活动。除此之外，音频的深度伪造使得任何一个公众人物的音频片段都可以被操纵，使其"发表"种族主义或性别歧视观点，如果视频的质量足够高，可以欺骗公众，达到特定的政治目的。

3.2.3 加剧社会文化与经济的不平等

人工智能的偏见与歧视问题涉及种族、性别、年龄、宗教信仰、职业、性格特征等多种范畴，是目前人工智能治理和可信技术研发关注的重要领域。偏见与歧视本质上是一种社会问题，而不是技术问题，但是不良设计可以加深或拓宽人类社会固有的偏见，例如，设计师可能有意无意将特定个人偏见带入系统设计或数据处理的过程中，加剧不平等问题。普林斯顿大学计算机科学教授 Olga Russakovsky 的研究表示，美国的人工智能研究人员主要是来自特定种族的男性，在社会经济相对发达地区长大且绝大多数没有残疾，这是一个相当同质的群体，所以在系统设计过程中可能缺乏多样性考虑。

人工智能导致的失业问题可能引发社会经济不平等的加剧。和教育一样，工作一直是社会人口流动性的主要推动力。然而，研究表明，从事特定的、可预测的、重复性的工作的人更容易被人工智能取代，而一旦他们被机器所替代，与较为富裕的人相比，更难获得再培训和再就业的机会。企业的逐利性意味着企业会尽量降低成本，提高效率，用更经济的自动化系统去替代那些可取代的岗位，这种做法可能加剧原本的经济不平等问题。

3.2.4 引发军事风险及潜在军备竞赛

人工智能技术在军事领域的应用会带来极大风险。随着人工智能系统在军事上的应用，控制安全的问题也引发了部分研究者的忧虑。例如，人工智能在没有人类干预的情况控制了核武器发射系统，或者系统被敌方突破和操纵，这些曾经在影视剧中出现的场景都有发生的可能性，而其结果都将是灾难性的。

如果任何一个国家决定推进人工智能武器的发展，一场全球军备竞赛几乎无法避免，自动武器将成为常备武器。与核武器不同的是，人工智能主导的武器不需要昂贵或难以获得的原材料，因此它们将变得无处不在。任何国家或组织都可以大规模生产，导致其在各种地下黑市泛滥，流入恐怖分子手中，甚至可能被用作恐怖主义、控制人民的工具等。而自动武器的机器特性使其非常适合执行暗杀、破坏国家稳定、镇压民众等任务。因此，人工智能可能引发的军备竞赛是国际社会的主要关切。

---

① 龙坤，马钺，朱启超. 深度伪造对国家安全的挑战及应对 [J]. 信息安全与通信保密，2019（10）：21-34.

3.2.5　算法高频交易引起的股市动荡

算法交易是指当计算机不受干扰人类理性判断的本能或情绪的影响，根据预先编写的指令执行交易。这些程序可以自动执行大交易量、高频率和高价值的交易活动。算法高频交易（high frequncy trading，HFT）被证明是股票市场的一个巨大风险因素，计算机以极高的速度进行数千笔交易，目标是在几秒钟后卖出以赚取微薄利润。高频交易的问题在于，它没有考虑到市场之间的相互联系，也没有考虑到人类情感和逻辑在市场中仍然发挥着巨大作用。人工智能的高度运算模式除了会带给人类社会巨大的便利外，其算法还可能拖垮整个金融系统。例如，航空市场数百万股的抛售可能会促使股民抛售他们在酒店业的股份，进而会像滚雪球一样让更多的股民抛售他们在其他旅游相关公司的股份，进而影响物流公司、食品供应公司等。

以 2010 年 5 月的"闪电崩盘"为例，在交易日临近结束时，美国的道琼斯指数暴跌1 000 点（价值超过 1 万亿美元），仅 36 分钟后就回到正常水平。这一事件首先是由伦敦一位名叫纳温德·辛格·萨劳的交易员引发，他使用一种"欺骗"算法，对数千份股指期货合约下了指令，押注市场会下跌。但萨劳并没有继续下注，而是打算在最后一秒取消订单，购买由于他最初下注而被抛售的价格较低的股票。而其他交易者和高频交易计算机看到了这个 2 亿美元的赌注，并将其视为市场即将崩溃的信号。接着，高频交易计算机引发了史上最大的股票抛售事件之一，在全球造成了逾 1 万亿美元的短暂损失。

人工智能技术还会带来其他全球风险，如对人类的生存威胁。虽然特定领域人工智能的风险似乎是有限的，但其长期的发展仍然难以预测，甚至与生物技术相关的流行病风险相似。参考人工智能在媒体与娱乐行业的应用，虽然个性化的人工智能教学和学习材料的游戏化为用户提供了更好的教育机会，但也使得越来越多的年轻人因病态地沉迷于电子游戏而难以完成学业和正常生活，并引发其他的健康风险。此外，人工智能的社会地位等伦理问题、人工智能与人类的种群替代问题，以及人工智能带来的文明异化等问题都值得深入探索。

3.3　人工智能技术应用治理

人们正在迈入开放性、异质性的智能社会，科技的威力更甚以往，有时甚至超出了人类的想象力。一方面，人工智能技术在生活和生产中的应用，已经成为社会发展的必然趋势；另一方面，人们必须正确处理人工智能技术应用所带来的伦理问题，推动人工智能技术与人类生产生活的和谐共生也刻不容缓。[①]

---

① 郭志龙，李晓红. 人工智能技术应用中的伦理问题及治理研究［J］. 赤峰学院学报（汉文哲学社会科学版），2020，41（12）：34-38.

3.3.1 负责任的人工智能应用

当下，人工智能技术在世界范围内的广泛应用已成为不可逆的趋势，而其在应用中由于道德主体地位未定及相关法律规范的缺失所引发的诸多归责难题也成为其造成广泛社会风险的重要因素。为此，通过法律明晰人工智能应用所涉及的归责难题是必要的。法律是规范行为、保障权益的有效手段，但人工智能作为一种新兴技术，发展周期较短，很多相关的法律规范都属于待填补状态。所以，在其应用中会造成责任划分的困境。现阶段更多还是依赖社会舆论和科学家们的道德素养及社会责任感，但二者均缺乏强制约束力和自觉性。

为保证人工智能技术在应用中真正做到为人类谋福祉，各国政府都应尽快建立符合当前社会发展需要的人工智能技术应用的相关法律法规。明晰与人工智能相关的责任划分问题，以确保人工智能技术应用在损害个人或社会权益时，得到应有的规制。为此，应以立法的形式保证研发责任人、生产责任人、销售责任人和使用责任人都能够较好地履行自身对人工智能产品应尽的义务，确保人工智能技术的规范应用，确保人工智能技术的应用始终处于可信、可控、可追责的范围。

3.3.2 以人为本的人工智能应用

人工智能的技术缺陷和潜在的伦理风险是世界各国所要面对的共同难题，本着科学无国界的崇高精神，科学家应加强相关的国际交流与合作。首先是通过相互学习，共同推动人工智能技术的创新与完善，解决困扰人类社会向前发展的技术难题，同时，也从技术源头上改善人工智能相关的伦理与社会问题。其次是通过各国科学家的交流合作，形成关于人工智能技术应用的全球伦理共识，以此形成隐性约束力和人工智能技术发展的伦理道德底线，这也为未来伦理规范、法律法规，以及相关标准的细化提供了底层决策依据。

3.3.3 创造新就业的人工智能应用

人工智能技术的发展很大程度上取决于人类社会的生产生活需要，所以人工智能技术领域中从事体力劳动的智能机器的出现，顺应了当前人类社会的发展趋势，但却也改变了现阶段的就业结构。众多需要体力劳动的行业从传统的人工劳动力向新兴的智能机器劳动力转变，体力劳动者与人工智能的矛盾逐步加深。

在短时期内，智能机器人如扫地机器人、货运机器人等，在体力劳动领域大范围应用，必将大量抢占体力劳动者的就业空间，造成就业结构的改变，在部分人群中或会形成反人工智能化的倾向。为此，政府和企业应大力推动产业结构的优化升级，在人工智能技术的广泛应用中推动相关行业和服务业的发展，吸纳更多的体力劳动者，实现他们的二次就业。同时，政府应积极引导大众的就业走向，帮助人们树立正确的就业观，通过各种形式的技能培训、知识普及，不断提高大众的综合素养，为大众适应当前社会的高速发展，实现充分就业打下坚实基础。

但就长期而言，人工智能技术在生产生活中的广泛应用所带来的就业新增也是无可比拟的。约翰·马尔科夫在《与机器人共舞》中明确提出："互联网行业，每使一个岗位消失，会新创造出 2.6 个岗位；未来每部署一个机器人，会创造出 3.6 个岗位"。相比较传统行业，每增加一个岗位能创造出 1.4 个就业岗位，具有鲜明的优势，这也将进一步为大众的充分就业创造条件，同时为产业结构的优化升级提供助力。

3.3.4　可持续性的人工智能应用

随着人工智能技术的广泛应用，人类适应和改变自然的能力迅速提升，自然对人类的约束力普遍下降。资源的有限性与人类需求的无限性成为一对不可调和的矛盾，而人工智能自身存在的技术局限未能实现资源的有效利用，造成了资源的严重浪费。扫地机器人、洗碗机器人等智能机器人在人类日常生活中的普及率日益增高，且深受大众喜爱。但在使用过程中不可避免地会出现各种当下技术水平所不能解决的问题，一旦状况发生即宣告机器人报废随之被丢弃，此种情况在人类日常生活中数不胜数。这也间接导致资源的可持续利用率低下和资源浪费。

为实现人工智能技术的应用与人类社会向前发展的正相关性，人们应直面当前人工智能的技术问题，加大人工智能技术的研究力度，突破当前的技术局限，努力攻克人工智能的技术障碍，尤其是对人工智能的部件修复技术和部件更替技术的全面掌握，使资源能够物尽其用，这将极大改善当前因人工智能的技术局限所造成的资源浪费状况。同时，加强人工智能领域的全方位研究，推动人工智能技术走向完善，提升人工智能机器配件的质量进而延长使用寿命，实现资源利用的可持续性，最终达到人工智能技术发展促进人类社会进步的良好效应。

3.4　政　府　监　管

当技术创新的发展落脚于产业实践环节，就要开始考虑政府监管这一影响产业发展的重要影响因子，政府监管包括政府规制、产业政策等，数据治理和人工智能技术应用治理政策也是政府监管的体现之一。从理论上来说，政府需要提供和营造一种有利于产业发展、保护消费者利益、维护市场公平竞争的环境，政府监管会对技术演进、业态格局等起到很大的影响。以往，政府对金融、电信等传统行业已经积累了一定的监管经验，但是进入数字经济时代后，政府需要重新考虑数字化对行业的影响，理解新的业务模式和底层经济机理，以规范企业的行为，保护市场公平竞争和社会福利。尤其是当技术快速发展时，如何能够紧密跟踪技术发展带来的各种新的管理问题并加以规制，非常考验政府的管理水平。在这一方面，国际上已经有一些可供参考的案例，因此本节分为两个子部分，第一部分介绍影响美国电信行业和互联网行业发展的网络中性政策，举例说明政府监管对产业发展格局的影响；第二部分介绍我国政府如何通过市场准入等规范决定了金融科技的行业发展方向。

3.4.1 网络中性与电信行业 ⸳⸳⸳ ▫

长久以来，对电信行业规制的底层经济规律是"供给端的规模经济、范围经济+需求端的网络经济"效用。规制的效率边界受到新兴技术的影响，伴随规制政策的实施，市场中行业格局会渐渐演变。考虑到资金、国家的制度和宏观建设等其他因素，一个常见的矛盾是相对固定的监管政策与不断变化的科技发展、管理实践之间的矛盾。

这种现象不仅存在于电信行业，在其他行业也普遍存在，例如银行混业经营的要求、金融机构的准入政策等。电信运营商区别于普通商业实体的特征还包括它的产品和服务具有普惠特征，例如不同地区电信服务的盈利水平会由于当地经济发展水平等诸多原因存在差异，偏远地区布网成本高但是收益低，从纯商业角度来看并非是一门好做的生意。所以为了保证普遍服务这一社会福利的实施，很多国家都允许电信公司采用交叉补贴的价格结构，即用利润高、收入好的地区收益去补贴边远贫穷地区人口的电信服务，以提高电信公司普及网络接入。我国的三大电信运营商均按照全国范围进行网络建设需要分别覆盖各种经济水平的省份，而不是按照地域来分割经营范围，他们的基础服务与增值服务也都可以相互补贴。

早期，政府对电信的管理规制主要考虑的是基于电信网络的规模经济和范围经济性的特征，防止垂直（自然）垄断的电信巨头滥用市场权利，出现类似过高定价、网络服务质量差、不思创新等现象，鼓励竞争。所以，政府会出台规制措施要求在位电信公司为新进入者提供无差异服务，避免行业中的"在位者"利用已有资源打压新进入者。例如，在20世纪的欧美电信市场，政府要求同时拥有固网和移动业务的公司必须为所有移动业务提供者，包括为自己的竞争者提供无差别的固网接入服务和定价，并经常会拆分电信公司的固网和移动等业务。

通信网络表现出很强的规模经济和网络外部性，不仅对电信行业本身格局有影响，而且也决定了电信运营商在整个价值链中的地位。20世纪80—90年代，美国出现了不少新兴互联网企业，他们的服务依赖电信公司的网络接入，当时以AT&T为代表的美国电信公司仍然是非常强大和有市场权力的，政府为了保证新兴信息技术的创新和快速发展，监管部门采纳由美国哥伦比亚大学教授吴修铭提出的网络中性规制政策，即要求负责接入的电信公司必须对搭载在其通信网络上的互联网应用公司实施无差异收费政策，例如针对搜索服务提供者的网络使用，无论对象是谷歌还是其他小型创业公司，AT&T不得进行差异定价。

政府当时的规定建立在电信公司在价值链中地位强势、新兴互联网应用企业处于发展初期这一背景之下。然而，随着时间的推移，在21世纪初的前十年中，美国互联网企业实现了腾飞式的发展，成为美国经济飞速发展的新引擎，逐渐取代电信公司成为价值链上活跃而强势发展的主体，形成了数字经济发展主流模式之一。互联网公司由于离市场更近，沉淀了大量的有用数据，衍生出各种商业模式；另一方面，电信公司却逐渐沦为"哑管道"，利润率下降的同时却仍需要不断投入巨资升级网络，拓展带宽以满足日益增长的应用需求。在互联网公司拥有更强的可支付能力以后，甚至可能将业务延伸到电信公司的商业领域，例如，谷歌在美国市场的光纤计划以及设立的扶持网络接入创新的创投基金。

不难看出，网络中性这一规制政策在上述过程中起到了推波助澜作用，而且由于该规制政策出现的业态已经发生了天翻地覆的变化，所以现阶段美国对这一规制政策是否需要变革也在频繁地讨论。相关的内容在本书电信行业章节有进一步的介绍。

3.4.2　政府规制与金融创新

政府规制在面临新兴的技术和业态时的确会出现相对滞后的情况，当前各种新技术层出不穷，在互联网巨大流量的作用下，也比较容易开辟全新的商业模式，但是，作为创业者如何保持对规制的了解，对于管理者如何及时应对新型的业务模式中可能产生的问题，都是一项重要的技能。

一个比较典型的例子是互联网金融点对点借贷（peer to peer lending，P2P）平台的发展。随着社会财富的积累，大量高储蓄者和民间资本渴望财富增值，从用户需求角度看，传统银行的存款利率较低，而新兴的 P2P 企业往往宣称能给投资人带来相当丰富的收益回报。另一边，大量中小企业和消费需求旺盛的个人由于偿还能力、借贷规模等问题，很难从传统商业银行获得贷款，或贷款周期漫长。因此，开始有企业利用互联网技术和大数据分析技术实现这种投融资供需的匹配，在这一业务诞生的初期，政府也对此类金融创新持有比较宽容的态度。但是，随着 P2P 业务规模的快速扩张，各种问题层出不穷，2017 年开始，政府金融监管提出了 P2P 合规、平台自查等若干要求，至 2019 年正式公布延期合规认定服务后，在全国大大小小的 P2P 业务纷纷谋求转型、被收购等良性退出的同时，各种金融欺诈案例频频爆发。2020 年，互联网金融行业基本停滞发展。

其实，早在 2013 年，美国的金融创新领域也有类似的案例，结果证明了技术可行性与商业可行性之间的距离。2013 年，MIT 的一群学生创立了与比特币相关的公司 Tidbit，他们提出了一种解决媒体去广告的方案：如果用户不愿意观看海量且扰人的广告，可以通过捐献自己空闲的中央处理器来参与比特币"挖矿"，他们还开发了一个小型应用程序，供用户下载。用户一旦在电脑上下载了这个程序，他们的电脑就可以自动开始"挖矿"，用户则全然不知。这种创造性的解决方案当时吸引了风险投资的注意，甚至打算为此成立一个公司运营这项业务。然而，新泽西州检察院认为这种软件具有恶意性，用户在不知情的情况下成为比特币的"矿工"相当于电脑被"劫持"。最终，Tidbit 的代码并没有获批投入运行，MIT 的天才学生们还曾一度担心会遭到起诉。由此可见，新技术在成为新业务的过程中，不仅需要解决技术问题、盈利问题，仍有很多社会问题、道德问题乃至法律问题需要考虑，对于管理部门来说，如何快速、准确地了解新业务并完善相应的规则至关重要，尤其对于金融领域的技术发展，因其在经济运行中的重要作用，必须特别关注、审慎对待。

目前我国已经开始在数字经济领域完善各方面监管措施。2020 年，国家社会监管总局发布了《关于平台经济领域的反垄断指南（征求意见稿）》，并公开征求意见，这一指南的目的是预防和制止平台经济领域的垄断行为，加强和改进平台经济领域反垄断监管，保护市场公平竞争，维护消费者利益和社会公共利益。这是自我国推出《反垄断法》以来，第一次明确对互联网平台主体的监管。其中，互联网平台基于大数据和算法技术优势实行的某些交易行为，需警惕是否构成"无正当理由对交易条件相同的交易相对人实施差别待遇，排除、限制市场竞争"。市场上曾经出现的平台二选一、"大数据杀熟"现象在指南正式发布后或被认定为垄断，而且平台经济领域的经营者集中（并购或重组）需要事先向国务院反垄断执法机构申报。2021 年 4 月，中国市场监督管理总局宣布电子商务巨头阿里巴巴集团违反《反垄断法》，表示该企业滥用自己境内网络零售平台服务市场的支配地位，禁止或限制平台内商家到其他平台开店，限制市场竞争，侵害平台内商家合法权益和损害消费者利益，因此对其罚款 182.28 亿元人民币（约合 27.8 亿美元），是中国《反垄断法》历来案件罚款金额中最高的。

3.5 本 章 小 结

当前的数字经济是建立在数字技术之上的经济模式，因此作为新生产要素数据的流通、使用、管理等相关规则是数字经济发展的重要问题。虽然当前人工智能技术的快速发展为经济注入了新的活力，但是在改善人们生活、创造价值的同时，这一变革性技术带来的风险和新的管理问题也应该得到重视。因此，数据归属、管理、使用和规范等问题日益受到企业和政府的关注，数据治理成为企业管理和政府引领标准规范行业行为的重要手段。

除了企业自身能力和市场竞争外，影响企业运营非常重要的因素是政府监管。政府监管的目标是维护消费者利益和市场公平竞争的环境，而且监管行为越来越是一个动态的调整过程，其政策会随着经济发展、企业经营行为的变化而演化。因此，本章列举了传统经济中监管非常严格的金融和电信行业的情况进行进一步解释。随着社会对数字经济中许多新兴商业模式和组织行为的认识和理解逐渐深入，政府对数字经济中的创新企业主体的监管也将日趋完善，这也将成为影响人工智能技术落地应用和人工智能企业运营的重要因素之一。

习题 3

1. 人工智能技术带来的社会与伦理风险有哪些？

2. 2021 年颁布的《中华人民共和国个人信息保护法》是我国互联网历史上最重要的里程碑之一。查阅具体内容，并结合生活实践，分析对一些常见的互联网企业经营产生的影响。

3. 了解我国金融行业的监管机构和对应的监管业务类型。

4. 请阐述人工智能技术在研发、使用等具体环节上会产生哪些风险。

5. 人工智能技术日趋成熟，并在生产生活中得到广泛应用。就如何实现人工智能技术应用与人类社会向前发展的和谐共生展开论述。

◀ 参 考 文 献 ▶

［1］阙天舒，张纪腾. 人工智能时代背景下的国家安全治理：应用范式、风险识别与路径选择［J］. 国际安全研究，2020，38（01）：4-38.

［2］吴信东，董丙冰，堵新政，杨威. 数据治理技术［J］. 软件学报，2019，30（09）：2830-2856.

［3］郑大庆，黄丽华，张成洪，张绍华. 大数据治理的概念及其参考架构［J］. 研究与发展管理，2017，29（04）：65-72.

［4］黄璜. 美国联邦政府数据治理：政策与结构［J］. 中国行政管理，2017（08）：47-56.

［5］张宁，袁勤俭. 数据治理研究述评［J］. 情报杂志，2017，36（05）：129-134+163.

［6］马亮. 大数据治理：地方政府准备好了吗？［J］. 电子政务，2017（01）：77-86.

［7］陈火全. 大数据背景下数据治理的网络安全策略［J］. 宏观经济研究，2015（08）：76-84.

［8］梁芷铭. 大数据治理：国家治理能力现代化的应有之义［J］. 吉首大学学报（社会科学版），2015，36（02）：34-41.

［9］刘叶婷，唐斯斯. 大数据对政府治理的影响及挑战［J］. 电子政务，2014（06）：20-29.

第2篇 人工智能技术及其业态

　　第2篇选取了计算机视觉技术、智能语音语言技术、信息检索与挖掘，以及控制智能与机器人4个代表性技术方向，它们是目前人工智能技术体系中与产业应用结合最为紧密的代表性细分方向，也激发了大量新型业务形态、产品和初创企业的诞生。

　　计算机视觉技术与智能语音语言技术解决了机器"看懂"和"听懂"的问题，是人机交互的窗口，信息检索与挖掘则解决了海量数据的整合与使用问题，在此基础上，控制智能将理论算法推进到了机器实体之上，高度智能化的机器人是多种人工智能技术集成的产物。通过对技术领域的基本知识、技术发展路线的梳理，能够更好地理解技术发展的脉络，在此基础上对技术应用场景和整体产业链条的总结，能够帮助读者更好地理解技术演进与业态创新的关系，做到带着需求和产业发展的视角去钻研学习。

第 4 章

计算机视觉技术

To know what is where by looking.

通过看，去了解所在之处。

—— Aristotle（亚里士多德）

4.1　计算机视觉技术发展历程

计算机视觉（computer vision，CV）是分析、研究让计算机具备智能化，以让机器达到与人类双眼"看见"相同为目标的科学。计算机视觉技术是用计算机来模拟人的视觉系统，使摄像机和智能化的计算机具有人类双眼的分割、分类、识别、跟踪、判别决策等功能，从而达到对于客观存在的三维立体化世界的理解和识别，以适应、理解外界环境和控制自身的运动。概括地说，视觉系统主要解决的是物体识别、物体形状和方位确认，以及物体运动判断这 3 个问题。目前，学界对计算机视觉技术的起点还存在不同的看法，但一般认为 1982 年马尔（David Marr）所著《视觉》一书的问世标志着计算机视觉成为一门独立的学科。计算机视觉的研究内容大体可以分为物体视觉（object vision）和空间视觉（spatial vision）两大部分。物体视觉在于对物体进行精细分类和鉴别，而空间视觉在于确定物体的位置和形状，为"动作（action）"服务。正如著名的认知心理学家 J.J.Gibson 所言，视觉的主要功能在于"适应外界环境，控制自身运动"，这满足了生物生存的基本需求，这些功能的实现需要靠物体视觉和空间视觉协调完成。

计算机视觉发展至今有 40 多年的历程，科学家们在这 40 余年间不断探索，提出了大量新的理论和方法。目前普遍将计算机视觉的发展划分为 3 个主要阶段，即：马尔计算视觉、多视几何与分层三维重建和基于学习的视觉。下面对这 3 个阶段的主要内容进行简要介绍。

4.1.1 马尔计算视觉

马尔计算视觉分为 3 个层次：计算理论、表达与算法，以及算法实现。由于马尔认为算法实现并不影响算法的功能和效果，所以，马尔计算视觉理论主要讨论"计算理论"和"表达与算法"两部分内容。马尔认为，大脑的神经计算和计算机的数值计算没有本质区别，所以马尔没有对"算法实现"进行任何探讨。从现在神经科学的进展看，神经计算与数值计算在有些情况下会产生本质区别，但总体上说，数值计算可以模拟"神经计算"。算法的不同实现途径并不影响马尔计算视觉理论的本质属性[①]。

4.1.2 多视几何与分层三维重建

20 世纪 90 年代初，随着人工智能发展浪潮的起伏，计算机视觉重新繁荣，究其原因主要有两个方面：一方面，计算机视觉的应用领域发生了变化，从精度和鲁棒性要求非常高的工业应用领域转到了例如远程会议、考古、虚拟现实、视频监控等民用和科学研究领域；另一方面，学者研究发现多视几何理论下的分层三维重建能有效提高三维重建的鲁棒性和精度。

多视几何的代表性人物为法国国家信息与自动化研究所（INRIA）的 O.Faugeras，美国通用（GE）研究院的 R.Hartely 和英国牛津大学的 A.Zisserman。2000 年，Hartley 和 Zisserman 合作的著作对多视几何理论已有的研究成果进行了比较系统的总结，此后这方面的研究工作主要集中在如何提高"大数据下鲁棒性重建的计算效率"。大数据需要全自动重建，全自动重建需要反复优化，而反复优化需要花费大量计算资源。举例来说，如果要三维重建北京中关村地区，为了保证重建的完整性，需要获取大量的地面和无人机图像。假如获取了 1 万幅地面高分辨率图像（4 000×3 000 像素），5 千幅高分辨率无人机图像（8 000×7 000 像素）（这样的图像规模是当前的典型规模），三维重建要匹配这些图像，从中选取合适的图像集，然后对相机位置信息进行标定并重建出场景的三维结构。因为无法对如此大的数据量进行人工干预，整个三维重建流程必须全自动进行，因此重建算法和系统需要具有非常高的鲁棒性，否则无法顺利完成任务。并且，在保证鲁棒性的情况下，三维重建效率也是一个巨大的挑战。所以，如何快速、鲁棒地重建大场景是该领域当前的研究重点。

4.1.3 基于学习的视觉

基于学习的视觉是指以机器学习为主要技术手段的计算机视觉研究，一般分为两个阶段：以流形学习为代表的子空间法，以及以深度学习为代表的视觉方法。

1. 流形学习子空间法

物体表达是物体识别的核心问题，对于给定图像物体，如人脸图像等，不同的表达使得物体的分类和识别率不同。而直接将图像像素作为表达是一种"过表达"，也不是一种

---

① 杨舒. 人工智能发展的热点透视［J］. 光明日报，2020.01.02（1）.

好的表达。流形学习理论认为，一种图像物体存在其"内在流形"（intrinsic manifold），这种内在流形是该物体的一种优质表达。所以，流形学习就是从图像表达中学习其内在流形表达的过程，这种内在流形的学习过程一般是非线性优化过程。

2. 深度学习视觉方法

近年来，巨量数据的不断涌现与计算能力的快速提升，给以非结构化视觉数据为研究对象的计算机视觉带来了巨大的发展机遇与挑战性难题，计算机视觉也因此成为学术界和工业界公认的前瞻性研究领域，部分研究成果已转化为实际应用，催生出人脸识别、智能视频监控等多个极具显示度的商业化应用。深度学习出现之前，基于寻找合适的特征来让机器辨识物体状态的方式几乎代表了计算机视觉的全部，尽管对多层神经网络的探索已经存在，然而实践效果并不好。深度学习出现之后，计算机视觉的主要识别方式发生重大转变，自学习状态成为视觉识别主流，即机器从海量数据库里自行归纳物体特征，然后按照该特征规律识别物体。

近几年的大多数研究都集中在深度学习、检测和分类，以及面部/手势/姿势、3D传感技术等方面。随着计算机视觉研究的不断推进，研究人员开始挑战更加困难的计算机视觉问题，如图像描述、事件推理、场景理解等。单纯从图像或视频出发很难解决更加复杂的图像理解任务，一个重要的趋势是多学科的融合，例如，融合自然语言处理领域的技术来完成图像描述的任务。图像描述是一个融合计算机视觉、自然语言处理和机器学习的综合问题，其目标是将一段描述文字翻译为一幅图片。目前主流框架为基于递归神经网络的编码器解码器结构，其核心思想类似于自然语言机器翻译。但是，由于递归网络不易提取输入图像和文本的空间以及层次化约束关系，层次化的卷积神经网络和启发自认知模型的注意力机制仍在探索中。如何进一步从认知等多学科汲取知识，构建多模态、多层次的描述模型是当前图像描述问题研究的重点。

事件推理的目标是识别复杂视频中的事件类别并对其因果关系进行合理的推理和预测。与一般视频分析相比，其难点在于事件视频更加复杂，更加多样化，而最终目标也更具挑战性。不同于大规模图像识别任务，事件推理任务受限于训练数据的规模，还无法构建端到端的事件推理系统。目前主要使用图像深度网络作为视频的特征提取器，利用多模态特征融合模型和记忆网络的推理能力，实现对事件的识别和推理认知。当前研究还停留在视频的识别和检测，其方法并未充分考虑事件数据的复杂性和多样性。如何利用视频数据丰富的时空关系以及事件之间的语义相关性，应是今后研究的关注重点。

场景理解的目的是计算机视觉系统通过分析处理自身所配置的传感器采集到的环境感知数据，获得周围场景的几何/拓扑结构、组成要素（人、车及物体等）及其时空变化，并进行语义推理，形成行为决策与运动控制的时间、空间约束。近年来，场景理解已经从一个初期难以实现的目标成为目前几乎所有先进计算机视觉系统正在不断寻求新突破的重要研究方向。利用社会-长短记忆网络（social LSTM）实现多个行人之间的状态联系建模，结合各自运动历史状态，决策出未来时间内的运动走向。此外，计算机视觉系统神经网络压缩也是目前深度学习研究的一个热门方向，其主要的研究技术有压缩、蒸馏、网络架构搜索和量化等。

　　计算机视觉的发展需要设计新的模型，能同时考虑到空间和时间信息；弱监督训练基础上进一步发展为自监督学习，需要高质量的人类检测和视频对象检测数据集，结合文本和声音的跨模态集成，并在与世界的交互中学习。

　　以马尔视觉为起点，计算机视觉技术在二维图像分析识别和三维视觉理解的基础上明确了理论体系，形成了独立的学科，此后沿着特征对象识别、图像特征工程方向抽取关键视觉特征和信息，在指纹识别，字符识别等大量视觉应用中取得阶段性成果。最终在深度学习的框架上迎来了新一轮的高速发展，在人脸识别等视觉应用中识别准确率超过人类水平，实现了规模性的产业化落地应用。计算机视觉技术变迁与相关产品的发明、应用交织在一起。因此，通过计算机视觉学术研究成果与产品应用的对照，能够更清晰地发现技术与产业发展的联系，如表 4.1 所示。

表 4.1　计算机视觉技术变迁及应用与业态发展年表

主导方向	时间	技术变迁	产品化应用
二维图像的分析和识别	20 世纪 50 年代	1959 年，神经生理学家 David Hubel 和 Torsten Wiesel 通过猫的视觉实验，首次发现了视觉初级皮层神经元对于移动边缘刺激敏感，发现了视功能柱结构，为视觉神经研究奠定了基础	
三维视觉理解	20 世纪 60 年代	1965 年，Lawrence Roberts《三维固体的机器感知》描述了从二维图片中推导三维信息的过程，开创了以理解三维场景为目的的计算机视觉研究； 1966 年，麻省理工学院（MIT）的 Seymour Papert 教授决定启动夏季视觉项目，并在几个月内解决机器视觉问题。虽然未成功，但是计算机视觉作为一个科学研究领域正式诞生	1969 年，贝尔实验室的 Willard S.Boyle 和 George E.Smith 研发电荷耦合器件（CCD）。它能将光子转化为电脉冲，从而实现高质量数字图像采集。该器件逐渐应用于工业相机传感器，标志着计算机视觉走上应用舞台
明确理论体系	20 世纪 70 年代	20 世纪 70 年代中期，麻省理工学院人工智能实验室正式开设计算机视觉课程（CSAIL） 1977 年，David Marr 在麻省理工学院的人工智能实验室提出了计算机视觉理论，这是与 Lawrence Roberts 当初引领的积木世界分析方法截然不同的理论。计算机视觉理论成为 20 世纪 80 年代计算机视觉研究的重要理论框架，使计算机视觉有了明确的体系，促进了计算机视觉的发展	

续表

主导方向	时间	技术变迁	产品化应用
独立学科形成	20世纪80年代	1980年，日本计算机科学家Kunihiko Fukushima建立了一个自组织的由简单和复杂神经元构成的人工网络Neocognitron，是现代CNN的最初范例。 1982年，David Marr发表了《视觉》，标志着计算机视觉成为一门独立学科。 1989年，Yann LeCun将一种后向传播风格学习算法应用于Fukushima的卷积神经网络结构。卷积神经网络是目前图像、语音和手写识别系统中的重要组成部分	1982年，日本COGEX公司生产的视觉系统DataMan，是世界第一套工业光学字符识别（OCR）系统
特征对象识别	20世纪90年代	1999年，David Lowe发表《基于局部尺度不变特征（SIFT特征）的物体识别》，标志着研究人员开始停止通过创建三维模型重建对象，而转向基于特征的对象识别	1990年，Adobe Photoshop 1.0版本发布。 1999年，Nvidia公司在推销Geforce 256芯片时，提出了GPU概念
图像特征工程	21世纪前10年	2001年，Paul Viola和Michael Jones推出了第一个实时工作的人脸检测框架。 2005年，由Dalal & Triggs提出的方向梯度直方图（histogramof oriented gradients，HOG）应用到行人检测上，是目前计算机视觉、模式识别领域很常用的一种描述图像局部纹理的特征方法。 2006年，Pascal VOC项目启动。它提供了用于对象分类的标准化数据集以及用于访问所述数据集和注释的一组工具。创始人在2006年至2012年期间举办了年度竞赛，该竞赛允许评估不同对象类识别方法的表现，检测效果逐年提高。 2006年左右，Geoffrey Hilton发明了用GPU来优化深度神经网络的工程方法，并在Science和相关期刊上发表论文，首次提出了"深度信念网络"。 2009年，李飞飞等在CVPR 2009上发布了ImageNet数据集，成为计算机视觉发展的重要推动者	2006年，Fujitsu发布了一款具有实时人脸检测功能的相机。 2009年，谷歌公司成立X实验室，研究自动驾驶技术

续表

主导方向	时间	技术变迁	产品化应用
深度学习	21 世纪 10 年代	2012 年，Geoffrey Hilton 等人提出 AlexNet，在 ImageNet LSVRC-2012 的比赛中，取得了 TOP-5 错误率为 15.3% 的成绩。 2014 年，蒙特利尔大学提出生成对抗网络（GAN），被认为是计算机视觉领域的重大突破。 2014 年，香港中文大学提出 DeepID，实现超过 1 000 类的人脸识别。 2015 年，何凯明等人提出 ResNet，解决梯度爆炸、消失问题，搭建超过 100 层的卷积神经网络。 2017—2019 年，深度学习开发框架如 PyTorch 和 TensorFlow，逐步走向成熟	2011 年，人工智能公司旷视科技成立，专注于图像识别和深度学习领域。 2013 年，苹果公司在 iPhone 5s 的 Home 键中导入 Touch ID 指纹识别技术。 2013 年，Facebook Artificial Intelligence Research（FAIR）成立，Yann Le Cun 任该实验室主任。 2014 年，人工智能企业商汤科技成立。 2017 年，苹果公司新推出的 iPhone X，支持面部扫描识别解锁技术。 2018 年，Uber 无人车上路测试发生事故，致一行人死亡。 2018 年，英伟达发布的视频到视频生成（video-to-video synthesis）技术，通过精心设计的发生器、鉴别器网络和时空对抗物镜，合成高分辨率视频，实现了让 AI 更具物理意识

目前围绕计算机视觉的科学研究主要包括目标识别、场景理解、运动行为分析、三维重建、点云分析等，在视觉领域的会议 Conference on Computer Vision and Pattern Recognition（CVPR）、The International Conference on Computer Vision（ICCV），the European Conference on Computer Vision（ECCV）上，每年都有激动人心的新突破，例如 2016 年的 ResNet，2017 年的 DenseNet，2020 年的 DETR 等。未来基于大规模预训练模型、自监督学习等最新技术，计算机视觉领域的发展将不断攀登更高、更新的台阶。

4.2　计算机视觉技术的行业应用

计算机视觉并不是一个新技术，它发源于 20 世纪 60 年代，在深度学习的推动下走向大规模应用。2012 年，图像识别准确率大幅提升后，计算机视觉迈向商用的技术基础开始稳固。也就是从这个时间点开始，计算机视觉开始走向实用场景落地。近年来机器视觉行业实现了快速发展，这得益于 2015 年基于深度学习的计算机视觉算法在 ImageNet 数据库上的识别准确率首次超过人类，同年谷歌公司开源了自己的深度学习算法。

计算机视觉尽管起源于美国，但在实际落地应用中，中国已经成为计算机视觉技术主流分支之一的面部识别技术最大的消费者和提供者，中国公司成为一股不容忽视的力量。《新一代人工智能发展规划》中明确指出，将大力发展以计算机视觉为主要技术支撑的人类视觉能力感知获取、真实视觉感知,以及智能城市的安全影像监控等。

在政策鼓励和技术基础支撑下,计算机视觉行业逐步实现了从基础层到应用层的打通,开始涉足安防、金融、医疗、教育等领域,提供安防及监控、无人零售、人车识别等技术解决方案。根据前瞻产业研究院对中国信息通信研究院(CAICT)、Ganter、CBInsights 等机构发布的数据汇总,2017 年我国人工智能市场中计算机视觉占比 37%,市场规模的增速超过了 110%。IDC 中国 2020 年发布的《中国人工智能软件及应用市场半年度研究 2019H2》数据显示,2019 年中国人工智能市场规模从 2018 年的 17.69 亿美元上升到了 28.87 亿美元,其中计算机视觉市场规模从 2018 年的 8.07 亿美元上升到 14.56 亿美元,在众多人工智能技术中增幅居于首位,预计到 2024 年计算机视觉技术市场规模将上升到 57 亿美元。计算机视觉技术极大地提升了机器的图像感知与认知能力,为认知和决策提供了重要依据,应用场景十分广阔。

4.2.1 安防

在计算机视觉的行业应用中,安防占据了 67.9% 的市场份额。2005 年,国务院发布《关于深入开展平安建设的意见》,"平安城市"计划成为中国视频监控行业发展的主要推动力。在该计划下,中国的安防监控产业经历了十几年的快速增长。

传统安防存在着耗费人力物力、动态管理不足、缺乏关联分析等问题。计算机视觉的出现,解决了上述问题,它将以往人力查阅需要 30 天完成的监控,通过不到 5 秒的视频分析技术解决,使得公安处理案件的精度和效率提升。安防系统也实现了从传统的被动防御到主动判断和预警的智能防御升级。

目前行业内主要有三类公司,第一类是以海康威视、大华股份为代表的,从后端设备和前端设备生产起家的传统安防企业;第二类是以人工智能算法为基础逐渐向软硬件和解决方案拓展的人工智能科创企业,代表公司有商汤科技、旷视科技、云从科技等;第三类是华为公司等大型互联网厂商。

根据权威市场研究机构 IHS Markit 2018 年 7 月发布的《2018 全球视频监控信息服务报告》,2017 年海康威视以 37.94% 的市场份额占据全球第一,大华股份排名第二,占比 17.02%,宇视科技则以 2.8% 的市场份额占据全球第六。在国内市场,海康、大华、宇视科技、苏州科达几家公司的市场份额总占比已经超过了 60%。

计算机视觉在安防行业主要集中在人脸识别、车辆识别、行人识别、行为识别等方向,主要包括消防、公安、交通等场景的视频监控。除前文所述的人脸识别、车辆识别等外,还包括以下一些具体应用。

(1)消防——烟雾火焰检测

烟雾与火焰的检测是确保仓库、宾馆、办公楼等室内环境,以及森林等室外环境消防安全的关键。与传统的点式烟雾传感器相比,基于视觉的烟雾与火焰检测在适用环境、报警时间、火情信息等方面存在明显的优势。针对有光照(自然光源或灯光)和无光照的条件下,进一步可分为基于可见光与近红外的烟雾与火焰视频检测技术。

（2）安防——泛智能、人流量统计、视频摘要等

① 安防监控中的泛智能：绊线 / 越区检测、遗留物 / 遗失物检测等，其中绊线和越区检测可用于判断非法进入、翻墙、横穿马路 / 铁路线等违法违规行为，遗留物 / 遗失物检测主要应用于重要场所中放置非法危险品及偷盗贵重物品的监控。智慧安防还可以识别人体等特征，辅助定位追踪特定人员；监测预警各类危险、违规行为（如公共场所跑跳、抽烟），减少安全隐患。

② 出行安全：网络约车的安全性一直广受诟病，Uber 和滴滴相继上线"人像认证"功能以确认司机身份，在注册前、行车中均可通过"人脸识别""声纹识别"等生物识别技术对司机的身份信息进行确认，认证通过后司机才可以接单。

③ 人流量统计：人流量统计在公交车、长途巴士、商场、地铁站、火车站、机场、旅游区等实际场景中有着重要应用价值。

④ 视频摘要（视频浓缩）：通过对原始视频中运动目标的分析、提取与重排，实现对视频的高度压缩，从而达到快速浏览视频的目的，以满足公安、网监、刑侦的各种需求及应用。系统通过选择摘要视频中的目标能快速定位到其在原始视频中的对应视频段，实现对运动的人、车、物等关键对象的提取与分类，以及基于大小、颜色、运动方向、运动速度等特征的各类对象的描述与检索。

⑤ 犯罪嫌疑人追捕：通过跨镜追踪技术，系统自动通过各路相机的数据，实时动态描绘出犯罪嫌疑人逃跑路线，为公安等部门实施抓捕工作提供辅助决策和判断依据。值得注意的是，近年来因为人脸识别出错导致无辜路人被当作犯罪嫌疑人等案件，尤其是决策人越来越相信人工智能导致关键决策愈发走向算法驱动的世界中，对此应保持一定的质疑和警惕。

⑥ 陌生人追踪：智慧社区配合人脸识别、人脸检测和抓拍聚类等技术，自动识别并判断是否是陌生人，然后绘制出陌生人行动轨迹，防止意外情况发生。

⑦ 失踪人员追寻：针对老人、儿童等容易走失的群体，系统根据其特征，调集各相机的数据进行分析自动识别并绘制出走失人员的可能行动轨迹，便于工作人员追寻。

4.2.2 金融

计算机视觉在金融领域的应用主要体现在人脸识别方面。传统金融机构使用人工肉眼判断、短信验证、绑定银行卡等手段进行识别认证，准确率不高，用户体验差，成本高，在金融环境越发复杂的情况下，简单的信息校验很难避免证件信息盗用等风险。而基于人脸识别的实名认证则可以极大提升准确率，通过实名认证、人脸比对、活体检测能够在极短的认证时间内以较少的操作保证了客户体验，相比于传统的认证方式既提升了安全性，又降低了成本。

目前，越来越多的金融机构在银行开卡等身份认证环节就引入了人脸比对技术，要求用户面对摄像头点头、摇头、张嘴、眨眼等，实现对脸部数据进行充分的采集，完成身份的录入与认证工作，在后续的业务办理中，就能够直接采用该数据进行人脸与身份证信息的比对工作。随着智能手机人脸识别功能的普及，目前用户对于这一应用也越来越熟

悉，金融业务也逐步拓展到了个人消费电子终端，通过各种金融软件，包括人脸支付在内的多样化的线上金融服务能够随时随地在移动场景中被使用，大大简化了日常金融服务的流程。

计算机视觉技术还能够应用于金融机构的运营与管理。一方面，人脸识别技术能够帮助金融机构的业务网点感知客户的行动轨迹，通过数据的积累形成对客户的认知，为未来的业务推广、营销提供数据支撑。同时，各种需要防范的区域也能够通过识别技术进行风险控制，通过人脸识别进行风险管控。另一方面，OCR 技术能够帮助商业银行进行票据管理，通过机器学习等方式进行训练的 OCR 数据平台能够自动完成数据识别、标注等工作，在大大节约人力资源的同时，提升财务票据数据管理水平。

伴随着识别准确率的提升，远程开户、人脸支付、刷脸取款等开始被银行和金融机构所采用。目前，人脸识别在银行等机构的应用包括 1∶1 的身份核验以及 1∶N 的刷脸取款、支付等，其产业链的环节包括：私有云部署、智慧网点改造、自助终端改造、网点 VIP 改造等。按照全国 2 000 多个银行与信用社和 40 万个网点的规模计算，金融领域人脸识别的市场规模将达到数千亿元人民币。商汤、云从、旷视等人脸识别公司已经成为在金融行业应用较早且较成熟的人工智能企业。

4.2.3 商业

计算机视觉在商业方面的应用也十分广泛，包括智慧零售、广告营销、无人超市，以及商品识别等。

（1）智慧零售

如果说安防是计算机视觉最大的落地场景，那么智慧零售则是最有潜力的场景之一。从供给侧看，计算机视觉公司在安防等红海市场面临着惨烈竞争，零售场景尚未形成巨头。

从需求侧看，线下零售市场规模庞大，存量改造需求突出。据国家统计局的数据，2018 年全国线下消费品销售总额达到 38.1 万亿元，远高于线上的 9.01 万亿元。5 年来，新开业的购物中心仍然呈现逐年上涨的趋势，但快速扩张的线下零售店对前来购物的消费者却知之甚少。

基于计算机视觉的智能方案则可以帮助商场分析人流，了解用户购买习惯与购买行为，建立商场、货物和人的智慧连接，让线下零售拥有和线上一样的效率。商场、门店等线下零售场景通过识别入店及路过客群的属性信息，收集消费者画像，实现辅助精准营销、个性化推荐、门店选址、流行趋势分析等应用。

亚马逊已经做出尝试，在美国开了第一家无人零售店 Amazon Go，在 $160 \ m^2$ 的空间布置了上百个摄像头，并配合红外感应器与重力感应器，全程通过机器完成对用户购物行为等的服务。

在中国，计算机视觉在零售场景的落地主要有两个方向，一是商汤、旷视、瑞为这类计算机视觉公司和商场、品牌方合作，二是阿里巴巴、每日优鲜等电商集团基于此类技术打造的 3D 智能货柜等。

（2）广告营销

广告营销由于其商业模式清晰，是目前计算机视觉技术商业化模式成熟度仅次于安防的场景。在信息时代，广告分为线上和线下两个模式，计算机视觉都能发挥重要作用。

线上场景中，随着流媒体、直播的崛起，视觉技术可以基于流媒体中的人物穿着自动到购物网站搜寻同款衣物，也可以在直播中自动美颜、营造绚丽逼真的各种效果，在购房软件中也可以实现基于实拍照片的远程 VR 看房。

线下场景更加丰富，基于视觉技术的虚拟试衣，让试衣不再烦琐，搭配更加多样化、个性化；此外可以根据线下实拍照片就可以即时进行商品信息显示并找到同款线上商品的最低折扣。

传统的贴片广告和植入式广告通常需要在前期同综艺节目和影视剧沟通，广告效果的好坏取决于其收视率的高低，在广告制作环节，则需要耗费大量时间和人力，工序烦琐，最后呈现的效果也未必能够同当时节目中场景贴合，点击通过率（click through rate，CTR）不高。

众多内容平台中，计算机视觉技术主要应用于视频内容中的广告营销，即将计算机视觉技术同视频平台的内容进行结合，产生视频内的广告位，供广告主和代理商进行投放。用计算机视觉技术创新视频广告的生产模式，实现精准化的场景营销。

结合了计算机视觉技术的智能广告平台可以在有空余广告位产生时，告知广告主，降低植入的门槛，与此同时，广告制作的工时也极大缩短。在广告效果上，由于和场景精准结合，创意性的广告通常不会影响用户的观看体验，广告的点击通过率也会极大提高。

中国网络视频广告市场一直保持平稳快速的增长，从 2013 年的不到 100 亿元，增长到 2020 年的 7 666 亿元，同比增长率为 18.6%[①] 以上。视频广告的高速发展，为计算机视觉的创意营销提供了广阔的发展空间。Video++ 极链科技、影谱科技、Viscovery、Yi+、视连通、周同科技等创业公司纷纷崛起。

4.2.4　医疗

（1）医学影像分析

基于计算机视觉的医学影像分析在临床诊断、病理分析和手术治疗方面具有重要意义，理由有三个：① 三甲医院影像科每天检测数据容量高达数千 G，医学影像的处理、分析及诊断工作烦琐重复，工作量巨大；② 众多器官（如肝脏）由于自身解剖结构复杂，变异性大，对医生经验和水平要求较高；③ 我国医院影像科医生存在较大缺口，且医生水平参差不齐。因此，通过计算机视觉智能分析，快速准确地将器官、血管、病灶等分割出来，建立三维数字化模型，辅助医生进行诊断逐步成为新趋势。在新冠肺炎疫情中，阿里达摩院、广东省干细胞和再生医学重点实验室等机构先后研发出基于胸部 CT 的人工

---

① 数据根据 Research CTR 前瞻产业研究院 2021 年《中国互联网广告行业市场前瞻与投放战略规划分析报告》整理。

智能辅助诊断系统，只需十几秒便可根据病例 CT 影像的纹理特征计算疑似新冠肺炎的概率，准确率达到 90% 以上。

（2）单据识别

通过拍摄病历、药品单、缴费单等单据，计算机可以将各类单据自动识别出来。一方面电子化的录入大大提升了人工效率，另一方面，让信息的流动成为可能，例如，通常医院和保险公司的数据不流通，欺诈理赔时有发生。保险公司通过使用 OCR 技术自动识别报销单据，并在此基础上添加单据的验伪识别功能，能够有效防止骗保行为的发生。

4.2.5 交通

计算机视觉在交通方面的应用范围非常广泛，以下列举一些具体应用场景。

（1）车辆流量监控

通过计算道路车辆一段时间内的流量，分析该道路拥堵状况，进而进行车辆分流，减轻道路通行压力。

（2）车辆属性识别

识别车辆各种属性，如品牌、车型、颜色等，为公安、交通等部门处理道路交通事件提供依据。

（3）智慧交通

实时检测车型、车流量等，将车辆大小分类，优化车道，为道路规划提供便利。

（4）交通监管

实时对车牌识别，快速锁定违章车辆信息。

（5）物流场景

识别物流车辆位置，提升送货体验。

（6）停车场闸机识别

停车场闸机自动识别车牌号码实现无卡无人快速通道，方便快捷。

现阶段，市场上从事计算机视觉的公司有传统企业、互联网企业和创业公司三类，他们各自拥有一定的竞争优势。其中传统企业拥有良好的工业客户基础，在该行业已有较长时间积累，市场份额大；从事计算机视觉相关研究的互联网企业，延续互联网时期积累的技术平台和能力，技术水平较为领先；随着投资市场的活跃，一大批从事计算机视觉技术服务的创业公司也纷纷在细分领域崭露头角。

如表 4.2 所示，计算机视觉技术在中国的快速落地，吸引了商汤、云从、旷视为代表的以算法为核心竞争力的人工智能初创公司，拥有强大数据采集及软件开发能力的互联网公司，海康、大华、宇视等深耕安防行业的公司，以及华为、平安等科技行业巨头。经过近年来的发展，各个公司根据自己资源禀赋的不同，企业战略与经营策略出现了分化。

表 4.2　计算机视觉企业对比

比较类别	工业巨头	互联网巨头	创业公司
代表企业	安防领域有：海康威视、浙江大华等。智慧家电领域有：美的集团、海尔集团等	谷歌、微软、脸书（现在为 Meta）、IBM、英特尔、百度等公司	商汤科技、旷视科技、云从科技、依图科技等公司
技术获取方式	并购或合作	开设实验室或并购技术团队	创建技术团队
优势	产业链布局全；渠道、获客能力强；上下游议价能力强；应用场景数据获取能力强	顶尖技术人才团队，算法技术先进；盈利压力小；压倒性的数据获取优势	高端技术人才团队；基于应用场景的算法技术先进
劣势	部门协作成本高，创新力较弱	由于不急商业化，技术发展缺乏用户数据反馈	需要较快商业化；渠道、获客能力弱；应用场景数据需通过合作获取
发展预期	通过并购打通产业链；用多品类构建生态圈	技术引领	突破新应用场景算法技术，定制行业解决方案

　　各类公司初始时在产业环节中各有偏好，初创企业在算法与模型训练上占优，互联网企业则拥有天然的数据优势，传统安防企业则凭借极强的工程能力加速实现安防项目落地，后起之秀则选择细分市场广泛落地。就行业机会而言，互联网巨头利用自己强大的数据优势和丰富的内部应用场景，提升自身业务场景的增值服务，如阿里巴巴的拍立淘、腾讯优图在手机 QQ 与微信的应用，以及今日头条的短视频甄别等。而人工智能头部创业公司布局思路各异。如表 4.3 所示，商汤致力于构造平台，专注底层基础应用，力图在完善平台后，实现大量的长尾应用市场的规模化快速落地；旷视则致力于在安防、金融、零售、汽车、教育等广泛领域提供软硬件一体化的解决方案；云从则表现出对安防、金融、零售等几大领域的专注深耕，依托产品化、工程化能力深入落地。

表 4.3　人工智能头部初创企业赛道选择和竞争格局

赛道	产品 / 服务	主要供应商	竞争格局
移动互联网	软件 SDK；3D 光学模块	商汤、旷视	两强相争，面临互联网巨头挑战
安防	人工智能引擎；整体解决方案	商汤、旷视、云从	产品化、工程化能力要求较高，面临安防龙头的挑战
金融	人脸比对服务；身份验证服务	商汤、旷视、云从	技术门槛较低、价格敏感度高、商业化程度高

续表

赛道	产品 / 服务	主要供应商	竞争格局
零售	无人购物解决方案、消费者分析、货架分析、智能检测平台	商汤、旷视、扩博	软硬件一体厂商较少,面临互联网巨头挑战
汽车	驾驶员、碰撞预警系统	商汤、旷视	尚处初期,难度较高,共享机会
医疗	医疗影像识别系统、病例识别系统、导诊程序	商汤、依图	参与者较少,难度较高

4.3 计算机视觉技术的应用实例

计算机视觉作为人工智能的技术门类之一,增强了人类对客观世界的理解,能改善工业生产中的制造、治理和服务等问题。与语音等其他智能技术相比,计算机视觉更针对企业用户的收益而不是个人消费者的服务。采用计算机视觉服务和产品的企业在面对企业用户时产生的社会价值增值比较显著。深耕行业知识、锤炼技术能力并规模化解决行业问题是计算机视觉企业比较重要的竞争优势。

智能制造是计算机视觉技术应用的典型领域,即工业 4.0 的核心部分。计算机视觉在智能制造中能够发挥出非常大的用途:在现场管理环节,计算机视觉技术可以自动化人员出入、权限确认、着装操作规范等监督管理行为,例如工地生产管理、安全帽佩戴检测等;在制造环节,计算机视觉能够结合工业机器人对物件抓取、加工以及产品表面检测等实现自动化生产;在整个生产过程中,机器、专家、操作员等多个主体之间能够实现视觉交互、远程操作、远程诊断,例如通过 5G+8K 的视频监控可以远程分析海关集装箱标签,进行自动化货物巡检等。

4.3.1 计算机视觉产业链

计算机视觉技术的商业应用产业链可划分为三大部分:基础层、技术层和应用层,以下将分别介绍处于不同层的相关企业的特征与业务特点。

计算机视觉产业链条的基础层、技术层和应用层如图 4.1 所示,其基础层包括硬件支持(以芯片为核心,以及其他基础硬件)、算法支持和数据支持;技术层包含各大计算机视觉技术平台,为计算机视觉行业提供所需的技术支持;应用层处于产业链的最上游,包括所有的互联网、系统开发、终端开发,而各种领域的应用又为基础层不断提供数据支持。

现阶段计算机视觉各细分领域的成熟度相差较大。人脸识别、指纹识别等生物特征识别领域技术成熟度、工业化程度相对较高。由于识别的物体种类繁杂,表现形态多样,在物体识别和场景识别方面技术成熟度与工业化程度相对较低。

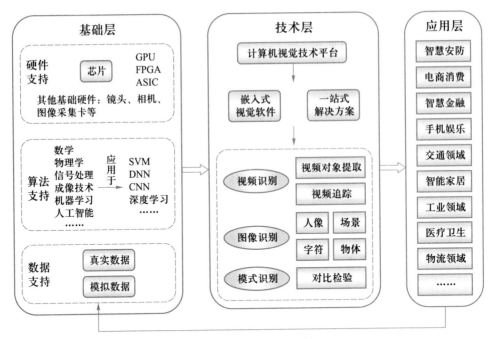

图 4.1 计算机视觉产业链

目前基础层技术和服务的主流优势力量属于国外企业。国内企业，特别是芯片领域和算法算力方面相对不足。但我国市场巨大，应用广泛，不断积累的大量数据能够弥补硬件和算法上的劣势，也逐步形成了全面布局行业解决方案，特别在安防、金融、互联网领域市场增长迅速，颇具竞争优势，如图 4.2 所示。因此，我国的企业暂时还主要集中在技术层和应用层。

图 4.2 计算机视觉行业图谱[①]

---

① 资料来源：艾瑞咨询《2020 中国计算机视觉行业研究报告》。

4.3.2 基础层的企业与业务

数据、算力和算法模型是影响人工智能行业发展的三大要素，在计算机视觉领域体现得尤为明显。近年来互联网和硬件设备的发展推动全球总体数据量急速上涨，为计算机视觉领域的深度学习提供了良好条件。计算机视觉产业基础层的硬件、计算平台主要由国外企业把控；核心芯片以英特尔（Intel）、英伟达（Nvidia）等传统芯片厂商的产品为主。国内发展起步晚，新型芯片厂商如华为、百度等都在积极探索，大规模应用仍然有待时日。考虑到中美贸易摩擦和技术竞争态势的持续，我国在技术引进和核心器件进口等方面面临封锁和阻力，在多方面的限制下需要突破壁垒，只能依靠自身摸索技术。具体到计算机视觉领域，主要的核心器件为通用服务器、芯片、传感器等，但由于计算存储量大，对于算力和能耗的要求也相应较大，因此国内大型互联网企业更具硬件方面的优势。深度学习开源平台以谷歌（Google）公司的 Tensorflow、脸书（Facebook，现在为 Meta）公司的 PyTorch、BVLC 公司的 Caffe 等为主，其他大部分企业的深度学习框架多为二次开发；云计算几乎被 AWS、Google Cloud、Azure、阿里云等巨头垄断。国内百度公司的 PaddlePaddle、腾讯公司面向企业的"Angel"、商汤科技的 Sense Parrots 等开源平台也在持续发力。

高质量、大规模的基础数据是算法训练与计算机视觉发展的核心，机器学习与深度学习至少需要百万级别的数据量以及真实可靠的场景，通过在真实环境与数据中验证结果，不断模拟、优化、调整算法模型，最终得到一套完善的算法。海量、有效、优质的数据能训练出优质算法，使其能快速、准确地识别对象和场景，这是将计算机视觉与实体经济融合的基础，如图 4.3 所示。然而在实际应用中，受图片质量、光照环境等多重因素影响，往往是数据量大而质量不高，现有图像识别技术也较难解决图像残缺、光线过曝或曝光不足等问题。此外，图片标记也是计算机视觉领域有效数据的重要组成，若无大量、优质、细分的标注数据合集，一些应用场景的算法迭代将很难实现。如果说算力是技术设施能力、算法是工作方法，数据则是优化算法的依据，为人工智能学习提供知识素材。计算机视觉的数据服务除了传统人工智能数据的采集、清洗等常规操作外，更加注重信息抽取及标注的服务。

图 4.3 数据、算法、商业应用产品作用机制

4.3.3　技术层的企业与业务 ·· □

　　技术层主要是针对应用场景的大量需求进行通用化、模块化、工程化的技术建设，实现高效率、低成本的应用支撑，人工智能操作系统作为人工智能领域的"魂"，可以解决目前行业知识复杂、算法开发效率低、行业人员学习难度大等难题。例如，阿里巴巴公司 2010年研发的飞天云操作系统，为淘宝、天猫海量数据和众多应用的提供了高效稳定的支持。

　　在传统面向个人用户市场的操作系统产品中，Windows、Android、IOS 这三款系统都是国外产品，已有的成熟系统垄断市场，后来者很难取得突破。而人工智能领域的情况则有所不同，特别是以企业用户业务为主（to business，ToB）的市场，行业人工智能操作系统具有更强的专业能力，每个企业客户需求千差万别，极强的专业性使得市场很难被垄断。

　　技术层从事计算机视觉的公司可分为工业巨头、互联网巨头和创业公司。除自身投入资源研发外，工业巨头和互联网巨头多数选择投资、并购创业公司或以战略合作的形式涉足计算机视觉技术领域，实现生态拓展和产业链布局。创业公司中独角兽迅速崛起，新兴创业公司不断涌现。工业巨头的主要代表企业有海康威视、美的集团、海尔集团等，这些企业大多在计算机视觉应用领域具有较深积累，并涉足计算机视觉相关研发，未来具备打通行业产业链，构建商业应用生态圈的能力。互联网巨头中的代表企业有阿里巴巴、腾讯、百度等，其通过开设实验室或并购技术团队获取领先技术。技术水平领先，且具有强大的数据获取优势，便能够在计算机视觉行业实现技术引领。创业公司主要专注于计算机视觉基础产品和服务开发，由于受到自身规模和市场划分的影响，一般立足于探索更多的服务场景，提供更多的定制化解决方案。

　　目前，国内技术层创业企业涌现了一批"独角兽"企业，人脸识别算法精准度极高。2019 年中国计算机视觉应用市场中商汤科技、云从科技、旷视科技、依图科技四家头部企业占据市场超 70% 市场份额，以这类创业企业为代表，这一层的企业通常都会围绕本企业核心算法技术建立人工智能开放平台，以平台为基础面向企业或开发者开放行业间通用的计算机视觉分析能力，使企业或开发者可以直接通过应用程序编程接口（API）或者软件开发工具包（SDK）调用平台功能。面对拥有完善算力基础设施的企业，亦可提供私有化部署和完整解决方案。

　　计算机视觉技术企业级（ToB）的应用性很强，因此技术层企业通常为客户提供全链条的服务，大量依赖能耗型的基础设施，强化技术平台的核心能力，同时进行细微差异化应用，抢占赛道，优先攻占市场和行业口碑，从而获取更多的资源。以下分别分析技术层主要创业企业的情况。

　　（1）商汤科技

　　商汤科技是从事计算机视觉与深度学习原创技术的人工智能创业企业，主要进行核心算法开发，通过视觉技术给予计算机视觉感知和认知的能力，业务涵盖金融、商业安防、互联网 + 等行业，意图为企业提供低门槛的计算机视觉技术，打造"商汤驱动"的人工智能商业生态。商汤科技在商业落地应用方面处于行业领先位置，一方面在于其技术专业化的路径选择，另一方面得益于将技术产品向标准化方向打造，打包成行业解决方案，以适应更多企业的使用需求，有利于技术成果的进一步落地应用[①]，如图4.4所示。

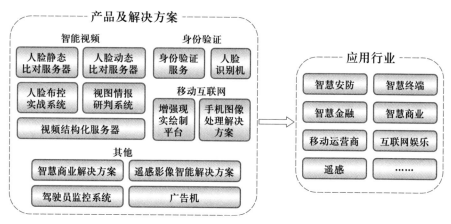

图 4.4 商汤科技产业落地规划

商汤科技的核心能力在于其能够自主开发原创深度学习模型。其自有的高性能算法库相对行业内开源平台库，极大程度提高了算法效率，带来2～5倍的性能提升。性能的提升能够极大地降低计算机视觉硬件门槛，例如，一般情况下双目、深度摄像头具备视频处理能力，但利用汤科技的算法模型，单目摄像头也具备此能力。此外，商汤科技自身构建了具备200块GPU链接能力的Deeplink超算平台，过去耗时1个月的运算，现在只需5—6个小时即可完成。硬件门槛降低与计算能力提升双管齐下，可以推动大部分企业快速接入计算机视觉技术。

作为一个算法企业，商汤科技通过与京东、小米、新浪微博等应用层级公司合作，使得自己的算法更好地契合多类细分领域的特点，快速移植复制到各行各业。除此之外，商汤还在技术层与多家企业合作，例如，商汤科技与科大讯飞合作研发具备人脸语音双重识别的产品、与英伟达合作研发适用于深度学习的GPU芯片，该芯片可实时处理双路视频，为智慧视频提供支持。

（2）云从科技

云从科技成立于2015年4月，是一家由中国科学院重庆研究院孵化的计算机视觉企业。云从科技在安防、银行、机场等领域开展业务，主要产品包括人脸识别、文字识别、活体检测，以及Cloud Walk Inside SDK+。除了前沿算法的三级研发架构外，云从科技通过与公安部、国有银行、中国民用航空局等产业界成立联合实验室，研发能够满足落地场景需求的工程化产品，目前建立了金融、安防交通等人工智能行业平台，通过推出相关产品解决方案，与传统产业进行深度融合。在5G与物联网时代，智能化设备与连接将极大普及内在的数据处理需求，催生金融、安防零售等诸多领域人机协同作业，从人脸识别开

① 艾媒咨询.2017-18年中国计算机视觉市场研究报告［J］.艾媒咨询系列研究报告，2017-12-01（12）.

始，未来将延伸到生产服务、决策运营等全链条场景。基于自身人机协同行业平台，云从构建了数据驱动的跨界融合智能生态，如图 4.5 所示。例如在人工智能赋能零售相关业务中，整合多产业数据调用金融大脑、商业大脑等数据进行风控分析、用户画像分析，为客户提供线下实时小额贷、精准推送营销信息等服务。

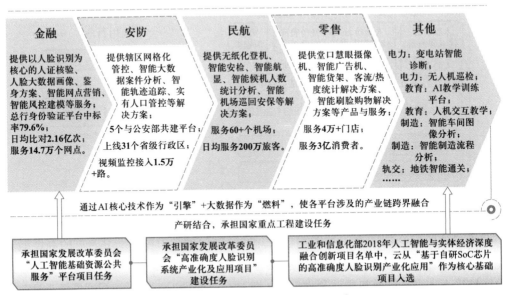

图 4.5　云从科技人机协同平台框架[①]

云从科技设计的人机协同操作系统的研发重点在人机自然交互、智能业务流、行业知识服务、算法工厂、分布式学习等核心技术，这些技术模块通过整合之后能根据不同场景的应用进行快速适配，高效实现各行各业的人员、专家、决策者、用户和人工智能之间的协作。基于该智能操作系统，云从科技也在搭建人机协同开放创新平台，能向业界、科研机构开放相关工具和资源。

目前云从科技的业务在金融行业开展较为广泛。包括中国农业银行、中国建设银行、中国银行、交通银行等超过 400 家银行机构采用了其产品，其中总行级别的超 100 家。主要应用为智能风控产品，这也是目前人工智能技术在金融行业的主流应用之一。由于贷款人的情况千差万别，银行产品经理或者人工审核很难兼顾效率、准确和个性化，而智能风控产品能根据数据自动进行风险分析，通过机器学习，自动特征提取、自动学习建模，同时考虑少量数据的小样本学习和只有正向数据的正样本学习等特殊算法，最终快速给出贷款发放的建议。

计算机视觉与安防的结合也已经成为智慧城市建设的重要内容。中国科学院与公安部全面合作，通过公安部重大课题研发火眼人脸大数据平台等智能化系统，云从科技的技术与产品目前在 30 余个省级行政区上线。另外，在民航领域，云从科技与中国科学院重庆研究院合作，为 80% 的枢纽机场提供了智能视觉产品。

① 资料来源：艾瑞咨询《2019 中国人工智能产业发展分析》。

（3）旷视科技

旷视科技成立于 2011 年 10 月，目前主要业务聚焦于个人物联网、城市物联网和供应链物联网。旷视科技利用云平台为开发者提供技术支撑，有利于计算机视觉技术进一步结合产品运营，同时可以收集海量图片数据，通过进行深度学习，反哺图像识别技术，进一步强化自身核心技术能力。旷视科技还以云开放平台为基础，对相关图片数据进行深度学习强化人脸识别技术，在强化技术打造的前提下，发掘更多新的应用领域，提高商业落地应用[①]，如图 4.6 所示。

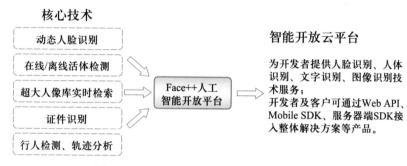

图 4.6　旷视科技人工智能开放平台整体框架

4.3.4　应用层的企业与业务

应用层依旧是技术层头部企业在领跑，各头部企业算法精准度差距小，算法的产品化应用将是这些企业发展的重点。目前，计算机视觉主要用于安防监控分析、金融身份认证、广告营销、无人驾驶、机器人、工业制造、医疗影像分析、教育和娱乐业等领域。人脸识别、物体识别等技术算法精度的提高使中国计算机视觉技术率先在安防领域实现商业化，安防监控分析应用领域在 2019 年中国计算机视觉行业占比最高，达到 69.4%，广告营销、智能金融分别以 17.2%、9.6% 紧随其后，医疗影像、工业制造、新零售等创新领域也初露端倪，成为计算机视觉行业未来快速发展的重要支撑。

计算机视觉技术在应用方面主要起到赋能作用，通过提供新的方法去强化现有的运营模式，例如在探索最多的安防、医疗等方面，在没有计算机视觉技术阶段，安防工作由各类安保人员及监控协同合作，而新技术的出现解决了人在安防工作中的长期疲劳、注意力不集中、容易误判漏判等弱点，使安防工作效率大幅提升。应用层企业敏锐地捕捉到用户的需求，试图以技术为出发点理解用户痛点，对企业用户的需求进行洞察，并提供全链条式整体解决方案的服务。应用层企业一般来说面向客户、面向企业进行产品输出或成为系统集成商。对设备的强依赖是计算机视觉应用的天然劣势，类似海康威视、大华等老牌以电子摄像头起家的巨头，在安防领域已经占据了绝对的市场份额，对于此类企业而言，给自己的硬件设备加注计算机视觉能力是锦上添花的增值业务；然而对于新兴的创业公司来说，想在市场上与行业巨头瓜分市场异常艰难，创业公司多为技术层企业，没有企业愿意在为目前未完全成熟的算法支付巨额费用后，再大批量购买或更换已有的硬件设备。因此对技术层创业企业而言，当前的主要发展路径是探索开发新的业务和应用，试图抢占赛道，攻占市场，形成锁定效应，建立行业壁垒。

国内外应用层的市场结构略有不同。国内企业用户主要集中在以安防、金融、互联网行业；最大的两个场景为政府推行的平安城市以及金融行业中基于人脸识别的身份认证。而国外以消费机器人（及机器视觉）、智能驾驶应用为主。造成差异的原因如下。

（1）国内市场需求的推动

安防、金融领域的巨大需求使其成为计算机视觉最重要的应用场景，带动相关行业的发展。相比全球市场，中国安防市场发展更为迅速，市场空间不断拓展。数据显示，2019年我国安防行业总产值达到 8 260 亿元，行业增速 15%，国内安防市场增速远高于全球平均水平，已经初步形成 3 万亿级的市场规模。银行金融领域的大量身份验证需求也促进了企业发展和相应技术的进步。

安防、金融、互联网三个方向是我国计算机视觉行业初创企业布局的主要市场方向。除此，在手机娱乐、广告营销、无人 / 自动驾驶、医疗、工业制造等应用场景也有着良好的发展机遇。而苹果、英特尔、脸书（现在为 Meta）、谷歌和亚马逊等国际互联网巨头沿着与主业相关的方向布局，在应用领域的并购对象包括无人驾驶、无人机、人脸识别等领域。

（2）发展时期不同

国外计算机视觉技术发展较早，从实验室走向应用经历了几十年的发展历程，早已进入稳定发展时期，而我国相关技术与产业起步于 2000 年以后，2010 年开始相关企业才相继成立并迅速发展，而此时恰逢互联网大爆发时期，带动了大规模的视觉技术应用。

（3）发展重点不同

西方国家更加注重芯片研发和市场垄断。研究机构 Science Examiner 推出的《2017年—2024 年全球计算机视觉市场行为分析和预测》中，将英伟达、英特尔、高通、苹果、谷歌等公司列为全球计算机视觉市场的主要参与者。Science Examiner 认为，在这一市场中，芯片开发者和硬件组件开发者的作用力要远大于单纯的技术研发者。未来的行业创新关键在于硬件算力提升和软硬件的定制式创新，主要的盈利点也很可能出现在硬件上。从英伟达、英特尔、高通等科技巨头近年来的发展路径来看，芯片对计算机视觉的发展起到了巨大的推动作用，现实也的确验证了以上的观点。

而中国市场现阶段着重于技术的行业落地。据《Forrester Research2019 年第三季度中国企业计算机视觉软件报告》显示，采用人工智能数据分析和决策的中国企业中，有 42%的受访企业表示已经实施或正在实施与计算机视觉有关的业务系统，23% 正在扩展或升级现有计算机视觉业务平台，还有 25% 的受访企业计划在未来 12 个月内实施创建计算机视觉业务系统。基于市场的需要及资本的压力，中国市场正加快技术的投资回报率，将商业知识和工程经验转化为主要行业的垂直解决方案，例如，商汤科技、旷视科技等公司已将业务解决方案涵盖于各种水平或垂直方案之中。

由于计算机视觉可应用场景具有广泛性的特点，在各行各业都有应用落地的机会。目前，计算机视觉技术主要应用在 ToB 端领域，短期内行业发展趋势也集中于 ToB 端领域。未来随着技术成熟，计算机视觉有望拓展更多新的应用场景，实现场景落地，渗透至各行各业，形成人工智能与其他行业结合的新产业（AI+），开拓更多 ToC 端业务。此外，计算机视觉技术可以跟其他技术，如增强现实（AR）、虚拟现实（VR）、无人驾驶等结合发展，创造新的应用领域。

虽然现阶段国内外在发展轨迹上略有不同，但是中国将加大对人工智能领域基础技术包括芯片、操作系统等的投入和支持，假以时日，有望改变行业的最终发展格局。

4.4　本章小结

作为人工智能领域最重要的技术和产业分支，计算机视觉是人工智能在中国落地最顺利的技术，也是一条拥有技术深度和多样化应用场景的优异竞争赛道。从目前的落地进展来看，金融、安防、移动互联网领跑，零售、物流跟进，医疗、无人驾驶的商业化有待成熟。和其他人工智能技术相比，计算机视觉有更丰富的应用场景，并且每个场景都对数据的种类与数量、技术的精准度、容错率有不同的要求。经过数年来的实践，计算机视觉在各行业应用扩展的速度开始出现分化，社交、咨询、游戏、电商等移动互联网场景，以及门禁、巡检等安防领域发展快速的一个主要原因是数据比较容易获得，以及容错率相对较高；零售、物流、制造业等企业场景以及家庭安防等家居场景正在逐步成熟的过程中；而无人驾驶及医疗对辨别的准确性要求高，数据复杂程度高，短期很难实现大规模的商用落地。

习题 4

1. 基于计算机视觉技术设计家庭安防的解决方案，并思考其商业模式。
2. 查阅资料，总结无人驾驶落地大规模商用的难点和关键问题。
3. 查阅资料，对比 Facebook AI Research 和 DeepMind 两家顶级人工智能实验室经营模式的异同。
4. 针对智慧医疗调研相关信息，设计计算机视觉技术应用方案。
5. 思考元宇宙中所涉及的计算机视觉技术，并针对其中一项技术，设计应用落地方案。

◀ 参 考 文 献 ▶

［1］杜翠凤，蒋仕宝. 计算机视觉与感知在智慧安防中的应用［J］. 移动通信，2020，44（03）：78-80.

［2］唐嘉骏. 计算机视觉在医疗领域的应用［J］. 通讯世界，2019，26（04）：120-121.

［3］张丹，单海军，王哲，吴陈炜. 无人系统之"眼"——计算机视觉技术与应用浅析［J］. 无人系统技术，2019，2（02）：1-11.

［4］SERENA Y, LANCE D N, LI F F, et al. Bedside computer vision – moving artificial intelligence from driver assistance to patient safety.［J］. The New England Journal of Medicine, 2018, 378（14）.

［5］杨超. 基于计算机视觉的无人值守井场安防视频监控系统研究［D］. 成都：西南石油大学，2017.

［6］尹宏鹏，陈波，柴毅，刘兆栋. 基于视觉的目标检测与跟踪综述［J］. 自动化学报，2016，42（10）：1466-1489.

［7］卢均溢. 牌照证件光学字符识别研究［D］. 哈尔滨：哈尔滨工业大学，2016.

［8］揭英星. 将深度智能应用于智慧金融［J］. 中国公共安全，2016（07）：113-117.

［9］卢宏涛，张秦川. 深度卷积神经网络在计算机视觉中的应用研究综述［J］. 数据采集与处理，2016，31（01）：1-17.

［10］黄凯奇，谭铁牛. 视觉认知计算模型综述［J］. 模式识别与人工智能，2013，26（10）：951-958.

［11］陈泳. 智能视频监控平台开发及其在停车场车牌识别系统中的应用与实现［D］. 长沙：长沙理工大学，2013.

［12］许可. 卷积神经网络在图像识别上的应用的研究［D］. 杭州：浙江大学，2012.

［13］刘钊. 基于计算智能的计算机视觉及其应用研究［D］. 武汉：武汉科技大学，2011.

［14］张五一，赵强松，王东云. 机器视觉的现状及发展趋势［J］. 中原工学院学报，2008（01）：9-12.

［15］侯志强，韩崇昭. 视觉跟踪技术综述［J］. 自动化学报，2006（04）：603-617.

［16］章炜. 机器视觉技术发展及其工业应用［J］. 红外，2006（02）：11-17.

［17］MA S, TAN T, HU Z, et al. Theories and algorithms of computational vision［J］. Bulletin of the Chinese Academy of Sciences, 2005（03）：161-162.

［18］山世光. 人脸识别中若干关键问题的研究［D］. 北京：中国科学院研究生院（计算技术研究所），2004.

［19］唐向阳，张勇，李江有，等. 机器视觉关键技术的现状及应用展望［J］. 昆明理工大学学报（理工版），2004（02）：36-39.

［20］宋加涛，刘济林. 车辆牌照上英文和数字字符的结构特征分析及提取［J］. 中国图像图形学报，2002（09）：81-85.

［21］梁路宏，艾海舟，徐光祐，张铖. 人脸检测研究综述［J］. 计算机学报，2002

（05）：449-458.

［22］彭辉，张长水，荣钢，边肇祺. 基于 K-L 变换的人脸自动识别方法［J］. 清华大学学报（自然科学版），1997（03）：68-71.

［23］冯海. 基于深度学习的中文 OCR 算法与系统实现［D］. 北京：中国科学院大学，2019.

第 5 章

智能语音语言技术

One must know what to say，one must know when to say it，one must know who to say it to，and one must know how to say it.

一个人必须知道该说什么，一个人必须知道什么时候说，一个人必须知道对谁说，一个人必须知道怎么说。

—— Peter Drucker（彼得·德鲁克）

语音和语言一直以来是人与人之间交流最主要以及最有效的方式，用语音和语言来进行人机交互能极大地提高移动设备的易用性，成为应用发展的主要趋势之一。因而，围绕语音和语言的自然语言人机对话系统成为当前的研究热点。

自然语言人机对话是人工智能技术的集中体现，是众多技术和应用的基础，对科学进步、社会经济发展具有重大作用，因而始终得到国内外政府、学术机构和产业界的高度重视。近年来，移动互联网和物联网的迅速普及进一步拉动了人机对话系统的需求，引发了产业界的风潮，苹果、微软、谷歌、脸书（现在为 Meta）、亚马逊，以及国内的百度、腾讯、阿里巴巴等公司纷纷启动对话系统的技术研究和产品开发，这使得人机对话系统已经成为人机交互领域热门的研究方向之一。使用智能语音语言和对话技术来进行自然语言人机交互，主要包含自动语音识别、口语语义理解、对话管理和语音合成等关键技术，如图 5.1 所示。

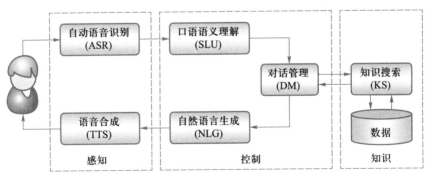

图 5.1　人机语音交互过程

5.1 智能语音语言技术发展历程

5.1.1 自然语言处理技术

自然语言处理（natural language processing，NLP）是人工智能和语言学交叉的分支学科，从技术角度提供机器语言和人类语言之间沟通的桥梁，以实现人机交流的目的。该领域探讨如何处理及运用自然语言，让计算机把输入的语言变成具有强表示能力的符号和关系，而后根据任务所需目的再处理。研究自然语言处理技术的目的就是让机器理解并生成人类的语言，从而和人类平等流畅地沟通交流。

基础的自然语言处理技术主要围绕语言的不同层级展开，包括音位（语言的发音模式）、形态（字、字母如何构成单词、单词的形态变化）、词汇（单词之间的关系）、句法（单词如何形成句子）、语义（语言表述对应的意思）、语用（不同语境中的语义解释）、篇章（句子如何组合成段落）7个层级。广义上的自然语言处理包含语音和文本。但由于基础的和广义的自然语言处理表达语意的模态非常不同，为了区分这两种模态，有时将自然语言处理狭义地特指为对文本的处理，包括机器翻译、文本生成、情感分析等任务。在智能语音语言技术中，针对文本的自然语言处理技术扮演着基础而隐性的角色。

虽然在20世纪50年代就有从计算机器与智能角度针对语言语义的研究，但从明确的学科术语来说，"自然语言处理"接近于全新的词汇。"自然语言处理"这个词的广泛使用是伴随着自然语言处理中的经验方法（Empirical Method in Natural Language Processing，EMNLP）这个会议开始的，时间是1996年。EMNLP前身是ACL（计算语言学协会）下属的特别兴趣小组SIGDAT在1993年举办的大规模语料研讨会（Workshop on Very Large Corpora）。大部分参会学者没有意识到EMNLP后来能从一个小众研讨会发展壮大成一个和ACL主会并列的大会，也没有意识到"自然语言处理"这个词能后来居上成为这个领域的主流名称。

从技术方法上来说，自然语言处理的两个基础模块，即句法分析和语义分析，都是以其他名义相对独立发展起来的。美国语言学家乔姆斯基（Chomsky）的句法结构理论是从完全的理论语言学动机构造的符号系统组成的形式化理论（原意为"转化生成语法"）。该工作本是Chomsky的博士学位论文，后以1957年《句法结构》（*Syntactic Structures*）专著形式发表。很难说，Chomsky的理论多大程度启发了后来John Hopcroft等人的自动机理论，甚至Stephen A.Cook等人的计算复杂性理论最终导出的以符号集表达的复杂性类的概念。Chomsky理论和巴克斯范式（Backus-Naur Form，BNF）提出是同一个时期，两者在句法分析的重写规则的构造上保持着类似的理念。因此，虽然看起来是针对自然语言，但是Chomsky理论的一般思想其实是适应一般化基于规则方法的符号系统处理的。

1966年Weizenbaum开发的ELIZA系统确定了今天还在沿用的语义分析以及知识库

决策体系。ELIZA 系统展示了如何在一组带有优先级的知识规则基础上完成处理任务，人机对话的工作形式就是对于用户输入的句子，系统能返回另一个有意义的句子。在实现上，ELIZA 系统依据一个关键词数据库（即知识库）对用户输入语句进行变换产生输出。数据库的模式为"关键字，级别，匹配模式，输出格式"，其中模式是核心内容，由英文与变量（表示为"？"+字母）组成，模式代表了与其相匹配的一类输入，例如模式"?X are ?Y"可以匹配"Who are you"。ELIZA 系统的工作机制可以简单表述为：对用户输入语句 S，① 在数据库中查找 S 包含的关键字，并且满足 S 关键词匹配对应的模式，若存在多个关键字，则选择级别最高的那个匹配模式；② 使用该匹配模式对应的输出格式产生回答；③ 若无匹配模式，则输出默认回答以引导对话继续进行。关键字、级别和匹配模式构成了 ELIZA 系统的匹配规则。

从实例和 ELIZA 系统的工作方式可以看出其并没有真正理解用户的输入和自己的回答，他只是对输入根据规则做了一个变换，扮演了一个聆听者的角色。但是，ELIZA 系统初步利用了知识库产生了有意义的输出，开创了一直沿用至今的对话系统的开发方式。知识库可以视为规则的集合，实践证明合适的知识指导下的计算是高效的。如果简单的几条规则能够解决问题，那么规则方法通常会优于统计方法。规则方法也通常不会导致统计方法之中常会出现的过拟合问题。规则方法的实现细节在于针对具体情形如何确定使用哪一条规则。ELIZA 系统使用规则的优先级机制在启发式规则系统中普遍使用，它的规则使用优先级数据是其知识库的一个关键组成部分。因此，构建类似 ELIZA 系统的全部难点就落在如何有效组织构建一个类似格式的知识库问题。列出一组关键词，进而列出针对每个关键词的转换规则都并不难，难点在如何对一系列规则确定它们的优先级。对于多个规则的优先级排序并不是线性复杂度。如果知识库中有一万条规则，要针对每两个规则指定相对优先级，那么就需要大约五千万次判断设定。一万条规则并不多，但是如果要确定所有这些规则之间的两两优先级，规则方法（只是建设所需的知识库）此时就已经失控。如果是更多数量的规则组合，其整体优先级设定的数量更是指数爆炸式增长。此处可以看出，为什么知识库支撑方法只能在受限领域上有效工作，因为受限领域所需的知识规则数量有限，才能保证知识库的建设代价可控。

从技术分化来说，20 世纪 80 年代以来，自然语言处理经历了两个大的分化。因为工业界长久以来对于自然语言处理的期待过高，"自然语言理解"这个名称就是这样的一个期待的目标，然而人们早已意识到，自然语言理解如果都能实现，那么完美的人工智能也早就能实现了。当人工智能或自然语言理解的终极目标迟迟不能实现，业界普遍比较失望的时候，那么研究这个细分领域中早期获得成功的部分就要摆脱这个负面的名声，希望用更为独立的品牌为自己赢得有力的工业界支持。事实上，自然语言处理相关的很多技术已经在工业界到处落地开花了。

第一个自然语言处理技术的分离是在 20 世纪 80 年代和 90 年代，语音处理从自然语言处理中分离成更为独立、更为繁荣的一个方向。在统计语言模型（即今天称为 n 元语言模型的部分）的建模方式下，语音识别技术取得了直观上可以接受的产品演示效果。同期，由于高昂的计算代价，当时的主流计算机算力有限，大量的自然语言处理工作并不能从统计方法受益，而继续囿于知识加规则的方法模式。道不同不相为谋的语音处理界就此别过。"语言"在传统语言学之中所指的其实是语音形式的语言，而没有了"语音"剩下的真正的自然"语言"处理今天指的其实是文字、文本的处理。经历 30 多年的发展，语音处理的产业界今天已经相当繁荣。除了早期的技术方法差异导致的分道扬镳，还因为语音是语言使用所有方式之中最贴近用户习惯的形式。其他自然语言处理都远离直接应用目标，而发挥着系统内部技术模块的无名英雄角色。然而，毕竟核心的语音处理无非是在语音和文本之间互相转化（语音识别和语音合成），语音处理的产业界很快发现，任何深度语言处理和理解需求很快超过语音处理技术的范畴，又会回到自然语言处理的传统领域。

第二个自然语言处理技术分离是在 21 世纪的第 1 个 10 年，业界见证了信息检索工作从自然语言处理的分离，前者开展了类似国际信息检索大会（SIGIR）这样的繁荣学术活动。2000 年起始的时候，当 ACL 主会的论文数量仅数十篇的时候，SIGIR 已经超过了其 10 倍。这个在工业界来说都是值得的，因为信息检索立即兑现了搜索引擎这个互联网的中轴业务。今天人们看到的信息检索带来的互联网工业甚至经历了某种程度上的过度发展，早期的搜索引擎在当今世界范围内仅能看到两家公司还有全球竞争力，即谷歌和微软必应，在国内，仅有百度一家独大。而在 21 世纪初，曾经有大量的搜索引擎公司企图来分一杯羹，包括早期最开始吃螃蟹的雅虎公司，最后都黯然收场。相应的学术界活跃程度，SIGIR 的录用论文数量重新回到数十篇的早期状态，而对应的 ACL 论文数量此时是它的十倍。

近年来，随着深度学习技术在自然语言处理中的广泛应用和飞速发展，大规模预训练语言模型近乎主宰了各项自然语言处理任务。2018 年，谷歌公司发布 BERT，在机器阅读理解顶级水平测试 SQuAD1.1 中表现出惊人的成绩，所有衡量指标上全面超越人类，并且还在 11 种不同自然语言处理测试中创出最佳成绩。BERT 对自然语言处理带来里程碑式的改变。次年，各大公司和高校陆续发布了自己的预训练语言模型，如脸书公司发布的 RoBERTa，卡内基·梅隆大学发布的 XLNet，斯坦福大学发布的 ELECTRA，还有百度公司的 ERNIE 模型等，不断刷新自然语言理解任务的最高表现。2020 年，人们又迎来了 OpenAI 公司发布的 General Pretrained Transformer-3（GPT-3），GPT-3 有着惊人的参数规模和语言能力，它可以虚构、开发程序代码、编写深思熟虑的商业备忘录、总结文本等，它的强大之处在于，从海量的数据中得到泛用性，从而使得同一个模型可以执行广泛的任务。以 GPT-3 为代表的大规模预训练语言模型的成功不断向人们演示：使用更丰富的数据训练一个更大的模型，可以获得更通用的自然语言处理能力，这可能意味着人们离理想中的通用人工智能又近了一步。

5.1.2 语音识别技术

自动语音识别（automatic speech recognition，ASR）作为整个人机语音交互闭环的入口，无疑是最重要的一环，它的功能是将人的语音转换为相应的文本或者指令，以用于后续的处理。最早的语音识别系统可以追溯到 1952 年, 贝尔实验室的 Davis 等人设计了一个可以对孤立的数字进行识别的电路。当时的系统仅能对 0 到 9 的十个数字进行识别, 且只能针对特定的说话人, 当说话人发生改变而系统电路不进行调整时, 识别的准确率将大幅度下降。一直到 20 世纪 70 年代, 语音识别系统的研究都还是以孤立词识别为主, 识别算法也主要基于模板匹配技术。

20 世纪 70 年代中期, 隐马尔可夫模型 (hidden Markov model, HMM) 的引入给语音识别领域带来了巨大变革, 语音识别算法也从模板匹配技术开始转向基于统计模型的技术。在这个模型中, 发声的过程被描述为一个随机生成过程, 观测特征的生成过程可以被两个条件概率所描述: 状态转移概率和状态输出概率。HMM 模型被用来对发声单元进行建模, 发声单元包括音素、词或者句子。在之后的几十年里, 随着混合高斯模型 (Gaussian mixture model, GMM) 被用于建模状态输出概率, GMM-HMM 理论的不断完善, 以及计算资源的不断提高, 语音识别得到了显著的发展。语音识别的任务也从简单的孤立词识别任务进展到大词汇连续语音识别 (large vocabulary continuous speech recognition, LVCSR) 任务。从 1988 年开始, 美国国家标准与技术研究院以及美国国防部高等研究计划署联合组织了几场对 LVCSR 任务的评估, 这些评估大大推进了语音识别研究的发展并为语音识别设立了若干里程碑。语音识别的词汇量也从 1988 年资源管理任务的 900 个词提高到 1993 年华尔街日报任务的 20 000 个词, 达到了真正意义上的大词汇连续语音识别。除了词汇量的增加, 这一时期语音识别的任务也向着更现实的识别任务发展, 例如, 录音环境从干净环境变成噪声环境, 录音工具从专门的录音设备变成一般的电话语音, 随着录音环境越来越复杂, 优化的目标也从孤立的单词变为连续的词序列预测。在 20 世纪 90 年代末期, 在 HMM 的基础上, 研究者进一步提出了自适应原理和自适应训练技术来应对不断复杂的语音环境, 并提出序列鉴别性训练技术来使用序列级的准则进行模型优化。在深度神经网络提出之前, 这两项技术是对 GMM-HMM 系统在复杂环境下性能提升的核心, 苹果手机中第一代 Siri 就使用了这些技术。

一个典型的语音识别系统包括前端信号处理、声学模型、语言模型和解码器等多个组成成分。前端信号处理部分完成原始语音信号的采集和输入, 并转化成数字信号进行表示; 之后, 经过数字化表示的语音信号将被进一步处理, 提取出符合人耳听觉感知的声学特征; 声学模型对给定的词序列生成所观测到的特征向量序列的条件概率建模, 解决特定的发音单元 (如声韵母) 与声学特征之间的映射问题。语言模型建模文本序列的先验概率, 解决的是特定文字序列出现的可能性问题。在过去的数十年, n 元组模型 (n-gram) 是使用最广泛的语言模型。近几年, 基于深度神经网络的语言模型也开始得到发展, 并取得了显著的性能提升。解码器的功能是组合声学模型计算出的声学特征概率和语言模型计算出的语言概率, 以得到最大概率的词序列。目前主流的解码算法是使用基于动态规划思想的维特比算法 (Viterbi algorithm)。

早在 20 世纪 90 年代, 就已经有研究者提出了使用神经网络 (neural network, NN) 来对隐马尔可夫模型中的状态输出概率进行建模的方法。然而, 由于当时计算资源与数据的匮乏，该框架并没有取得比 GMM-HMM 系统更好的性能。随着摩尔定律持续有效，如今计算机的运算能力相比 20 年前有了巨大的飞跃，通用计算图形处理器（general purpose graphical processing units，GPGPU）的使用大幅提升了计算机的并行计算能力，使得训练更强大的模型变得可能。借助越来越先进的移动互联网和云计算，可以更容易地收集到足够多的训练数据。2009 年，Hinton 等人首次将深度神经网络用于语音识别任务，并在 TIMIT 数据集上取得了当时能够达到的最好结果。随后，微软研究院的研究者们将深度神经网络应用于大词汇连续语音识别任务，并取得了语音识别性能大幅提升。从此语音识别任务进入了 DNN-HMM 时代。DNN-HMM 的提出是对 GMM-HMM 框架的一次变革，令语音识别的性能再次获得了巨大的提升，真正走出了实验室的研究层次，谷歌公司、微软公司、苹果公司等国际 IT 巨头也都陆续推出了以语音识别为核心技术的商业级产品。

随着深度学习技术逐渐在语音识别领域广泛应用，DNN-HMM 混合语音识别系统在 2012 年后逐渐成为主流的系统。随着语音数据量的进一步增加和具有更强时序建模的神经网络结构的出现，最近几年新出现的端到端语音识别模型提供了一种新的语音识别解决方案，将原先混合系统中的声学模型、发音词典和语言模型等模块放在一个神经网络模型中进行统一优化。基于 DNN-HMM 的混合系统对声学模型、发音词典及语音模型等不同模块分别进行训练优化，端到端模型则将这些模块集成到一个网络模型中，也因此提供了一个简单优美的语音识别解决方案。端到端模型直接对输入声学观测条件下输出字序列的后验概率进行优化，在没有外部语言模型的条件下也可以进行解码输出。目前主流的端到端模型框架可以分为以下三类：连接时序分类（CTC）模型、循环神经网络转换器（RNN transducer）模型和基于注意力机制的序列到序列（sequence-to-sequence，S2S）模型。端到端系统在模型大小上具有明显优势，基于 HMM 的系统中最常使用的 n-gram 语言模型往往数据量就达到了数个 GB，而纯神经网络的端到端模型则仅为数十到数百 MB 大小，这使得端到端模型能更好地应用于移动设备的语音识别任务。端到端模型简化训练流程的特点也使得其在多语言和多方言语音识别领域具有潜在优势。目前，端到端系统已经在多个领域取得了不错的进展，包括：单语言语音识别、多语言语音识别、多说话人语音识别。在大词汇连续语音识别任务上，端到端语音识别系统甚至在一些任务上取得了最先进的结果。端到端语音识别模型目前仍处在快速发展阶段，并有望取代传统的 DNN-HMM 模型成为新一代语音识别系统的解决方案。

5.1.3　语音唤醒技术

语音唤醒在学术上被称为关键词检出（keyword spotting，KWS），目前学术界还未给出准确定义，一般认为是在连续或不连续语音流中实时检测出特定片段，并作为交互开始信号。例如，终端设备开启后语音交互一般处于休眠状态，当设备检测到用户说出的特定唤醒词时，立即从以较低功耗持续监听周围环境的待机状态切换到工作状态等待用户接下来的指令。利用语音唤醒机制，使设备不用一直处于工作状态，达到节省能耗及避免不必要干扰的目的。

语音唤醒的应用领域比较广泛，例如手机、可穿戴设备、智能家居等。作为人机交互的一个开始或入口，大部分带有语音交互功能的设备都需要采用语音唤醒技术来提高使用体验。不同的产品有不同的唤醒词（如苹果的"Hi，Siri"，Google 的"Ok，Google"，小米的"小爱同学"等），当用户需要唤醒设备时，说出特定的唤醒词，开始语音交互。大部分唤醒词被设定为三到四个音节，音节覆盖多，音节差异大，相对唤醒效果比较稳定。

语音唤醒技术与语音识别技术有很大的相似性，然而语音唤醒功能往往内置于移动终端和便携性设备，受限于嵌入式硬件资源的制约，使得语音唤醒技术对计算量、内存、功耗、实时性、延时等方面具有很高的要求。此外，结合说话人识别技术，语音唤醒可以进一步实现针对特定说话人的语音唤醒。而为了更好的用户体验，目前也有研究朝着用户可自定义的唤醒词方向发展，摆脱只能使用固定的唤醒词进行唤醒的限制。

代表性的唤醒模式有以下几种。① 传统语音交互：唤醒设备，等待设备反馈后（提示音或亮灯），用户认为设备被唤醒了，再发出语音控制命令，缺点在于响应等待时间长。② 少样本学习（one-shot learning）：直接将唤醒词和工作命令一同说出，如"叮咚叮咚，我想听周杰伦的歌"，客户端会在唤醒后直接启动识别以及语义理解等服务，缩短响应时间。③ 零样本学习（zero-shot learning）：将常用用户指令的前缀设置为唤醒词，达到用户无感知唤醒，例如直接对车载设备说"导航到上海交通大学"，"导航"即为唤醒词。④ 多唤醒：满足用户个性化的需求，给设备起多个名字。⑤ 所见即所说：新型的 AIUI 交互方式，例如用户对车载设备发出"导航到海底捞"指令后，设备上会显示"之心城海底捞""银泰城海底捞"等选项，用户只需说"之心城"或"银泰城"即可发出指令，需要更高精度的识别率和智能语音上下文联系能力。

语音唤醒可以看成小型关键词检索（small-footprint keyword spotting，KWS），识别算法运行在终端设备上，存在处理器计算能力和存储空间限制的问题；主流语音识别方案中的识别算法在云端运行。语音唤醒通行的评判指标有召回率、虚警率、实时率和功耗四个方面。召回率即唤醒准确率，指被唤醒的次数中正确次数的比例；虚警率即唤醒错误率，指被唤醒的次数中错误次数的比例；实时率指响应速度，从用户说完唤醒词后到设备给出反馈的速率；功耗是指唤醒系统的耗电情况，功耗越低，续航时间越长。语音唤醒的难点主要来源于低功耗要求和高效果需求之间的矛盾：一方面，目前很多终端设备采用电池供电，要求唤醒所消耗的能源尽可能少；另一方面，语音唤醒的用户群体广泛，大量远场交互下，对唤醒能力的精准度要求很高。

经过长时间的发展，语音唤醒的技术路线大致可归纳为三代。第一代：基于模板匹配的 KWS，采用动态时间规整（dynamic time warping，DTW）算法。在语音识别中，将同一个字母的不同人发音声音记录下来后，用一个函数拉长或缩短其中一个信号，使得它们之间的误差达到最小。这种算法的训练和测试步骤相对简单，依据注册语音或者模板语音进行特征提取，构建模板进行训练。测试时，通过特征提取生成特征序列，计算测试的特征序列和模板序列的距离，并基于此判断是否唤醒。第二代：基于 GMM-HMM 的 KWS，首先用关键词循环填充（keyword-filler loop）解码网络，随后用关键词（词级、音素级或状态级）精细建模，最后采用多填充（filler）建模策略粗放建模，用于吸收除关键词之外的任意语音和噪声。这种方法为语音唤醒提供了新的思路，将唤醒任务转换为两类的识别任务，识别结果为关键词和非关键词两种。第三代：基于神经网络的方法，第一类是基于HMM的KWS，与第二代唤醒方案不同之处在于，声学模型建模从GMM转换为神经网络模型；第二类是融入神经网络的模板匹配，采用神经网络作为特征提取器；第三类是基于端到端的KWS，用一个输入为语音，输出为各类唤醒概率的模型实现。

5.1.4 语音合成技术

语音合成（text to speech，TTS）作为语音交互的输出方式，与语音识别是对偶的过程，其主要任务是将给定的文本转化为相应的语音进行输出。在技术诞生早期主要采用音频片段拼接的方法进行合成，2005年后，数据驱动的统计语音合成逐渐兴起。商业应用中，采用海量数据库的拼接合成方法，具有更高的自然度，但音频数据库的收集整理和质量控制非常困难，需要大量的经验技巧，因此很难扩展到个性化合成。而数据驱动的统计语音合成，采用参数化的方法通过机器学习实现发音序列到音频特征的映射，具有更强的泛化性和实用性。传统的统计语音合成系统的前端文本处理模块对文本进行归一化、分词、词性分析及发音映射等处理，后端声学模型，如隐马尔可夫模型，对声学特征信号进行建模，将发音序列转换为声学特征，最后再通过声码器，采用信号处理的方法将声学特征转化为音频进行输出，主要流程如图5.2所示。

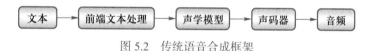

图 5.2　传统语音合成框架

20世纪90年代之前，语音合成的研究者们主要研究基于规则的共振峰合成方法。这些方法使用基于规则的语音单元，并且这些单元一般都是人为设定的。在20世纪90年代之后，基于语料库的拼接方法被提出。语料库（corpus）是录制话语的数据库，而拼接法就是通过连接来自语料库的语音单元来合成语音。基于片段的拼接语音合成技术的优势在于所有的合成音频都直接来自真实的语音片段，使得合成语音具有和训练数据基本一致的清晰度和自然度。相应的，它的劣势是对于训练数据里不存在相似发音片段的内容，很难得到高质量的合成语音，而海量语料库的构建则费时费力，无法应对个性化合成需求。

20世纪90年代中期提出的统计参数语音合成模型改变了语音合成领域的思路，基于参数的统计语音合成的优势在于相对于基于片段的拼接合成，不必存储大量的原始音频片段，模型变得更小。同时，参数化后，通过对参数进行变换和调整能够实现更多样化的语音合成。在所有统计参数语音合成技术中，基于HMM的统计参数语音合成技术得到了最为广泛的研究和应用。

深度学习框架兴起后，基于深度神经网络的声学模型被提出，解决了HMM方法中对协同发音建模困难的问题，深度神经网络声学模型的多输入并发具有可以考虑帧间的相关性和分类能力强等方面的综合优势。越来越多的研究组开始把深度神经网络应用在语音合成领域，并取得了不错的效果。在传统基于 HMM 的统计参数语音合成中，使用了上下文相关的决策树聚类来处理未在训练集中出现的数据，但是决策树依然存在诸多缺陷，例如上下文相关复杂性的表达非常低效、聚类节点无法使用全部的训练数据等。而深度神经网络采用非线性处理单元来模拟人脑神经元，用处理单元之间的可变连接强度来模拟神经元的突触行为，构成了一个大规模并行的非线性系统。

近几年，端到端的语音合成技术逐渐兴起，这种模型将文字序列通过神经网络直接映射为音频序列，其中最有代表性和革新性的是谷歌公司提出的端到端语音合成框架。2016 年 9 月，谷歌公司 DeepMind 团队提出的 WaveNet 端到端语音合成模型，在语音合成领域内产生了颠覆性影响。紧接着，谷歌公司陆续提出了 Tacotron、Parallel WaveNet、Tacotron2 等多种端到端合成系统。其中，Tacotron2 框架实际代表了目前国际上语音合成的最佳框架，其合成语音的效果几乎可以"以假乱真"，让人无法分辨。

WaveNet 本质是一个基于层叠的深度卷积神经网络的信号模型，通常用来完成声学特征到输出音频，或直接从文本特征到音频的任务。这是一个自回归模型，其特点是依赖以往的部分历史来预测下一个时间点的样本。相对传统的参数化合成方法，WaveNet 将语音合成的对象直接从频域特征序列跨越到了时域的音频采样点。这一做法最大的优势是在语音合成领域直接移除了信号处理带来的失真，使得声学模型建模不必依赖于一些可能不准确的信号处理的结果。但是也存在一个很大的问题，即卷积神经网络的接受域必须大到能够涵盖足够长的音频时间。这导致整体的卷积神经网络变得非常庞大，训练过程变得复杂而且缓慢，需要更加大量的数据、精细的调整参数和训练策略才能训练好网络。同时，相比传统做法，巨大的网络使得模型在做预测输出时耗时大大增加。因此，后期端到端语音合成仍需分成声学模型和声码器两个组成部分，声学模型将文字序列直接映射为声学特征，声码器将声学特征序列映射为音频采样点序列。目前 WaveNet 多用于声码器。

Tacotron 本质是一个序列到序列建模的声学模型，其输入是自然语言文本，输出是线性频谱特征。相对于 WaveNet，Tacotron 的端到端体现在移除了自然语言的文本分析过程。原始的自然语言会通过编码器、注意力机制，最后经由解码器输出线性谱特征，这种端到端的方式可以解决通用文本分析方法对特定声音语料分析带来的准确性问题，以及文本序列和音频序列对齐的误差问题。Tacotron2 在 Tacotron1 的基础上，对模型做了更精细的优化。它将模型预测的线性谱特征替换为梅尔频谱特征，使得模型的预测会更加准确。同时，Tacotron2 引入了 WaveNet 声码器，使得梅尔频谱特征可以转换成高音质的音频。目前，Tacotron2 系统已经能合成出和录制音频音质几乎相当的合成音频。

5.1.5　说话人识别技术

说话人识别（speaker recognition），又称声纹识别（voiceprint recognition），是智能语

音技术中一个很重要的研究方向。人的自然语音包含了非常丰富的信息，除了语音识别（speech recognition）关心的文本内容外，说话人的身份也是很重要的信息。说话人识别的目的，便是根据一段语音来判断发声人的身份。说话人识别任务受到广泛关注的一个原因在于每个人的发声器官、发声习惯都不尽相同，这些因人而异的特性存在于语音信号中，理论上是可以通过模式识别算法进行高质量的检测。语音又是最常见的交互方式，因此，说话人识别是非常有应用前景的生物特征识别模式。

按照任务类型划分，说话人识别可以分为说话人确认（speaker verification）和说话人辨认（speaker identification），前者是一个二分类问题，只需要判断一个语音片段是否来自某个特定的说话人；后者则是一个多分类问题，给定一组候选人，需要判断出语音片段是来自其中的哪个人。两者的区别可以很容易地从图 5.3 中看出。

图 5.3　说话人识别的两类任务

按照对用户语音内容的限制角度来划分，说话人识别还可以分为文本相关和文本无关，前者要求用户在注册和测试过程中的语音内容一致，后者则对此不做要求，在注册和测试的时候可以说任何内容。显然，文本相关的声纹识别系统更容易达到比较高的性能水平，因为其限制了文本变化可能带来的识别难度，让系统更专注于说话人身份的判别。事实上，文本相关的声纹识别也正是现在商用系统中最常见的形式。

典型的说话人识别系统包括三部分：特征提取，说话人建模和打分决策。为了方便后续的计算和处理，一般会先对语音信号进行特征提取，得到适合建模的特征之后，再进行说话人身份建模。最后，通过某种打分方法来计算测试语音和说话人模型的匹配程度，进而做出决策。

说话人识别任务由来已久，从文献记载上来看，早在 1962 年，来自贝尔实验室的物理学家 Lawrence Kersta 就提出了声纹辨认（voiceprint identification）的概念，并提出了基于语谱图（spectrogram）匹配来进行声纹识别的思路。实际应用上，早在第二次世界大战期间，美国军方便联合贝尔实验室开展了声纹识别的研究课题，用来负责辨认窃听到的德军电话语音来自哪个将领。此时的说话人识别研究还处于非常早期的阶段，相关研究甚至主要集中在进行人耳辨音的探索实验上。1977 年，来自德州仪器公司 George Doddington 领导的团队搭建了第一个比较成功的声纹识别系统，该系统通过数字滤波器组（digital filter banks）进行频谱分析，并采用欧氏距离（Euclidian distance）作为打分手段，形成了一个文本相关的识别系统。比较早期的声纹识别系统基本是文本相关，事实上，正如前文所介绍到的，文本相关的声纹识别系统相对文本无关的系统较为简单。在 20 世纪 70 年代，隐马尔科夫模型（HMM）被广泛应用于说话人识别中，基于矢量量化（vector quantization，VQ）的说话人识别算法也开始逐渐流行起来。自 1996 年开始，美国国家标准和技术研究院（National Institute of Standards and Technology，NIST）开始频繁举办国际范围内的说话人比赛，研究热点也越来越贴近当时的应用场景。NIST 的系列比赛发布了一批高质量的大规模数据集合，极大地促进了说话人识别算法的发展。归纳近 30 年来的说话人识别建模手段的发展历程，大概可以划分为 3 个时期：GMM-UBM 时期，i-vector 时期和深度学习时期。

1. GMM-UBM 时期

相较于 HMM 或者 VQ 模型，高斯混合模型（GMM）在说话人识别任务中取得了明显的性能优势，麻省理工学院的 Douglas Reynolds 发表了一系列相关论文，奠定了 GMM 在说话人建模领域的地位。2000 年，Douglas 发表了著名的高斯混合模型 - 通用背景模型（Gaussian mixture model-universal background model，GMM-UBM），开启了说话人识别的 GMM-UBM 时代，并引领了十几年的潮流。在 GMM-UBM 系统中，首先对收集来的大量说话人的海量语音数据进行训练，得到与说话人无关的 UBM，然后针对新的特定说话人，通过最大后验（maximum a posteriori，MAP）的估计方法来快速调整 UBM 的部分参数，从而注册得到新的说话人模型。这样做的优势是显而易见的，因为在实际应用过程中很难收集到来自用户的大量语音，而试图通过少量语音进行准确的 GMM 建模是不可行的，通过 MAP 调整 UBM 参数的方法能够有效地解决这个问题。经验上来讲，在 MAP 过程中，UBM 只有高斯分量的均值进行了更新，协方差和权重矩阵一般保持不变。

2. i-vector 时期

尽管 GMM-UBM 系统取得了比较好的系统性能，但通过部分更新快速得到说话人模型既是优点也是缺点。原因在于对 UBM 进行 MAP 参数调整的过程中，由于一般注册语音并不能充分覆盖所有音素单元，因此 UBM 中只有部分的高斯分量参数会得到更新，这在一定程度上会跟注册语句的音素覆盖范围密切相关。为了更好地进行文本无关说话人识别，相比于 MAP 过程中的局部参数更新，人们更希望的是更全局化的更新。研究者提出将 GMM 中的每个高斯分量的均值向量拼接起来得到一个高斯超向量（GSV），作为新的说话人表示方法，并采用支持向量机（SVM）作为后端分类器进行说话人辨认。由于 GSV 维度很高，而且包含了很多冗余信息，很自然的方法便是对其进行分解、降维。因此，研究者提出了联合因子分析（joint-factor analysis，JFA）方法，JFA 方法将 GSV 分解为说话人相关的因子和说话人无关（信道、噪声等）的因子，用两个子空间分别进行建模。此后，由于发现无法完全将说话人因子和信道因子解耦合，即信道因子仍然具有说话人区分性，Najim Dehak 于 2010 年提出了 i-vector 系统，将说话人因子和信道因子统一到一个全变量空间中进行建模。基于 i-vector/ 概率线性判别分析（PLDA）框架的说话人识别系统一度成为性能最好的主流系统。

3. 深度学习时期

得益于深度神经网络的强大特征抽取能力，表示学习（representation learning）逐渐成为一个非常热门的研究门类，旨在通过深度神经网络将输入信号映射为紧凑、表现力丰富的低维表示。在比较早期的阶段，深度神经网络被用来提取深度瓶颈特征（bottleneck feature），用来替换传统频谱特征或与之联合使用。后来，谷歌公司提出直接将深度神经网络隐层提取的深度特征直接用作说话人表示，开启了深度说话人嵌入学习的新篇章。说话人嵌入一般是针对整个语音段的模型表示，而常用的语音特征则为从经过分帧后的短时窗口提取得到，目前的深度说话人嵌入学习可以分为帧级别和段级别框架。

（1）帧级别说话人嵌入学习

如图 5.4 所示，在以 d-vector 为代表的帧级别说话人嵌入学习框架中，用作说话人嵌入表示提取的神经网络采用帧级别的说话人分类准确率为训练目标，在网络训练完毕之后，通过将从网络隐层提取的帧级别深度特征进行平均，得到段级别的说话人嵌入表示。然而，d-vector 并没有取得超过 i-vector 的性能表现，这主要是由于说话人通常使用的是段级别的决策，跟 d-vector 的优化颗粒度并不一致。随后，研究者提出了段级别的说话人嵌入学习方法，大大改善了系统的性能。

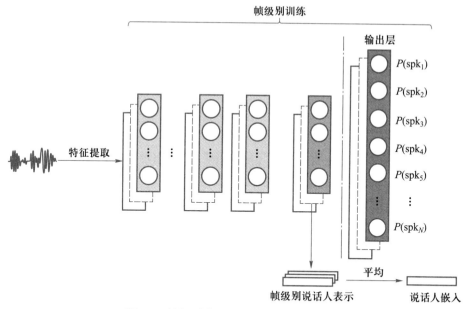

图 5.4　帧级别说话人嵌入学习框架示意图

（2）段级别说话人嵌入学习

段级别的说话人嵌入学习框架如图 5.5 所示，与帧级别框架最大的不同在于现在的网络中引入了一个聚合层，显式地将帧级别的深度特征汇聚为段级别的表示，整个网络会在段级别进行整体优化，更符合说话人嵌入的使用场景。由此可见，聚合方法的好坏直接影响到说话人嵌入的质量。众多相关研究对聚合方法进行了探索，比较常见的有基于均值、统计量（均值和标准差）、自注意力机制等方案。目前段级别的说话人嵌入表示是说话人建模的主要手段，基于复杂网络如时延神经网络（time-delay neural network，TDNN）和深度残差网络（ResNet）作为学习前端的说话人嵌入表示被研究者广泛运用。

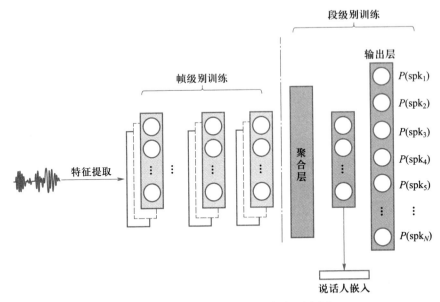

图 5.5　段级别说话人嵌入学习框架示意图

5.1.6　口语语义理解技术

口语语义理解（spoken language understanding，SLU）作为语音识别和后端高级应用（如对话管理）之间的连接模块，将用户输入的文字信息转换成结构化的语义信息。例如，用户说"帮我查询明天下午从上海飞往北京的机票"，其中包含了 3 个关键的信息："出发时间＝明天下午""出发地＝上海""到达地＝北京"。

语义信息的表示形式并不固定，目前应用最为广泛（尤其在任务型对话中）的语义表示形式为"语义框架"（semantic frame）。图 5.6 展示了航空旅行信息系统（Air Travel Information System，ATIS）领域中 3 个简化的语义框架示例，其中每一个语义框架包含了一系列带类型的成分，被称为"语义槽"（slot），而语义槽的类型（type）则限定了它可以被哪一类的值（value）填充。基于语义框架的理解的目标是为用户输入的句子选择正确的语义框架，并从句子中提取出这个框架中组成语义槽的值。

基于语义框架的口语语义理解一般可以分为以下三个典型任务。① 领域分类（domain classification）：用户当前在谈论什么领域的事情，

```
<frame name="ShowFlight" type="Void">
    <slot name="subject" type="Subject">
    <slot name="flight" type="Flight">
</frame>
<frame name="GroundTrans" type="Void">
    <slot name="city" type="City">
    <slot name="type" type="TransType">
</frame>
<frame name="Flight" type="Flight">
    <slot name="DCity" type="City">
    <slot name="ACity" type="City">
    <slot name="DDate" type="Date">
</frame>
```

图 5.6　ATIS 领域中的简化语义框架

例如"旅游"。② 意图识别（intent determination）：用户想做什么，例如"预订住宿"，意图比较类似于语义框架中的框架名。③ 语义槽填充（slot filling）：完成用户意图需要的参数值，例如"一间单人房"。语义槽填充通常看作是序列标注任务，即给句子中的每个词打上一个语义槽标签（包括无意的标签）。图 5.7 演示了语义理解的示例，其中 W 是用户输入，S 是语义槽，D 是领域名，I 是意图。由于一个语义槽的值可能由多个连续词组成，故采用 IOB（in-out-begin）的表示形式。

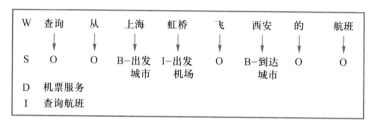

图 5.7　一个口语语义理解示例

5.1.7　对话系统技术

从功能上分，对话系统大致分为三大类，包括知识问答、聊天对话和任务型对话。知识问答往往涉及后端知识库的搜索，旨在为用户提出的自然语言问题自动提供答案。而且这类对话一般是单轮的，即对话往往是一问一答，不涉及对话上下文。知识问答的目的是要完成任务和提取知识点，有非常明确的信息需求。而聊天对话则没有具体的目的，即人和机器进行聊天交互并不是为了让机器帮助人完成任务，也不是为了获取具体的知识。这类对话涉及的技术可以分为检索式对话技术和生成式对话技术。前者一般需要和社区问答一样提前构建大量的问题和答案对作为聊天库，然后根据用户的输入检索聊天库中最相似的问题，并将对应的答案返回给用户。后者借用机器翻译里的相关技术直接根据用户的输入生成回复。

任务型对话系统一般针对具体的垂直应用领域，具有清楚的语义表达形式、明确的用户任务目标范围，例如餐馆查询、旅游行程安排、播放音乐等，这类对话绝大部分都是多轮的，需要结合对话上下文进行用户意图理解。此外，与前两类对话不同的是，任务型的多轮对话管理具有良好的数学理论基础，能够使用强化学习自动优化对话策略。任务型对话系统的对话管理由两个组成部分：对话状态跟踪和对话决策。对话状态跟踪类似于前文提到的口语理解，是将语音识别的结果或输入的文字序列映射成为任务型对话系统的"对话状态"。对话状态是一种语义项的离散表示，主要包括综合的用户意图、数据库搜索的结果、对话历史等。虽然对话状态跟踪与口语理解在算法上有很多类似之处，但在多轮交互的情境下，对话状态跟踪特别需要考虑对话上下文而不仅是当前的用户输入，才能判定对话系统所处的对话状态。在了解对话状态的基础上，对话决策模块会将当前的对话状态映射为"对话行为"，即对话系统要对用户做出响应动作，这些动作可以包括询问、回答、确认、提出多项选择等各种形式，以引导用户高效地进行对话。对话决策模块中的"对话状态到对话行为"的映射称为"对话策略"，可以采用强化学习这一数学工具进行建模。任务型对话系统是目前研究和产业界关注的重点。

关于口语理解的研究开始于 20 世纪 70 年代美国国防高级研究计划局（DARPA）的语言理解研究和资源管理任务。在早期，有限状态机和扩充转移网络等自然语言理解技术被直接应用于口语理解。直到 20 世纪 90 年代，口语理解的研究才开始激增，这主要得益于 DARPA 赞助的航空旅行信息系统（ATIS）评估。许多来自学术界和产业界的研究实验室试图理解用户关于航空信息的、自然的口语询问（包括航班信息、地面换乘信息、机场服务信息等），然后从一个标准数据库中获得答案。在 ATIS 领域的研究过程中，人们开发了很多基于规则和基于统计学习的系统。受理性主义影响，早期的口语方法往往基于规则，例如商业对话系统 Voice XML 和 Phoenix Parser。开发人员可以根据要应用的对话领域设计与之对应的语言规则，来识别由语音识别模块产生的输入文本。例如，Phoenix Parser 将输入的一句文本（词序列）映射到由多个语义槽（slot）组成的语义框架里。基于规则的系统（有时也称为基于知识的系统）非常依赖于领域专家设计的规则，对于未出现过的句子泛化能力很差。

随着自然语言理解中经验主义方法的回归，基于统计学习的口语理解方法出现。基于统计学习的方法具有更好的泛化能力，降低了对于领域专家的依赖，转而依赖大量标注数据。统计口语理解模型可以进一步分为两类：生成式模型（generative model）和判别式模型（discriminative model）。生成式模型学习的是输入 x 和标注 y 之间的联合概率分布，包括组合范畴语法（combinatory categorial grammars，CCG）、随机有限状态传感器（stochastic finite state transducers，SFST）、基于短语的统计机器翻译（statistical machine translation，SMT）、动态贝叶斯网络（dynamic Bayesian networks，DBN）等。判别式模型则直接对条件概率进行建模，与生成式模型不同，这类模型不需要做特征集之间的独立性假设，因此这类模型可以更随意地引入一些潜在可能有用的特征。研究表明由于这个原因，在口语理解任务中判别式模型会显著地优于生成式模型。常见的判别式口语理解方法包括最大熵模型（maximum entropy，ME）、支持向量机模型（support vector machines，SVM）、最大熵马尔科夫模型（maximum entropy Markov models，MEMM）、条件随机场（conditional random fields，CRF）。此外，通过使用三角条件随机场（triangular-CRF）结构，可以同时预测一个句子的语义槽和句子类别（语义槽、领域）。

近年来深度学习技术迅速发展，在自然语言处理领域，循环神经网络（recurrent neural networks，RNN）在语言模型研究中的成功应用，将深度学习方法在自然语言处理中的研究热度推向高峰。在口语理解的语义槽填充（基于序列标注）任务上，循环神经网络及其变式长短时记忆单元（long short-term memory，LSTM）和门控循环单元（gated recurrent units，GRU）的应用，显著地超越了以 CRF 为代表的传统统计学习方法。卷积神经网络（convolutional neural network，CNN）具有易于并行的优点，也经常应用于口语语义理解任务中。上述模型在建模中输出序列上不同时刻的预测是相互独立的，为了解决这个问题，诸多研究者采用深度神经网络与 CRF 结合的方法，以及基于序列到序列的编码 – 解码（encoder-decode）模型，对输出标签之间的依赖性进行建模。最近，各类预训练语言模型（如 ELMo，BERT，XLNET 等）的出现有效缓解了数据稀疏的问题。伴随着深度学习技术的发展和数据量的累积，端到端的从语音到语义的口语理解技术初见端倪，在一些实验数据上取得了不错的效果。

在任务型人机口语对话系统的实际应用中，语义理解还面临以下几个问题。

（1）不确定性建模

语音识别的错误使语义理解的输入具有非精确性，为了提升语义理解模型对语音识别错误的鲁棒性，一种有效的方法是对包含不确定性信息的输入进行建模，如 N 最佳假设列表（N-best hypothesis list）、词格（word lattice）和词混淆网络（word confusion network）。也有一些工作专注于提升口语理解模型对 ASR 错误的自适应能力。

（2）对话上下文建模

在口语对话框架下，口语理解往往是对上下文敏感的，即同样的一句话在不同的对话情境下语义会不一样，对话上下文的引入可以在一定程度上解决语义歧义的现象。

（3）领域自适应与扩展

口语对话领域的数据非常难获取，利用不同领域的少量数据互帮互助进而提升各自领域的口语理解性能的问题（即领域自适应）非常有价值。一种常见的领域自适应方式是对不同领域的数据进行多任务学习，即共享不同领域数据的特征学习层。在对话领域转移或者扩展的情况下，很难在短时间内获取一定量的数据，此时基于多任务学习的领域自适应已经不适用或者收效甚微，更好的方式是研究如何快速构建扩展领域的数据，或者从其他领域迁移口语理解模式。其方法主要涉及数据增强、迁移学习、半监督学习和无监督学习。

5.1.8 对话管理技术

如图 5.8 所示是典型的任务型口语对话系统架构图，其中语音识别（automatic speech recognition，ASR）部分是将用户的声音转换为文字，语义理解（spoken language understanding，SLU）部分是将语音识别的文字转换为系统能够识别的抽象语义表示（对话状态），对话

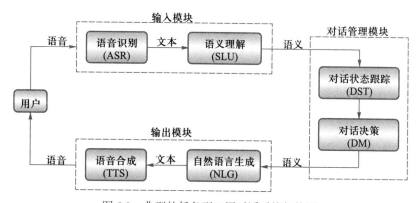

图 5.8　典型的任务型口语对话系统架构图

管理（dialog management）模块中对话状态跟踪（dialogue state tracking，DST）部分根据语义理解部分输出的语义表示更新对话状态，对话决策（decision making，DM）部分根据系统的对话状态生成系统的语义级的反馈动作，自然语言生成（nature language generator，NLG）部分将系统生成的反馈动作转换为自然语言文本，最后语音合成（text-to-speech，TTS）部分将自然语言文本合成语音播放给用户。

鉴于之前的章节已经对语音识别、语音合成等模块进行了介绍，这里将主要介绍对话管理模块。从整个对话流程来看，对话管理模块是任务型对话系统的核心，它决定着系统应该给用户回复什么动作，控制着整个对话的流向。到目前为止，对话管理技术的发展大致经历了以下 3 个阶段。

第一代，以预设规则匹配为主要特征。这一代的对话管理需要维护一个包含很多问答对的知识库。当系统和用户对话时，系统需要根据用户所说内容的关键词与知识库中的问答对进行匹配，在匹配吻合的情况下将相应的应答返回给用户，匹配不吻合的情况下系统则按事先的约定给用户一个回答。这类系统有两个缺点：一是不能处理对话中出现的语音识别错误及语义理解错误，二是不能很好地关联对话上下文。为了解决上下文缺失的问题，基于 Voice XML 的对话管理被提出。这类系统假定对话状态是确定的，采用限定复杂度的表格方式来表示对话文法，用有限状机的方式进行表格之间的转移。这类系统的语音识别和语义理解一般是基于 Voice XML 确定的语法进行的，其优势是设计非常直观，在逻辑简单、环境安静的情况下可以实现有效的基于上下文的人机对话。其缺点是灵活性和稳定性不足，用户必须完全按照预设规则使用。其性能高度依赖于规则的包容度和语音识别的准确度，一旦用户不按照规则说话，整个对话就无法进行，智能交互程度较低。通过改进理解的性能以及采用结构化的规则等，对话系统的性能可以得到一些改善。但对于自然语音交互仍存在鲁棒性不足问题，难以有效地推广到一般性的对话系统开发中。

第二代，主要基于规划的统计对话管理技术。这一代的对话管理将生成应答看成是一个规划问题，用马尔科夫决策过程（Markov decision process，MDP）来对人机对话过程进行建模，即系统以一定的对话策略（policy）来决定回复用户的动作，对话策略可以通过用户的反馈信号利用强化学习方法进行优化。在 MDP 的框架中，没有对语音识别、语义理解产生的错误进行建模，即假设语音识别和语义理解的结果是完全正确的，而真实环境的人机对话往往不能满足这个假设。为了解决这个问题，基于部分可观测的马尔科夫决策过程（partially observable Markov decision process，POMDP）的对话管理技术被提出。在POMDP 的框架中，对话管理被明确分为对话状态跟踪和对话决策两个部分。经典的工作包括基于聚类算法的隐信息状态和基于统计独立性分解的贝叶斯状态更新。第二代对话管理技术拥有一定的灵活性，不仅能回答用户提出的问题，而且在某些情况下能主动和用户确认一些模糊的概念，包括上下文语义不一致、用户提供信息不足、语音识别和语义理解错误等。但是，这一代对话管理技术只是在实验室任务上进行了验证，无法进行大规模的产业应用。

第三代，基于深度学习和深度强化学习的对话管理技术。这一代对话管理技术是在传统 POMDP 框架上的进一步发展。一个重要的研究趋势是将对话状态跟踪独立抽象为有监督学习的问题，由此产生了一系列新型的对话状态跟踪算法。另一个研究趋势是深度学习与强化学习相结合产生的深度强化学习（deep reinforcement learning，DRL）方法被提出，在游戏、机器人控制、围棋、语言理解、路径规则、自动驾驶等一系列任务上取得了突破性进展。目前，DRL 已经被广泛应用在对话管理的策略训练中，和其他的深度学习方法类似，基于 DRL 的对话策略需要大量的对话交互进行训练。

上述的第二代和第三代对话管理技术都属于对话系统认知技术的范畴，涉及非精确信息理解技术、基于不确定性的推理和决策技术、交互自适应和进化技术等。

5.2 智能语音语言技术的行业应用

近年来，由于数据量的增长、深度学习算法的发展和机器算力的提升，人工智能迎来了爆发式的发展。以谷歌公司、微软公司、亚马逊公司、苹果公司、IBM 公司等为代表的大型科技企业充分发挥其强大的资源整合能力和持续创新能力，加快基础底层技术研发和产品实践应用的步伐，相继推出了相关的人工智能产品和开源的底层技术框架，推动了人工智能产业的推广和普及。

自 2015 年以来，我国政府相继出台一系列政策支持人工智能的发展，推动中国人工智能步入新阶段。2017 年国家出台了《新一代人工智能发展规划》，在"大力发展人工智能新兴产业"章节里，特别指出"智能软硬件"中要着力研究智能系统解决方案，其中的六项关键技术包括了语音识别、智能交互、知识处理等三项与口语对话系统直接关联的技术。随后三年的政府工作报告中，人工智能被多次提及，表明人工智能在国家层面上升至战略高度。

智能语音语言对话作为人工智能的一个重要分支，伴随着语音识别准确率的大幅度提升和语言理解认知水平的逐步提高，在政策引导以及目前市场众多参与者的积极推动下，其市场规模保持高速增长，迎来了发展的黄金时期。相较于传统模式，智能语音语言对话技术在很大程度上解放了人们的双手和眼睛，也解放了烦琐的信息查询过程，为人们日常生活提供便利，也可以为老人、儿童、盲人等特殊人群提供服务。同时，智能语音语言对话技术自身交互的便利性，促使它可以被运用到非常广泛的场景和行业中。

5.2.1 主要应用场景 ···

1. 智能音箱

智能音箱是应用智能语音语言技术智能硬件产品中的一个典型代表。作为智能家居的一个入口，智能音箱经过多年的市场培育之后，迎来了爆发式增长。据统计，2020 年全球智能音箱的出货量高达 1.52 亿台，同比增长 58%；全球智能音箱的安装量在 2020 年达到 3.389 亿台，较 2019 年的 1.38 亿台设备实现大幅增长，销售收入达到了 113 亿美元。北美地区的智能音箱出货量同比增长了 71%，达到 7 290 万台，这是自 2017 年以来的该市场的最高增长率。亚洲市场也实现了显著的增长，同比增长率达到 48%，出货量达到 6 400 万台，而欧洲的出货量则为 1 600 万台。在国际市场，亚马逊公司的 Echo 和谷歌公司的 Google Home 处于领先地位，在国内市场，阿里巴巴公司的天猫精灵、百度公司的小度音箱和小度在家，以及小米公司的小爱音箱成为主流产品。通过语音交互，智能音箱能够提供音乐、有声读物等媒体内容，以及外卖、信息查询、出行等多种互联网服务，同时可以实现对照明、安防产品等其他智能家居产品的控制，智能音箱能够成为智能家居的控制中心。

在智能音箱发展之初，国内厂商逐渐意识到，智能音箱大概率是物联网时代的入口，其背后是智能家居、家居协同这样一个巨大市场，于是阿里巴巴、小米、百度、腾讯等公司纷纷入场，多款智能音箱产品密集发布；同时，由于智能音箱方案模块化开发，使得很多中小规模的厂商可以采用现有的方案，以"低价走量"的策略推出智能音箱产品。由于互联网巨头们把持着自身的用户流量资源，使得线上流量获取越来越难、越来越贵，线下流量入口的争夺成为新赛道，所以在智能音箱的发展初期，在差异度不大、可实现且功能有限的情况下，整个音箱市场不可避免地进入到价格战、补贴战之中。最终，凭借资金实力、销售渠道、用户体验等优势，阿里巴巴、百度和小米公司的智能音箱产品占据了 90% 以上的市场份额，挤压中小生产商的生存空间。

互联网巨头们通过花费巨额资金对智能音箱进行价格补贴的行为逻辑，实质上是为争夺智能语音交互系统背后的生态和智能家居市场。这种特征在其他业态上也有表现，例如移动出行的主战场并非打车业务而是移动支付及其他应用的整合。以阿里巴巴的天猫精灵为例，阿里巴巴对天猫精灵开放了其生态相关的服务，从优酷视频、高德地图、淘票票、虾米音乐、喜马拉雅 FM 到天猫超市、菜鸟裹裹、淘宝网、阿里智能联盟、阿里数娱、天猫魔盒、飞猪、盒马生鲜等业务板块，实现了与合作伙伴数据链条的打通，借助天猫精灵，用户可以轻松实现网上购物下单、话费充值、查询快递、控制智能产品等一系列服务。

现阶段，市场上智能音箱的差异主要体现在外形上，在功能和性能方面趋同，例如最常用的功能是天气查询、播放音乐等。一方面是由于人工智能技术的限制，最常用功能的类型体现了技术和用户体验的妥协；另一方面，由于各厂商的人工智能技术差距不大，在短时间内很难在功能和性能上显著超出竞争对手，除了价格因素之外，更多比拼的是背后差异化的生态，生态的好坏与用户的体验有很大的关系。同时，智能音箱除了在面向终端用户的领域持续发展之外，其也正在诸多垂直领域，如医疗、金融、政务、地产等行业形成新的更有工具属性的产品。专业化的垂直领域专用音箱，以闹钟、平板、故事机、机器人等各种智能硬件形态出现，工具属性得以加强，正在快速重塑不同行业领域的用户交互模式，形成新的商业模式。

从技术上看，随着智能音箱的不断发展，带屏音箱是一个趋势。目前有百度公司、小米公司等多家厂商已经推出了带屏音箱。只靠语音交互所承载的信息量远不能满足用户的需求。带屏智能音箱有了屏幕的加持，可以承载更多的服务和内容，深入更多生活场景，满足更多的用户需求，例如热剧电影、视频通话、地图、相册等更多功能，增加用户黏性，扩大产品的用户规模。可视化能让用户在交互过程中减少焦虑，让用户看到整个交互过程，避免用户说出指令后，机器回答不知所云的无奈感觉，提升用户体验。带屏智能音箱的"视觉"这一新的维度也创造了更多商业化的可能性，例如会员体系、付费功能、品牌服务等，在视频中投放广告也变得更加自然，水到渠成。

多模态交互是智能音箱发展的另一个趋势。多模态交互是有屏智能音箱的重要组成部分，有了屏幕和摄像头可以实现语音和触摸操控之外的其他交互方式，这是对人机交互的补充，也是提升用户体验的重要一步。多模态交互有多种形式，例如手势控制、人脸识别、人体行为理解、眼神唤醒等，可以实现视频通话、影音娱乐、游戏互动、家庭看护等功能，在娱乐、教育、游戏、医疗和电商等场景中挖掘新的应用潜力和价值。

2. 智能客服

智能语音语言技术在智能客服领域应用得非常成功，并且能够带来经济效益。现阶段，智能客服的应用场景包括在线客服、智能营销、电话质检等，可以在一定程度上减少用户等待应答时间，节省企业人力和经济成本。智能客服已经在金融、生活服务、政务、电商等多个行业得到了广泛应用。

在国家大力推行智慧政务、提升政务办公效率的大环境下，政府机构对新兴技术产品表现出了浓厚兴趣，智能客服就是其中之一。智能客服机器人能够快速回复、辅助查询，以及办理相关事务。除了政府部门，运营商、电力企业、航空公司等国有企业由于自身业务特点，也有大量客服需求。这些企业需要建立智能呼叫中心，并且具备智能质检功能，通过语音识别实现通话转录文字，并产出质检报表。通过线上、线下客服机器人减少人工客服工作量，降低成本、提升效率。

智能客服产品在金融行业的应用主要在银行、互联网金融、证券、保险等细分领域。从需求和应用上看，售前服务以电话营销为主，智能客服可进行潜在用户筛选和商品营销，大大节省营销类人员的培训成本及人力成本，并具备话术规范、内容全面、数据准确、分类标准、记录高效、系统客观，以及跟进及时等优点。售后服务包括用户咨询、电话回访、贷后管理（逾期提醒和催收）等。智能客服通过多轮对话，可以帮助人工高效完成流程性的回访和答案收集，并自动输出标准格式的结果。客服机器人对贷款逾期的提醒效率远高于人工，并可以对不同还款意愿的用户进行分层标记，辅助人工快速完成首次过滤，高效筛选出失联客户，方便制定对应的催收策略。同时，由于催收话术是事先定义好并通过检查的，通过客服机器人进行催收可以很大程度上避免暴力催收的情况发生。

餐饮、生活消费、零售商超等领域客服从线下向线上延伸，通常以售前咨询和售后服务为主，由于咨询量大、重复问题多，且服务效果难以把控，因此需要通过客服机器人减轻人工客服工作压力，提升客服体验，及时跟踪和把握客服效果。无论是传统消费品牌，还是零售商超，都对客户数据的积累和智能分析提出了新的需求，智能客服系统能够显著提升其客户管理水平。

早期智能客服基本上采用基于关键字匹配的技术方案，智能化程度低，能够处理的场景有限，用户满意度也较低。同时，提供智能客服技术的企业在开发垂直场景的智能客服系统时，往往会陷入个别大项目中，针对具体项目需求不断修改和优化系统，满足用户的个性化需求。由此形成的产品是非常定制化的，大规模推广存在难度，市场较小，独立项目完成后会很快遭遇企业增长的天花板。

随着语音识别、自然语言处理、语音合成等技术的发展和行业数据的积累，智能客服的智能化程度有了大幅度的提高。各技术提供商也开始提供对话定制平台，很容易根据客户的需求场景对客服机器人进行个性化定制，例如百度公司的 DuerOS 和 UNIT、阿里巴巴公司的 AliGenie、腾讯云公司的小微、思必驰公司的 DUI 开放平台等。在行业应用上，智能客服优先应用在问题重复率高，处理流程相对固定的场景，并将应用场景进行拆分，每个客服机器人专一处理某一个细分场景。这样既可以在最大程度上替换人工客服，又能保证智能客服的服务效果。

目前的客服系统一般采用人机混合的模式，当智能客服理解不了用户问题或者超出处理能力时，自动转到人工客服进行处理。人工客服一般处理较复杂或者优先级非常高的请求。

3. 智能医疗

近年来，医疗健康成为人工智能技术行业应用落地的一大重要场景，人工智能技术可以被应用于医疗影像、辅助诊断、药物研发、健康管理、疾病预测等医疗健康环节中。智能语音技术作为人工智能技术的重要分支，在医疗健康的应用主要体现在临床报告录入转写、语音电子病历整合、导诊机器人等环节；或者伴随语音病例的积累，利用大数据和深度学习技术挖掘医学案例和语音资料的价值，实现辅助治疗。据中国语音产业联盟2021 年 12 月 20 日发布的报告显示，2021 年中国智能语音在医疗健康领域的市场规模已达 1 061 亿元。

语音电子病历通过语音识别和自然语言处理技术，直接将医生的语音转为结构化的电子病历，从而提高工作效率。智能语音录入可以解放医生的双手，帮助医生通过语音输入完成查阅资料、文献精准推送等工作，并将医生口述的医嘱按照患者的基本信息、检查史、病史、检查指标、检查结果等形式形成结构化的电子病历。智能语音录入全过程由医疗数据语言模型进行支撑，能够实现检查、诊断和病历录入同时进行，避免了医生诊断总是被打断的情形，从而节省医生的时间，使其能专注于诊疗本身，大幅提升了医生的工作效率。

智能导诊机器人可以辅助医院解决门诊导医人数较少、重复问答较多的现实情况。在医院业务高峰期人满为患的情况下，智能导诊机器人可以及时响应患者的请求，可以指导患者就医、引导分诊、帮患者挂号，根据症状描述预诊断或推荐科室，进行科室位置导航，同时可以向患者介绍医院就医环境、门诊就诊流程和医疗保健知识等。更先进的导诊机器人还能通过传感器收集患者的生命体征信息，进行预问诊，提前将患者的基本体征、病情摘要反馈给门诊医生。这使得医生在见到患者之前，便已获得患者病情的部分信息，从而提高医生问诊效率，减少误诊。导诊机器人通过语音识别、语音合成和自然语言处理等技术，支持语音、触控、图像等多种模态交互方式，能够改善就医体验，提高医疗服务质量，是医院智慧医疗的重要组成部分和具体体现。

IBM Waston 是人工智能技术在智能医疗领域应用的先行者。在医生输入患者的医疗记录后，Waston 系统会从已经发表的研究成果（医学杂志、教科书等）里搜索与该病例相关的信息，利用自然语言处理技术和先进的机器学习技术对这些信息进行分析，然后提出治疗建议。

从 2014 年 IBM 公司斥巨资将 Waston 用于医疗健康行业到 2018 年该明星部门大量裁员，仅维持了 3 年多的时间。造成这种状况的很重要的一个原因是，在媒体和 IBM 公司的大力宣传下，人们对 Watson 的期待过高，甚至把 Watson 拔高到了"能取代医生"的程度，而在真正实践中，Waston 并不能直接给出病人诊断和治疗上的决策，而是给出多种诊疗方案供参考，包括采用的药物、治疗方式和治疗流程等，最终仍然需要医生做出治疗决定并承担后果。所以 Waston 的实践之路与人们预期形成了巨大落差。

现阶段，包括智能语音语言技术在内的人工智能技术，在落地过程中仍然需要围绕辅助医生完成他的工作为主，例如在某些场景下使用人工智能技术能够替代医生的部分操作，减少医生的工作量和操作误差等。同时，需要通过大量的真实数据对人工智能模型进行训练从而提升模型水平。但是，现实世界中医疗数据的获取，由于数据的稀缺性、所有权、隐私性、完整性和一致性等原因，仍存在很大的挑战，这也是制约技术进步和落地的一个重要因素。例如，IBM Waston 的内部文档显示，由于其训练数据集中缺少一些罕见病例的数据，Waston 使用了部分模拟数据，影响了其训练进度和准确度。

4. 智能教育

国务院发布的《新一代人工智能发展规划》中将智能教育作为推动智能社会建设的重要应用领域进行了专门部署，推动人工智能技术在教育教学领域的应用。现阶段，人工智能技术已经在幼教、K12、高等教育、职业教育等各类细分赛道加速落地。在这个过程中，智能语音语言对话技术被广泛应用于教学、管理、评测、考试等环节。

在教学环节，可以通过语音识别技术对老师讲课时的音频进行实时转写，并在授课视频上自动嵌入字幕，利用关键词抽取等自然语言处理技术实现知识点的快速定位，应用于互动课堂、直播课等场景。在教学课堂上，可以利用语音活性检测、语速检测等技术，结合计算机视觉等信息的多模态交互算法，实现课堂学情信息的收集，以及上课互动情况和教学质量的自动化监测。

目前，在线教育得到了很好的普及，可以利用智能语音语言对话技术提高学习过程的交互体验。通过虚拟现实和语音合成技术，打造虚拟的教师形象，通过生动的语音、文字和动作等方式与学生互动。口语评测是在线教育应用中很重要的一项技术，涵盖中文、英语等多语种的评测，评测项包括语音的韵律节奏、完整性，以及语义、语法的正确性等，还可以根据评测结果对使用者的发音进行纠正，可用于日常的口语学习及中考或者高考口语机考。

5. 公检法

在公检法领域，智能语音语言技术主要有两方面的应用，一方面是将智能语音作为安全措施的另一个入口，包括公共安全领域中与语音相关的服务，如语音识别电信诈骗、语音筛选犯罪人、语音提取接警信息等。另一方面是通过智能语音技术进行自动记录，包括需要文字记录的情景，如庭审笔录生成、公安笔录生成等。

智能语音可以辅助识破电信诈骗。由于大部分电信诈骗是通过电话进行的，可以利用声纹识别技术，自动提取声纹并与黑名单上人员的声纹特征做比对，对可疑的人员和行为作出提示。还可以对通话内容进行语音识别和关键词提取，对虚假信息和可疑的犯罪意图进行预警。

在语音分析系统中，通过声纹鉴定技术可以实现语音片段的特征匹配和检索，协助鉴定人员在音频数据中快速检索出特定的音素，对声纹特征进行自动比对，缩小侦查范围，快速确定犯罪嫌疑人身份。该系统多由市级及以上公安单位建设，基层办案单位则会配备声纹采集设备用于刑侦办案。

智能语音在智能接警方面也有应用，可以处理窗口接警和电话接警两种场景。报警时，智能接警系统可以利用语音识别技术对报警人叙述的警情信息进行文字转写并导入笔录系统，提高接警效率。更进一步，可以利用关键词抽取、文本分类等自然语言处理技术智能提取对话中出现的关键信息，例如报警人姓名、联系方式、案件类别等，同时生成警情记录表单。

在智能庭审场景，可以采用多语种多方言语音识别、语音合成等技术，实现庭审纪律自动播报、庭审笔录自动生成和快速检索等功能，节省人力。在互联网诉讼平台上，通过虚拟形象生成和语音对话技术打造虚拟形象机器人，能够同当事人进行初步沟通，协助真人法官完成线上诉讼接待等重复性工作。

5.2.2 行业发展格局

在全球智能语音市场上，以 Nuance、谷歌、苹果、微软、亚马逊等公司为代表的国外科技巨头率先抢占了先机，通过并购和自主研发等方式，积累了相关核心技术，并扩展到以人工智能为核心的生态系统，占据了大部分的国外市场。Nuance 公司是全球智能语音行业的龙头企业，在语音识别、语音合成、自然语言理解等技术领域有深厚的积累，同时在多个行业形成了成熟的解决方案，于 2021 年 4 月被微软公司收购。谷歌公司凭借其全球最大搜索引擎的地位，持续将大规模资金投入智能语音技术的研发中，推出了以 Google Assistant 为代表的智能语音助理，并将其应用在移动搜索等领域。苹果公司于 2010 年收购语音助手应用 Siri，并在 2011 年推出了搭载 Siri 的 iPhone 4S，掀起了智能语音产业应用的热潮。微软公司在智能语音技术研发方面的投入较早，推出了以 Cortana 为代表的智能语音助手产品，其语音技术在政府、医疗等多个领域得到应用。亚马逊公司推出智能音箱 Echo，搭载了智能语音助手 Alexa，使得普通的音箱具备了人工智能属性。同时，Alexa 能被植入任何的智能家居设备中，进而通过智能语音对话控制接入的智能设备，使用户能够使用更为自然的方式与智能设备进行交互。

与国外企业强调多语种等特征略有不同，国内相关公司得益于国内市场接受度高和数据方面的优势，在近些年也迅速发展起来。他们通过开放语音生态系统，以与相关产业合作的方式，将语音技术植入产品或应用于相关业务场景，构建全产业生态链。国内的智能语音技术公司主要有三类：以科大讯飞公司为代表的老牌语音技术公司，以百度、阿里巴巴、腾讯、小米公司为代表的互联网科技巨头，以思必驰、云知声、出门问问等公司为代表的语音技术初创公司。

科大讯飞、中科信利等老牌语音技术公司成立较早，在算法应用场景和数据上有较为深厚的积累。以科大讯飞公司为例，在语音合成、语音识别、口语评测、自然语言处理等多项技术上拥有许多先进的技术成果，并形成了多种解决方案，业务布局覆盖教育、司法、医疗、智慧城市、车载、金融、运营商等。由于很多应用领域需要与行业进行高度定制，互联网巨头公司不会轻易涉足，这些领域成为智能语音专业技术类公司的主要阵地。近年，科大讯飞公司也在发展自主的消费者智能硬件产品，力图在消费者市场领域占有一席之地。

以百度、阿里巴巴、腾讯、小米公司为代表的互联网企业具有天然的消费者市场优势，大型互联网公司依靠其庞大的用户量、大量真实场景下的数据积累，以及背后强大的搜索引擎和知识库，可以极大地提高语音识别在真实环境下的准确率，以及语义分析和理解能力，同时，利用其丰富的消费者市场产品研发和运营经验，可以更好地提升产品的用户体验。因此，这类公司往往以自身的互联网或智能硬件业务为核心，围绕核心能力构建新的人工智能护城河，延展核心能力。

思必驰、云知声、出门问问等初创型人工智能企业，通过深耕垂直领域和细分赛道，突出自己在某些领域的优势，实现自我造血和快速成长。例如，思必驰公司把发展重心放在物联网大发展背景下的智能终端和企业信息服务两大领域，推出 DUI 大规模开放定制平台和"太行"语音芯片，通过"云 + 芯"的方式提供语音语言对话交互全链路技术和大规模定制化服务能力。

5.3　智能语音语言技术的应用实例

5.3.1　智能语音产业链

就现阶段智能语音技术的发展水平而言，市场上的相关企业及其提供的产品或服务，大致分为三大部分：基础层（实现单一环节功能的制造）、技术平台（智能交互式对话系统等）、应用层（面向用户提供产品或者服务），如图 5.9 所示。

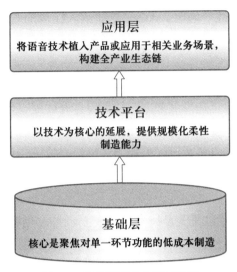

图 5.9　智能语音产业链结构图

具体而言，基础层包含支撑产业链的基础技术，例如芯片、传感器件、服务器和数据等。位于该层的企业，类似传统经济中的制造型公司，核心能力聚焦在单一环节功能的低成本制造上。因此规模化生产，降低成本是此类公司非常重要的竞争优势。

中间层往往是技术平台，连接位于顶端的应用层和底部的基础层。提供技术平台的企业通常面对的是企业需求，拘囿于企业用户所处行业和应用场景的差异，导致企业用户的需求非常细分，个性化定制的诉求比较强。技术平台的作用是以技术为核心进行延展，提供规模化柔性的制造能力，使得企业客户的个性化定制需求也能够规模化生产。该类企业核心能力聚焦在技术核心的界定与延展，通过自动化生产、工具创新来降低算法到应用的计算成本。

位于应用层的企业，提供端到端的产品和服务。该类企业一方面需要对消费者市场的需求有极强的洞察能力，另一方面又需要向市场推出可以规模化生产的产品，吸引消费者使用，提升用户体验，积累用户数据，提升自身对第三方应用企业的吸引能力。此外，该类企业也在努力通过产品标准化生产来实现降本增效。

5.3.2　基础层

基础层的企业通常拥有支撑产业链的基础技术元件或设备，例如传感器件，服务器、数据、芯片等。其中，智能语音数据和智能语音芯片是智能语音产业基础层赖以生存的关键。

1. 智能语音数据供应商

智能语音的各种技术门类，如语音合成（TTS）、语音识别（ASR）、自然语言理解（NLP）、深度学习（DL），近年来的迅速发展得益于大规模的语音语料库数据资源，以及专门从事智能语音数据供应的企业。他们不断对数据库进行扩展，提高数据分析能力，提供更多种类高品质的基础数据资源，试图提高智能语音技术和市场的进入门槛，以建立行业壁垒。

我国目前语音基础资源市场现状不容乐观，存在的问题包括：① 数据种类少、分布不均匀，尤其是方言、重口音、外语类资源十分短缺；② 日常数据虽然基础数量庞大，但是质量较差；③ 中小型适合学术和科研使用的数据库质量好，但难以具有普适性，鲁棒性较差；④ 大规模、高质量的工程化数据资源比较稀缺；⑤ 缺乏数据共享机制，存在严重的知识产权问题，数据的重复开发情况比较普遍，利用度低；⑥ 数据库成本居高不下。企业如果能够部分满足以上市场的稀缺问题，就能形成自身的优势，例如通过发音词典、词条、语种、方言、地区、国家等特征区分语音语料，并以数据库的大小、语音数据质量、存储时长对数据库区分。以语音数据供应商海天瑞声公司为例，该企业拥有近 500个可授权使用的大型工程化数据库，涵盖 110 多种语言，语音数据存储量达 20 万小时。语音识别数据库包括 65 种语言和方言，支持 10 万小时录音时长。语音合成有 27 个可授权使用的数据库，涵盖 13 种语言和方言，支持 450 小时录音时长。海天瑞声公司 2017 年全年采集超过 5 万发音人，共录制超过 3.5 万小时，共标注 1.4 万语音时长，最高一个半月完成 2 500 人的语音采集，最终逐渐形成了自身的竞争优势。

随着智能终端的普及和工业互联网的发展，在人与人、人与机器，以及机器与机器的互动中，人们在社交和生产服务过程中产生巨量非结构化的"大数据"。通过文本分析技术能够对这些非结构化语音数据进行淬炼，从中提取高价值、新维度的变量，例如客户满意度、客户情绪、产品偏好系数等，进而对用户行为数据进一步挖掘。这些分析结果可以帮助企业成功制定和实施营销策略、合理调配资源，从而提高企业收益。然而，非结构化数据的分析很难采用传统统计方式，对于分析人员自身能力及素质要求极高，纯靠人工对非结构化数据进行分析需要投入大量人力资源，导致企业负担较重。因此市场上诞生了一批语音数据供应商，依靠其强大的数据挖掘和分析能力，将海量业务数据进行深度挖掘与分析，提高所服务企业的数据应用率，帮助企业全面把握用户需求，为企业优化决策和运营提供有力支持。例如，荣之联智能语音分析平台，根据企业用户提供的呼叫中心 2 万余条语音样本的分析，语音资料供应商创建了 21 个类别，170 条应用术语，并通过进一步语义分析和数据挖掘，发现了该企业呼叫中心的 16 项运营管理问题，并为用户企业的呼叫中心建立了特定业务录音检索、投诉意图录音发现、标准话术验证（结束语）、密集来电原因统计分析和舆情录音监控等一系列系统功能。

2. 智能语音芯片供应商

智能语音的实现依赖运行在智能硬件终端侧的麦克风阵列、信号处理（如回声消除、波束成形、本地唤醒、声纹识别）等技术，这对智能终端的硬件能力提出了更多的要求。受硬件的限制，现阶段许多算法技术无法提供产品化的应用。随着智能语音产品覆盖的平台越来越多，客户对硬件平台的计算能力、语音通道质量和标准有千差万别的需求，现有的通用芯片存在以下一些问题。

首先，无法兼顾计算能力和功耗，智能语音技术要实现毫瓦级的功耗，当前的算法和通用芯片架构仍难以深度融合；其次，许多语音技术的能力在低端硬件平台上无法全面体现；最后，语音算法迭代迅速，但芯片供应商的产品迭代相对滞后。举例来看，某公司在某业务场景中，语音计算占据了一个四核 ARM 芯片 60% 的能力，而对于传统芯片供应商来说，对仅作为一种交互方式的语音就占用如此高的计算量是难以接受的。因此，发展人工智能语音芯片成为更好满足企业客户需求、降低能耗和成本的必经之路。并且，随着家庭、办公等场景中越来越多的硬件设备开始语音化、智能化，智能语音芯片的需求市场逐渐饱满。

　　语音芯片的发展经历了 3 个阶段：通用芯片、专用芯片和人工智能芯片。在语音交互类产品中，硬件系统的核心是芯片，主要负责处理海量的交互数据、语音指令，以及与其他功能的驱动等。对于现阶段的语音终端场景来说，市场上主要还是以通用主控芯片方案为主。随着智能音箱等其他语音交互场景需求的变化，芯片方案开始由通用芯片转为使用专用语音芯片。代表芯片有联发科 MT8516、科胜讯 CX20924、晶晨半导体 A113、瑞芯微 RK3036 和北京君正 X1000。例如，2017 年阿里巴巴公司推出的天猫精灵使用了联发科 MT8516 语音芯片，小米公司的小爱音箱使用的是晶晨半导体 A113 芯片。人工智能算法单打独斗的时代已经过去，人工智能语音专用芯片的竞争已然出现，越来越多使用语音交互方案的厂商陆续开始布局人工智能专用语音芯片。阿里巴巴公司这样自身具有科研实力、生产能力和资金支持的互联网巨头企业，发现人工智能专用语音芯片爆发出巨大的潜力，开始挖掘企业智能搜索、无人驾驶等业务对于智能语音的需求，从 2017 年开始了新的布局。在 2020 年 8 月 20 日的 Hot Chips 顶会上，阿里达摩院发布了 Ouroboros 语音人工智能芯片。这款芯片由阿里巴巴公司自主研发，是业界首款专门用于语音合成算法的人工智能芯片，是基于 FPGA 结构设计的芯片，能进一步提高语音生成算法的计算效率，在 FPGA 环境下，Ouroboros 只需 0.3 秒即可生成语音。

　　然而，新兴语音公司缺乏对芯片行业的全面了解，也缺少直接切入硬件市场的能力和基因。因此，智能语音企业大多希望能与传统芯片公司合作，将自己的算法移植到合作方的芯片平台上，用后者的硬件对语音算法做针对性优化。在具体实践过程中，通常需要考虑以下几个问题。

　　第一，软件方与硬件方的合作程度有限，随着低功耗逐渐成为需求，传统的第三方硬件厂商已经不再能提供更多的支持。算法公司和芯片公司的合作如果不能够彻底地开放，无法做到深度定制，就仍然满足不了客户的需求。第二，在客户、技术服务商、芯片供应商三方合作中的话语权存在不对等的现象。语音公司作为技术服务商提供语音技术服务，接触各行业的大量客户，对客户的场景进行了深入的了解，充当中间人把实际需求反馈给芯片供应商希望更新迭代时，芯片方常常表现出认可度与合作意愿不高。第三，芯片公司并不局限于为一家算法公司服务，往往只能按具体项目需求研发，无法满足所有的细节需求，尤其芯片公司将设计通用芯片作为公司主营业务，而算法公司通常不愿意开放算法，芯片优化很难满足不同企业的需求。

　　现阶段市场上，传统芯片无法完全满足智能语音企业的需求，促成语音公司更加倾向于发展自己的芯片业务，思必驰、云知声、Rokid、出门问问等长期做人工智能算法研究和技术服务的公司就是其中的代表。例如，作为一家全链路智能语音语言交互技术的公司，思必驰公司选择联合中芯国际集成电路制造公司共同注资成立上海深聪半导体有限责任公司，于 2019 年 1 月发布首款人工智能语音专用芯片 TAIHANG（TH1520）。TH1520 芯片采用了人工智能指令集扩展和算法硬件加速的方式，使其相较于传统通用芯片具有 10 倍以上的性能提升；在芯片架构上具有算力及存储资源的灵活性，支持未来算法的升级和扩展。而在功耗表现方面低至毫瓦级，典型工作场景功耗仅需几十毫瓦，极端场景峰值功耗不超过百毫瓦，同时支持多种主流麦克风阵列和接口，足以在各类物联网产品中灵活部署应用。

5.3.3　智能交互式对话系统平台

为了推进语音语言技术的应用规模化，百度、科大讯飞等智能语音行业公司纷纷建立了自己的智能语音平台，除了支撑自身业务外，也开放给第三方合作者，为他们提供开发环境和计算资源。现阶段市场上智能语音技术平台企业对其智能语音平台有不同的定位和发展方向，例如百度公司的 DoerOS 智能语音平台，就是百度大脑面向智能语音领域提供开放定制化解决方案的平台，其作为百度人工智能开放平台的一部分，与 Apollo 自动驾驶、智能云、智能工业、智能零售与企业服务等 10 大行业应用相互独立又共同依存，如图 5.10 所示。百度公司各个面向不同垂直领域的人工智能开放平台之间可以相互调用，对内使用同一套系统，对于相关联的复杂解决方案提供技术支持；对外部企业或开发者可以直接通过 API 或者 SDK 调用平台功能。

然而，专业的智能语音公司通常是整体业务围绕语音智能开放平台，为产品提供专业深化的智能语音场景解决方案，为企业提供语音智能服务，从而推进智能语音技术的应用规模化。

图 5.10　百度大脑——百度人工智能开放平台

　　就现阶段智能语音产业来说，强调多轮交互和感知的对话式人工智能平台赋予了企业快速落地智能语音对话相关应用的能力。如前所述，市场上既有将语音技术囊括在人工智能开放平台支撑自身业务并赋能生态伙伴的互联网巨头型企业，也有提供专注行业解决方案的技术平台，能对用户企业的需求快速响应并适应快速迭代。作为对话式人工智能平台的提供方，未来的差异化发展方向包括但不局限于以下几个方面。

　　① 定制功能的纵向拓展。例如多模态、语言、知识的定制及离线化，这些都是可以深化的方向。

　　② 更好地解决隐私和安全问题。一方面可以使用更好的算法和技术来实现对用户隐私的保护，解决安全问题，例如联邦学习技术等；同时考虑私有化部署等解决方案，兼顾隐私安全和大规模定制化的水平和性能；还可以结合其他领域的技术，例如区块链等，发展与人工智能技术交叉融合的解决方案。另一方面，推动规则和机制上的创新，例如建立隐私告知机制，制定相关的技术标准，规范化相关的社会规则等。

　　③ 提供增值服务，例如基于大数据的自动推荐和自动服务等。

5.3.4　应用层

　　中国智能语音技术的商业化始于 2011 年，继苹果公司推出语音助手 Siri 后，百度公司、科大讯飞公司等国内企业陆续推出智能语音应用。随着语音各种相关技术的成熟，智能语音市场应用领域不断拓宽，2015 年，智能家居兴起，2016 年，汽车智能化趋势显现，车联网市场崭露头角。2017 年起，随着语音识别性能的提升和智能语音市场教育普及的完成，医疗、教育、客服、公检法等基于语音交互的垂直场景应用开始蓬勃发展。当前，智能语音正处于应用层高速发展的阶段。

　　尽管市场需求逐渐涌现，处于应用层的智能语音企业，由于直接面向用户，需要快速洞察用户需求，并及时快速推出个性化且实用的产品体验，占领市场先机。过去，大部分的智能人机交互都采用固定方案，或者按需定制。固定方案的体验千篇一律，而定制效率又无法满足产品迭代的速度需求。同时，语音交互的链条很长，涉及拾音、语音信号处理、语音识别、语义理解、对话、问答、语音合成等诸多核心技术，这对于开发者来说比较复杂，有一定的技术门槛。为了获得较好的用户体验，需要投入大量的时间、人力和财力。从技术输出到产品落地，从标准化体验到个性化精品的升级，在这个过程中，技术提供商的实际定制效率与企业级客户对产品个性化和版本迭代的需求无法达到平衡统一，这是当前该行业的主要矛盾之一。因此，向开发者开放语音交互技术、由用户自定义产品、大规模定制开发成为一个趋势。

　　智能语音市场按照应用类型的不同，大致可以分为消费级和企业级两种。消费级（ToC）主要包括智能家居、智能可穿戴设备、智能车载及智能手机，强调对消费者消费和服务情况的理解；企业级（ToB）主要应用于医疗、教育、呼叫中心等，强调对场景需求的定制。位于应用层的智能语音公司通过线上和线下渠道能为消费者提供端到端的产品和服务，带来更好的用户体验。智能语音产业链应用层的公司在价值链中最接近消费者，针对 ToB 和 ToC 的不同，分别提供产品服务和解决方案。这类企业遇到的挑战主要围绕怎么能更多、更好地理解和利用终端消费者，如何敏感洞察用户的需求，通过快速迭代的方式以最快的速度适应市场，并精准投放产品。这类企业需要运用大数据分析、社交媒体和移动 App 来分析归纳 ToC 端消费者的行为和体验，并为 ToB 端的企业提供小规模、定制化的解决方案。

消费级智能语音交互应用广泛，已经应用在了人们日常生活的方方面面。由于该市场显示出了巨大潜力，互联网企业、人工智能企业和硬件设备厂商都瞄准了消费级智能语音交互终端。除了智能硬件本身，其背后所包含的技术和内容生态更是企业争夺的主战场，例如语音操作系统、面向开发者的语音开放平台、音视频内容等。从应用场景出发，目前消费级智能终端大体可划分为车载设备（智能导航 / 手机智能支架 / 智能车载机器人）、智能家居设备（智能音箱 / 智能电视 / 智能机顶盒）、儿童产品（儿童机器人 / 故事机 / 学习机）、随身产品（蓝牙语言 TWS 耳机 / 智能手表 / 智能翻译机）、商务产品（智能录音笔 / 商务录音转写器 / 智能办公本）等。对于交互属性强的产品，可以通过语音交互为用户提供音频内容或者执行一些控制类操作，例如车载智能设备可以通过语音交互实现空调温度调节、座椅调节、收听音频广播、导航等；而有些产品的交互属性不强，主要体现其功能性，例如智能录音笔的核心功能是为用户提供语音转文字服务。这就意味着企业需要更加深入地理解产品的应用场景，将功能做到极致，使得智能语音语言技术成为一个用户需求的消费点，从而完成盈利。

2011 年苹果公司发布 iphone4S，搭载了手机语音助手 Siri，随后各手机厂商纷纷跟进。语音助手通过智能对话和问答的形式跟人进行交互，回答用户提出的问题，协助完成用户指派的任务，是智能语音语言技术的一项重要应用。经过多年的发展，语音生态系统不断开放，产业内的企业不断加强合作，语音助手不断向家居、车载、可穿戴设备等领域延伸和迁移，构建出全产业生态链。

近年，智能音箱作为智能生活的"入口"的地位逐渐被夯实，正如本章前述内容中提到的，智能音箱服务于家庭场景，伴随着价格不断降低，以及远场语音识别、智能对话和问答等技术能力的不断成熟，其市场认可度会越来越高。

5.4 本章小结

语音对话是人与人、人与物交互的最重要、最便捷方式，近年来人工智能语音语言技术蓬勃发展，在深度学习算法、算力和数据资源等大幅度提升的推动下，智能语音语言的核心技术，如语音识别、语音唤醒、语音合成、说话人识别、口语理解与对话等发展迅猛，不断成熟，目前已经在越来越多的场景中落地。但是相比人类对语音交互的认知，以及围绕上下文做合理的假设推理决策，智能语音语言技术距离真正像人类一样来理解对话还相距甚远。目前虽有一些对语义对话的推理和理解，但是多数还是构建在规则之上，推广性不强，针对场景的定制性和干预性太大，离通用的自然口语理解与上下文自由认知，还有很大的差距。因此，如何从简单的"沟通万物"，到真正的"打理万事"，实现人性化的个性语音交互需要持续更加深入的研究与探索。

从目前落地的人工智能产业应用来看，在中国以百度、阿里巴巴、腾讯为代表的企业正越来越多地参与到智能语音赛道中，消费级智能语音交互已经广泛应用在了日常生活中，包括智能家居、智能可穿戴设备、智能车载等，并正在向智慧医疗、智慧教育、智慧物流等企业级应用场景迅速扩展，提供的服务涵盖基础层、技术平台和应用层三大部分。然而，跟国外智能语音领域的巨头公司如谷歌、微软、苹果等相比，国内公司在智能语音算法领域无明显优势，在底层核心技术的积累上较为薄弱，且技术门槛较高。但是近年来，部分国内的科技公司开始积极研发算法的开放平台，弥补在底层技术上的不足，正逐步提高自身的国际竞争力。

习题 5

1. 请简述一个典型的智能语音语言交互系统由哪几部分组成，以及每个部分的主要功能和挑战。

2. 取具有代表性的对话交互人工智能技术平台的技术、业务模式及其演进路径进行比较，分析其差异及背后的原因。

3. 结合 IBM Watson 对智能医疗领域的实践，思考智能语音语言技术在医疗领域还有哪些应用场景。

4. 思考智能语音语言系统可能遭受哪些形式的攻击，这些攻击可能会对系统在实际场景中的使用带来哪些问题。

5. 因新冠肺炎疫情影响，佩戴口罩会影响说话人识别系统的性能，试着解决这个问题。

◀ 参 考 文 献 ▶

［1］GRAVES A, FERNÁNDEZ S, GOMEZ F, et al. Connectionist temporal classification：labelling unsegmented sequence data with recurrent neural networks［C］//Proceedings of the 23rd International Conference on Machine Learning. IMLS, 2006：369-376.

［2］GRAVES A, MOHAMED A, HINTON G. Speech recognition with deep recurrent neural networks［C］//Proceedings of the 2013 IEEE International Conference on Acoustics, Speech and Signal Processing. IEEE, 2013：6645-6649.

［3］CHOROWSKI J K, BAHDANAU D, SERDYUK D, et al. Attention-based models for speech recognition［C］//Advances in Neural Information Processing Systems. NIPS, 2015：577-585.

［4］CHEN G, PARADA C, HEIGOLD G. Small-footprint keyword spotting using deep neural networks［C］//Proceedings of the 2014 IEEE International Conference on Acoustics, Speech and Signal Processing. IEEE, 2014：4087-4091.

［5］WANG Y Y, DENG L, ACERO A. Spoken language understanding［J］. IEEE Signal Processing Magazine, 2005, 22（5）：16-31.

［6］GAO J, GALLEY M, LI L. Neural approaches to conversational AI［J］. Foundations and Trends in Information Retrieval, 2019, 13（2-3）：127-298.

［7］YOUNG S, GASIC M, THOMSON B, et al. Pomdp-based statistical spoken dialog systems：A review［J］. Proceedings of the IEEE, 2013, 101（5）：1160-1179.

［8］DAVIS K H, BIDDULPH R, BALASHEK S. Automatic recognition of spoken digits［J］. The Journal of the Acoustical Society of America, 1952, 24（6）：637-642.

［9］JELINEK F. Continuous speech recognition by statistical methods［J］. Proceedings of the IEEE, 1976, 64（4）：532-556.

［10］MOHAMED A, DAHL G, HINTON G. Deep belief networks for phone recognition［C］//NIPS Workshop on Deep Learning for Speech Recognition and Related Applications. NIPS, 2009, 1（9）：39.

［11］HINTON G, DENG L, YU D, et al. Deep neural networks for acoustic modeling in speech recognition：The shared views of four research groups［J］. IEEE Signal Processing Magazine, 2012, 29（6）：82-97.

［12］HUNT A J, BLACK A W. Unit selection in a concatenative speech synthesis system using a large speech database［C］//Proceedings of the 1996 IEEE International Conference on Acoustics, Speech, and Signal Processing Conference. IEEE, 1996, 1：373-376.

［13］TOKUDA K, NANKAKU Y, TODA T, et al. Speech synthesis based on hidden Markov models［J］. Proceedings of the IEEE, 2013, 101（5）：1234-1252.

［14］ZEN H. Statistical parametric speech synthesis：from HMM to LSTM-RNN［J/OL］, 2015.

［15］KERSTA L. Voiceprint identification［J］. Nature Magazine, 1962, 12（196）：1253.

［16］FURUI S. 50 years of progress in speech and speaker recognition［J］. Proceedings of SPECOM, 2005：1-9.

［17］REYNOLDS D, QUATIERI T, DUNN R. Speaker verification using adapted Gaussian mixture models［J］. Digital Signal Processing, 2000：19-41.

［18］KENNY P, BOULIANNE G, OUELLET P, et al. Joint factor analysis versus eigenchannels in speaker recognition［J］. IEEE Transactions on Audio, Speech, and Language Processing, 2007, 15（4）：1435-1447.

［19］FU T, QIAN Y, LIU Y, et al. Tandem deep features for text-dependent speaker verification［C］//Proceedings of the Fifteenth Annual Conference of the International Speech Communication Association. Oxon：Elsevier, 2014.

［20］VARIANI E, XIN L, E MC de RMOTT, et al. Deep neural networks for small footprint text-dependent speaker verification［C］//Proceedings of the 2014 IEEE International Conference on Acoustics, Speech and Signal Processing. IEEE, 2014.

［21］SNYDER D, GARCIA-ROMERO D, SELL G, et al. X-vectors：Robust dnn embeddings for speaker recognition［C］//Proceedings of the 2018 IEEE International Conference on Acoustics, Speech and Signal Processing. IEEE, 2018.

［22］WOODS W A. Language processing for speech understanding［J］. Readings in Speech Recognition, 1990, 84：519-533.

［23］PRICE P. Evaluation of spoken language systems：The atis domain［C］//Proceedings of the Third DARPA Speech and Natural Language Workshop. San Mateo：Morgan Kaufmann, 1990：91-95.

［24］WARD W. Understanding spontaneous speech［C］//Proceedings of the Workshop on Speech and Natural Language. Association for Computational Linguistics, 1989：137-141.

［25］WANG Y Y, ACERO A. Discriminative models for spoken language understanding［C］//INTERSPEECH 2006-ICSLP. IEEE, 2006.

［26］SERDYUK D, WANG Y, FUEGEN C, et al. Towards end-to-end spoken language understanding［C］//Proceedings of the 2018 IEEE International Conference on Acoustics, Speech and Signal Processing. IEEE, 2018：5754-5758.

［27］ZHU S, LAN O, YU K. Robust spoken language understanding with unsupervised asr-error adaptation［C］//Proceedings of the IEEE International Conference on Acoustics, Speech and Signal Processing. IEEE, 2018：6179-6183.

［28］鲸准研究院. 中国智能客服行业研究报告［R］. 2018.

［29］零壹智库. 医疗科技案例：智能语音企业 "医疗 AI" 实践［R］. 2020.

［30］奥维云网. 2019 中国智能音箱市场总结报告［R］. 2019.

［31］艾瑞咨询. 2020 年中国智能语音行业研究报告［R］. 2020.

［32］SUTTON R S, BARTO A G. 强化学习［M］. 2 版. 俞凯，等，译. 北京：电子工业出版社，2019.

［33］DEHAK N, KENNY P J, DEHAK R, et al. Front-end factor analysis for speaker verification［J］. IEEE Transactions on Audio, Speech, and Language Processing, 2010, 19（4）：788-798.

第 6 章

信息检索与挖掘

If you torture the data enough，it will confess.

拷问数据到一定程度，它总会坦白的。

——Ronald Coase（罗纳德·科斯）

6.1　信息检索与挖掘技术发展历程

信息检索与挖掘包含了检索和挖掘两部分，可看作是信息检索（information retrieval）和数据挖掘（data mining）的合称。

信息检索（information retrieval）这个术语最早出现于 1948 年 C.N.Mooers 的硕士论文中。然而，计算机出现以前，信息检索的概念便已经存在，人们按照一定规律对信息进行组织，以便更快速地获取所需信息。典型的例子包括词典的目录和图书馆对图书的摆放管理，人们通过建立索引来快速找到特定的词或图书。在那时，人们主要通过手工方式来建立索引。计算机出现以后，人们开始使用计算机管理数据，通过计算机为文档建立索引并进行检索。20 世纪 80 年代，一些商用的较大规模数据库检索系统出现，结构化数据的检索成为数据管理的重要组成部分。到了 20 世纪 90 年代，Internet 进入人们的生活，网络搜索的出现改变了人们获取信息的方式，大大加速了信息检索技术的发展。

数据挖掘概念的出现晚于信息检索。1989 年 8 月召开的第 11 届国际人工智能联合会议的专题讨论会上，知识发现（knowledge discovery in database，KDD）这个术语第一次被使用，数据挖掘便是知识发现的核心技术。计算机出现以后，人们收集的可管理信息增多，尤其是到了 20 世纪 90 年代，随着数据库系统的广泛应用和网络技术的高速发展，各类数据急增。虽然数据量大而且种类繁多，但这些数据中包含了大量零散的信息，对这些信息的处理超出了人类本身的能力，出现了"数据丰富但知识匮乏"的现象，人们迫切希望能对这些数据进行有效的分析利用，提取其中蕴含的知识，进一步提高数据利用率。正是在这一背景下，数据挖掘技术应运而生。数据挖掘是信息技术的自然进化，大量数据的产生、信息检索和数据库系统技术的发展为数据挖掘技术的出现奠定基础，人们探索分析海量数据的需求驱动数据挖掘技术不断发展和应用。

从计算机科学角度来讲，信息检索与数据挖掘联系紧密，但含义略有区分：信息检索的目的是帮助人们从海量的数据中快速地找到有用的信息，而数据挖掘则注重从大数据中提取出隐含的、先前未知的、具有潜在价值的信息。然而，随着 Web2.0 的发展和大数据时代的到来，信息检索与数据挖掘越来越呈现融合趋势，在学术界和产业界中，尤其是实际应用中，信息检索与挖掘通常表示广义的概念：信息检索与挖掘的出现主要是为解决信息过载和大数据问题，主要研究的是从大量数据中快速获取信息的能力，这些信息包括数据中直接包含的以及隐含的信息、模式或知识。

信息检索与挖掘的目标是提供用户需要获得的信息，其结果是否与需求相关取决于用户的判断，是一个主观概念。学术研究中有不少经过专家标注处理的评测数据集用来对信息检索与挖掘的质量进行测试评价。例如，自 1991 年以来，美国国防高级研究计划局（DARPA）与美国国家标准和技术研究院（NIST）每年联合主办的文本检索会议（Text Retrieval Conference，TREC），作为文本检索领域人气最旺、最权威的评测会议，向与会者提供标准的语料库、检索条件和问题集，以及评测方法。目前信息检索与挖掘领域最常用的评测指标包括准确率、召回率、F1 值、平均准确率（mean average precision，MAP）、归一化折损累计增益（normalized discounted cumulative gain，NDCG）等。在实际应用系统中，还常采用基于用户行为的多种指标，包括用户点击率（click through rate，CTR）、转化率（conversion rate，CVR 或 CR）。

信息检索与挖掘技术和互联网这两者的发展密不可分，下面以网络的演进发展阶段，来划分信息检索与挖掘技术的研究进展阶段。

6.1.1　Web1.0

1995 年雅虎公司的 Yahoo! 作为一个目录导航系统发布，成为搜索引擎的先驱者。不过当时网站收录和更新都要靠人工维护，随着互联网的发展，信息量剧增，这种方式显示出了其局限性。1998 年 Google 搜索引擎诞生，凭借其 PageRank 算法对网页重要性排序的优势，很快后来居上，成为全球最受欢迎的搜索引擎之一。2000 年 Baidu 搜索引擎诞生，凭借其对中文处理的独特优势，迅速占领了中国大部分的搜索引擎市场。多年来，尽管有不少公司也积极进入搜索引擎市场，如微软公司的 Bing 搜索、搜狐公司的搜狗搜索等，但至今，Google 和 Baidu 仍然分别是全球和中国使用最广泛的搜索引擎。这一时期关于信息检索与挖掘的研究多集中在文档检索和数据检索，以及小规模数据集的分析挖掘，信息检索与数据挖掘的研究相对独立。

（1）信息检索

初期的信息检索划分为结构化数据和非结构化数据两个不同方向，结构化数据的检索以数据库系统的研究为主，而非结构化数据则专注于自由文本数据的处理，两者并驾齐驱，至 20 世纪 90 年代后，由于互联网（Internet）的发展和应用，非结构化数据的检索获得了更多关注。

20 世纪 60—70 年代，人们开始使用计算机管理文档，建立了文本检索系统，为提高检索的效率，学者提出了倒排索引技术并进行大量相关研究，产生了布尔模型、向量空间模型等经典检索模型，其中，美国康奈尔大学的 Salton 针对向量空间模型作了大量研究。

20 世纪 80 年代，结构化数据检索技术得到广泛应用，一些商用的较大规模数据库检索系统开始出现，如 Lexis-Nexis、Dialog、MEDLINE 等。

到了 20 世纪 90 年代，互联网出现并广泛应用，网络搜索工具出现并获得众多研究者和工业界的关注，1994 年美国卡内基·梅隆大学开发了第一个 Web 搜索引擎 Lycos。Web 数据不同于普通文本文档数据，研究者把 Web 作为完整的拓扑结构，开展了大量链接分析（link analysis）的研究工作。美国谷歌公司的两位创始人提出了 PageRank 算法，通过网页间的链接信息来衡量网页的重要性。美国康奈尔大学教授 Jon Kleinberg 提出的 HITS 算法中用权威度（authority）和集成度（hub）来描述一个网页的重要性。与此同时，概率检索模型也被提出并受到大量关注，伦敦城市大学的 Robertson 和剑桥大学的 Sparck Jones 都是概率检索模型的重要研究者。

（2）数据挖掘

数据挖掘经历了数据搜集和检索阶段后，在数据库技术和统计学相关学科技术的基础上发展起来。20 世纪 80—90 年代，以数据库系统技术为基础的结构化数据挖掘占据主导。"啤酒"与"尿片"案例即为数据挖掘的早期应用——关联分析。

20 世纪 90 年代，互联网的广泛应用带来了数据量的快速增长，诸多数据挖掘的经典算法在这一时期被提出，如关联分析中的频繁模式挖掘算法 Apriori、FPgrowth 等，分类算法中的贝叶斯分类算法和决策树算法 C4.5、CART 等，聚类算法中的 K-means、K- 中心等。此时学者研究的重点多集中在从数据中分析提取知识的方法。

值得一提的是，信息检索相对于数据挖掘起步稍早。国际信息检索大会（International Conference on Research and Development in Information Retrieval，SIGIR）是信息检索领域的重要国际会议，一直反映和引领着信息检索领域的发展。1989—1994 年举行了 4 次关于数据库中知识发现的国际研讨会，在此基础上，1995 年，第一届知识发现与数据挖掘国际学术会议（International Conference on Knowledge Discovery and Data Mining，SIGKDD）正式召开。目前国际上两个最有影响的数据挖掘会议分别为 SIGKDD 和 IEEE ICDM（IEEE International Conference on Data Mining），其中 IEEE ICDM 由华人学者们于 2001 年创办。

6.1.2 Web2.0

1998 年，腾讯公司成立并发布了一款社交和通信服务软件 QQ，2011 年推出了移动端社交通信软件微信，占据了中国社交媒体的广大市场。2009 年新浪微博成立，推出了基于关注这种单向关系的社交网络上的博客服务。而在国外，2002—2006 年，即时通信服务 Skype、职场社交平台领英（LinkedIn）、社交网络服务脸书（Facebook）、博客服务推特（Twitter）等公司相继成立，社交网络开始走进并影响人们的生活。人们在这些应用上获取信息，同时创造了大量用户数据，为信息检索与挖掘的技术应用提供丰富土壤。随着网络上的数据量激增，人类进入大数据时代。在这一时期，信息检索与挖掘的研究呈现出以下几个趋势。

① 半结构化数据增多，数据格式呈现多样性，信息检索关于结构化数据和非结构化数据的研究划分界限不再那么明显，逐渐呈融合趋势。

② 电子商务、社交媒体等网络应用的兴起，使得检索与挖掘的界限逐渐模糊，信息检索与数据挖掘在应用中融合。

③ 学者除了针对从数据中分析提取知识的算法进行改进研究，如复杂模式挖掘、时间空间数据挖掘等，还开始向检索分析效率、针对大数据的分布式计算等方向倾斜。

④ 信息检索与挖掘技术得到广泛应用，针对实际环境、实际应用中的问题进行研究也吸引了大量研究者的目光，如推荐系统、针对社交媒体数据的分析挖掘、用户建模、趋势预测等。

⑤ 研究更注重对数据的理解，检索更多向事实检索发展，同时，知识发现越来越受到重视，美国 UIUC 大学的 Jiawei Han 教授针对文本挖掘做了大量研究工作，同时，自然语言处理技术也融合到信息检索与挖掘中。

6.1.3　Web3.0

近年来，出现了以算法推荐服务为核心技术的社交网络应用，如今日头条、抖音等，以其个性化服务收获了大量用户。另一方面，信息检索与挖掘在企业级的应用向分析推理发展，2004 年 Palantir 公司成立，作为大数据的独角兽公司，因其曾为美国中央情报局服务并在反恐等领域发挥重要作用，得到广泛关注。国内面向企业提供数据服务的公司也纷纷崭露头角，如明略科技、TalkingData、第四范式等公司。信息检索与数据挖掘在当前时期已基本完全融合，随着技术的不断发展，人们对信息检索与挖掘的要求也越来越高，此时研究方向大致包括以下几个方面。

① 与其他学科交叉融合的研究。众多研究者关注信息检索与挖掘在医疗、交通、金融等各领域的融合应用，例如智慧医疗、智慧城市等。

② 更加强调智慧与个性化。深度学习算法的出现为人们理解文本、视频、语音等多媒体数据提供了助力，同时，人们更加强调信息获取结果的智慧与个性化，关于预测、推理、辅助决策的研究成为研究热点。

③ 算法的可解释性。随着深度学习等"黑箱模型"算法的成功和辅助决策类应用的兴起，人们对算法背后的逻辑更加重视，可解释人工智能逐渐成为一个多学科交叉的新研究领域。

④ 此外，随着技术的发展，人们对隐私、安全等问题也越来越关注，近年来因数据隐私、数据安全问题引发的相关研究和讨论增多。

6.2　信息检索与挖掘技术的行业应用

6.2.1　主要应用场景

在知识密集型行业，从业者都面临获取高价值行业信息和知识的难题，例如医疗、媒体、工业等。数字化程度低、信息共享程度低、知识挖掘水平低等都会造成从业者难以获取所需的信息和知识。信息检索与挖掘技术是帮助从业者克服这一难题的重要手段。从数据中提取高价值信息，给用户提供易用的查询手段，信息检索与挖掘技术在社会生活所有领域得到了广泛应用，包括金融、电商、媒体、公安、工业、医疗等，典型场景如表 6.1 所示。

表 6.1　信息检索与挖掘技术的典型应用场景

领域	场景
金融	股民查询所关心企业的年报、财报和舆情信息
	审计人员希望从数据中发现可能的内幕交易和环形担保链
电商	消费者希望在大量商品中找到符合需求的商品
	运营人员希望把合适的商品推荐给合适的客户
媒体	用户希望找到感兴趣的新闻和视频
	帮助用户找到海量视频中有意思的片段
公安	比对不同案件的特征，并把相似的案件串联起来，快速断案
	在大量的视频中找到与特征最匹配的嫌疑人
工业	在设备维修工单中找到相似的故障及其解决办法
	利用数据挖掘技术降低地铁维护和运营的工作量
医疗	疾病、医药、病症等构成的知识库辅助医生判断
	医院问诊台的自动医疗应答系统

以下介绍 6 个信息检索与挖掘技术的典型应用场景。

1. 企业搜索

企业搜索是企业管理和利用内部数据的一种重要方式，它面向企业内部，服务于企业的组织运转和业务决策需要。与传统的互联网搜索不同，企业搜索除要求检索结果必须精准外，还要保证检索结果的全面，即不能遗漏信息，要求同时保证查全率和查准率。

除了要同时保证查全率和查准率外，企业搜索面临的另一个难题是复杂的数据异构性，由于管理人员变迁、物理布局分散、系统自治等原因，一方面，数据来源繁杂，包括不同类型的关系型数据库和不同部门的数据，如 SQL、NoSQL 数据库、文本文件、Hive 大数据等，既有非结构化数据也有结构化数据；另一方面，不同数据源对同一概念或信息的表示不同，存在语义异构性。因此，要完成不同部门数据资产的整合，构建统一的数据搜索和管理必不可少，且存在不少挑战。

此外，企业内部数据有一部分是企业的核心资产，构建企业搜索应用必须要保证数据的安全性，常见的策略是实现数据的多级访问安全机制。在安全可靠的企业搜索服务的基础上，企业可进一步搭建各类深层应用，如知识管理、决策支持、应急预警等。

典型的企业级搜索产品包括阿里开放搜索产品、亚马逊云搜索等。由于其应用环境及用户需求的特殊性，当前，企业级搜索产品尚处于起步阶段。不过随着企业数字化转型的推进，如何将数据作为一种资产进行管理和最大化程度的利用也将获得更多关注。

2. 舆情监测

网络舆情是来自于网络、对企业品牌或者政府事业单位产生一定影响的舆情消息总和。网络上的各类舆情消息来源可能有新闻、论坛、博客、微博、微信、短视频、贴吧、知识类网站等。舆情监测是对互联网上网民的言论和观点进行总结和预测的行为，这些言论针对现实生活中某些热点、焦点问题，具有较强的社会影响力。

具体来说，舆情监测整合了互联网信息采集技术及信息智能处理技术，自动抓取微博、新闻等互联网海量信息，并通过分类聚类、话题模型等数据分析技术，针对客户的网络舆情监测和新闻专题追踪等信息需求，将分析结果整理成图表、报告等形式，为客户全面了解网民对特定事件和对象的看法和做出正确舆论引导提供可量化的分析依据。

对舆情监测需求较高的领域是媒体舆情和政务舆情。

① 媒体舆情：面向传统媒体和新媒体行业，针对内容生产、观点及传播分析、运营数据展示等业务场景，结合云方案提供新闻线索发现、热点新闻预测、网民观点分析、新闻传播分析、运营监控等服务落地，帮助媒体行业实现大数据转型。

② 政务舆情：在国家战略动态洞察、政府属地风险治理两个层面，深度挖掘国内外风险情报，实时感知城市公众舆情态势。依托网页内容挖掘能力与语言语义分析技术，构建事件、人、企业图谱化引擎，为政府部门提供决策依据和处置参考。

舆情监测是较早出现的行业应用场景之一，相关产品数量众多，如智慧星光的舆情秘书、百度舆情平台等。可以预见，行业化、服务化将会是舆情监测分析的发展趋势，即将行业或领域内的语料库和知识库与智能信息分析处理技术相结合，建立基于 SAAS（software-as-a-service）模式的舆情语义分析基础设施，更好地实现人机协同的舆情研判。

3. 推荐系统

推荐系统是解决信息过载的一个重要办法，它根据用户的信息需求和个人兴趣等特征，将用户感兴趣的信息和产品推荐给用户。和搜索引擎相比，推荐系统通过分析用户的兴趣偏好进行个性化计算，由系统发现用户的兴趣点，从而引导用户满足自己的信息需求。一个好的推荐系统不仅能为用户提供个性化的服务，还能和用户之间建立密切关系，让用户对产品产生依赖。

推荐系统现已广泛应用于很多领域，如：在淘宝中给用户推荐感兴趣的电商产品；在今日头条中给用户推送感兴趣的新闻和知识；在豆瓣中给用户推送其感兴趣的音乐和影视作品；在携程中给用户推荐合适的酒店和景点；在大众点评中给用户推荐符合口味的饭店和餐食等。

如图 6.1 所示，推荐系统一般来说有 3 个重要组成部分：用户建模模块、物品建模模块和推荐算法。

① 用户建模模块：对用户属性信息和历史行为等信息进行分析，建模用户的兴趣需求，构建人物画像。

② 物品建模模块：此处的物品泛指推荐对象，物品建模模块根据物品的属性信息和用户交互数据等，建模物品的特征信息，一般来讲，用户建模的表示和物品建模的表示处于同一空间。

③ 推荐算法：推荐系统使用合适的推荐算法，将用户建模模块中的用户需求与物品建模模块中的特征信息相匹配，并进行计算筛选，找到用户可能感兴趣的物品，然后推荐给用户。

图 6.1　推荐系统组成

4. 风险洞察

"黑天鹅"和"灰犀牛"事件在各行各业中都常有发生，并产生巨大影响。随着信息检索与挖掘技术的发展，其在识别和应对系统性风险中逐渐显出先进性和技术优势。金融领域尤其重视风险的监测和管控。目前，国际和国内都积极将相关技术应用于风险控制和金融监管上，以期尽可能地降低金融风险、探索更加有效的监管范式。相关技术应用包括数据搜集和处理、风险控制和预测模型、信用评级和风险定价，以及实现金融监管的实时监控等。

依托语音识别、机器人技术、机器学习、人脸识别等人工智能技术研究成果，风险洞察开始逐渐走向成熟，人们将更加关注风险的控制和处理。

（1）信用风险管理控制模型

人工智能的核心是大数据风险控制建模能力。传统征信中，主要依赖银行信贷数据对消费者进行评估，而大数据并不仅仅包括传统的信贷数据，同时也包括了大量的消费者行为数据，通过应用大数据技术分析评估消费者还款能力、还款意愿等相关特征，可以为消费者的风险评估提供更多描述性重要依据。此外，由于大数据征信不单一依赖于传统信贷数据，使得其对传统征信无法评估的人群也能进行风险评估，通过广泛的数据搜集实现对消费者人群的全覆盖。

（2）信贷风险管控和反欺诈

无论是传统金融或是互联网金融，信用评估、反欺诈和风险控制都是最为关键的环节，在复杂的市场经济中，核心企业与供应商之间的复杂贸易关系，存在各种不可控的潜在风险。近年来金融数据爆发式增长，知识图谱与机器学习的结合逐渐成为金融领域风控反欺诈的重要手段。基于申请人、手机号、设备、IP 地址等各类信息节点构建庞大知识图谱网络图，在此之上应用机器学习的反欺诈模型，并辅以业务规则，实现风险的实时识别。例如，通过监测相关设备 ID 在哪些借贷网站上进行了注册、同一设备是否下载多个借贷 App，可实时发现多头贷款的征兆，进行风险控制。

5. 辅助决策

管理决策的 4 个阶段通常分为收集信息 / 数据（情报活动）、制定可能的行动方案（设计活动）、选择行动方案（抉择活动），以及评价跟踪（审查活动）。一般来说，无论是过去还是现在，调查经济、技术、政治和社会形势，收集各类数据、信息和情报来判别是否需要采取新行动以适应新情况的过程占用了企业高管、中层管理者的大部分工作时间。如果可以给决策者提供有效、合适、满意的信息，就可以更有效率地产生"最优解"。基于这种商业逻辑，决策支持系统（decision-making support system，DSS）的产生就显得顺理成章了。

决策支持系统强调的是对管理决策的支持，而不是决策的自动化，它所支持的决策可以是任何管理层次上的，如战略级、战术级或执行级的决策。

早期决策支持系统主要从结构化的数据中获取辅助决策的信息和知识，通过建立面向主题的、集成的、稳定的、不同时间的数据集合，支持经营管理中的决策制定过程。结构化的数据由于其良好的表达性、量化性与标准性，能快速地被商用并复制到不同的业务模式下，成为决策支持系统的首选数据来源。

基于大数据技术与统计机器学习、深度学习等，现在可以捕获和处理大量的非结构化数据（文本挖掘、语音识别、图像识别等），结合知识图谱、语义网络等知识表示及可视化能力，决策支持系统的构建又成为认知时代的新趋势。在决策完全自动化之前，决策支持系统发展出一个分支称为智能决策支持系统，它是应用人工智能和专家系统（expert system，ES）技术，通过逻辑推理来帮助解决复杂决策问题的辅助决策系统。智能决策支持系统，通过增设知识库和推理机，将决策专家的决策规则和经验知识，以及一些特定问题领域的专业知识进行形式化表示，使系统能够更充分地利用人类专家的知识。

例如，上海一家航空公司建立了一个大型数据实验室，整合客户、代理、营销、快速访问记录器（quick access recorder，QAR）、飞机、行程地图等所有和航空相关的数据，构建了一个"由业务驱动的大数据"平台。通过分析这些数据，该公司改善了营销活动、提升了服务满意度，同时有效控制了航班成本。

6. 智能运维

从早期的手动运维到流程化、标准化运维，再到平台化、自动化运维，最后到近十年的研发运营一体化（DevOps）和智能运维（AIOps），运维发展和新技术革新密不可分。手动运维主要依赖员工知识、技术及经验；标准化运维依赖运维流程和工具；在自动化运维中手工执行转为自动化操作，运维实现了可视化；研发运营一体化则致力于实现工具全链路打通和跨团队线上协作；智能运维当前主要是单一场景的智能化，目标为机器决策。

IT 企业运维转向研发运营一体化是必然的选择。研发运营一体化将软件全生命周期的工具全链路打通，结合自动化和跨团队的线上协作能力，实现了快速响应、高质量交付和持续反馈。

高德纳咨询公司（Gartner）定义的智能运维平台拥有 11 项能力，这些能力算是对智能化运维的概念描述，包括：历史数据管理、流数据管理、日志数据提取、网络数据提取、算法数据提取、文本和自然语言处理文档提取、自动化模型的发现和预测、异常检测、根因分析、按需交付，以及软件服务交付。智能运维的落地可以为企业积累大量运维工作的数据，用来评估分析运维成本、质量、效率等，为企业相关工作的调整提供重要数据支撑。

智能运维将人的运维知识和经验与大数据、机器学习技术相结合，转换为一系列的智能策略并融入运维系统中以完成运维任务。智能运维中有三部分不可或缺，一个是运维开发框架，这是智能运维研发的骨架；第二个是运维知识库，这是让骨架能与真实线上环境关联起来的关键因素，起到了血肉的作用，让骨架能动起来；最后一个则是运维策略库，这是运维的大脑，控制着运维平台的行为。

6.2.2 行业发展格局

1. 数据资源的发展现状

本书在第 1 篇指出，数据资源现已成为数字时代关键的生产要素和重要的基础性战略资源，大数据作为数据资源价值挖掘的动力源，受到了世界各国政府和国际组织的高度重视，世界各主要国家和地区竞相开展大数据战略布局，推动大数据技术创新研发与产业应用落地。

中国拥有海量的数据资源和丰富的应用场景，具备大数据发展的先天优势。随着国家政策的日渐完善，扶持力度的不断增强，我国大数据技术、产业得到长足发展。国内骨干企业已经具备自主开发建设和运维大规模数据平台的能力，新产品、新服务、新模式陆续出现，大数据生态体系逐渐完善。然而，随着我国大数据应用的进一步深入，产业发展的痛点问题相继暴露：数据开放共享进程缓慢、数据质量不高、数据管理与治理缺失、垂直行业应用深度不足等。面对当前大数据发展的瓶颈问题，不仅需要从技术、行业机制的角度寻求突破，也亟须从标准化维度持续加强支撑。

据 IDC 预测，全球数据圈将从 2018 年的 33ZB 增至 2025 年的 175ZB（175 万亿 GB）。其中，中国数据圈平均每年的增长速度比全球快 3%。预计到 2025 年将增至 48.6ZB，占全球数据圈的 27.8%。如图 6.2 所示，随时间的推移中国数据圈中的消费者和企业所产生的数据圈份额相比，后者呈现出更强劲的增长：2015 年到 2025 年的 10 年中，企业级数据将从占比 49% 增长到 69%。多方市场动态推动了企业级数据份额的增长，包括大数据和分析数据的增长；消费者数据存储从本地设备到云端的迁移；人工智能在医疗保健、智慧城市、自动驾驶汽车等领域的应用；应用程序、边缘设备和物联网传感器的普及，系统

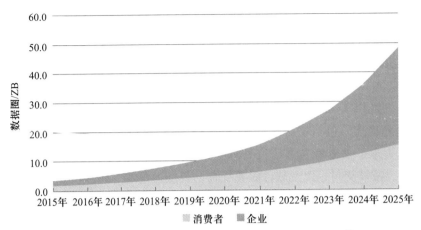

图 6.2　消费者与企业级的数据圈份额（2015—2025）[①]

与用户互动并收集数据；模拟到数字电视的迁移完成；用于测试和开发、分析或合规性目的的数据保存。

如图 6.3 所示，从数据类型看，面向企业用户数据服务的相关人工智能企业虽然发展较晚，但在帮助企业用户数字化转型的道路上发展迅猛。Gartner 报告分析，2019—2022 年中国的企业分析和商务智能软件（analytics and BI software）市场增速会高于 20%，但相比于成熟的西方市场，企业数据的应用还有一定的差距。

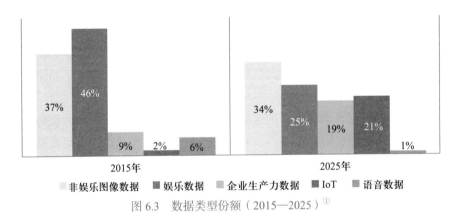

图 6.3　数据类型份额（2015—2025）[①]

数据圈庞大、动态而复杂，越来越多地与物理世界产生交集，甚至推动物理世界的发展。在这个全新的数据时代，企业的定位不应该拘泥于技术或软件企业，它们本身应该立足信息化业务，精通数据，利用技术抓住机遇并降低风险。只有成为数据成就者，才能在由数据驱动的数字经济中获得竞争优势。

2.　市场竞争分析

信息检索与挖掘技术几乎奠定了所有互联网时代科技公司的业务基础，按照服务对象划分，可分为面向个人用户（ToC）的企业和面向企业用户（ToB）的企业。企业用户的数

---

①　资料来源：IDC 数据全报告（2019）

据随着数字化程度的提高，积累速度越来越快，数据总量增势迅猛。下面主要讨论面向企业用户的信息检索与挖掘市场。

市场上的相关人工智能企业大致分为三类：一是如华为、百度、阿里、腾讯等大型高科技和互联网公司；二是如明略、第四范式等中小型创业公司；三是在数字化转型时期走在前列的传统行业中的企业。

在互联网和移动互联网时代，科技巨头企业如百度、阿里、腾讯等公司，都在搜索、电子商务和社交游戏等领域建立了自己的市场地位和优势，在向用户提供服务的过程中，不断积累对用户需求的洞察能力，然后通过发展云及其上服务，赋能自身业务技术，从多个角度各有优势地拓展对企业用户的服务，例如华为云、腾讯云等擅长软件即服务（SaaS服务）或数据中台；再如以百度云、京东云、阿里云为代表着力研发以提供智能计算服务为主的人工智能云平台。除此之外，凭借自身在互联网领域的卓越领导地位和知名度，这些企业拥有的认知度使其能够在一些高价值客户较多的行业，如政府公共服务、金融等领域发展业务，通过设立垂直行业事业部等组织创新的方式，为这些行业用户提供端到端的智能化服务。

除了互联网巨头，也有不少创业者从细分行业切入，凭借技术与行业场景的深度融合，为企业用户提供更有针对性、更系统的智能化产品或服务。技术型创业企业发展的初期通常会直接做应用（application），一方面是由于技术平台本身还没有达到可以支持开源开放给其他企业的能力，另一方面需要依托技术应用得到融资反哺技术平台。然而发展到一定程度后，各创业公司对公司未来的规划开始出现分支，有的企业选择持续做技术，夯实技术平台能力，有的企业选择将业务向位于上游的应用层延伸，或者向下游的基础层研发投资。例如第四范式、Talking Data 选择向应用层延伸，针对数据管理和分析推出了诸多行业解决方案。

大部分面向企业用户的创业公司现阶段仍处于发展初期，所服务的企业用户行业特征差别大，甚至同一行业的不同企业，由于自身数字化基础设施和 IT 系统不同，需求呈现长尾效应，项目要求繁多，只能通过不断摸索需求获得进一步的成长空间。因此，这些公司往往从专注于某一技术领域或某一应用行业切入市场，从行业需求的角度、基于企业用户的各种 IT 架构和能力，发展定制化的解决方案。最后，将实践中积累的经验和算法，逐步拓展到其他应用场景或者细分行业上。国内代表性的企业，例如明略科技集团的发展基本遵循了这一路径，从数据统计、分析、检索开始，逐步发展成企业级数据分析和组织智能服务平台，依托知识图谱全栈技术，打通感知、认知、行动系统，实现人工智能闭环落地，将数据、算法、系统与行业知识融合，创造出了面向行业"Know-How"的数据中台。目前，基于此类智能服务平台，明略科技集团为政府、公共安全、工业、交通、城市、金融、教育、营销、广告、汽车、零售等垂直行业的 2 000 多个组织提供了智能解决方案。

拥有数据优势的传统行业企业，如电信、金融等行业的企业，在企业自身数字化进程中也能够通过发展人工智能技术提升企业运营效率、客户服务和创新业务能力。这些企业利用累积的数据优势，纷纷成立大数据部门，例如各大银行的大数据中心。这些大数据部门帮助决策层制定企业数字化转型的战略，并建立数据驱动的管理和辅助决策系统，优化企业运营，有效地建立数字资产的竞争优势。同时，这些企业也会将自身的能力开放给其他企业伙伴或者推出类似的云产品，比较典型的例子是电信公司的云服务，例如中国电信的天翼云。但由于这些传统行业企业的人工智能、大数据人才储备不足，以及自身主营业务的侧重等各种因素，现阶段多数企业的大数据部门还是选择与专业的人工智能或者互联网科技公司合作进行数字化转型或相关产品的研发。

由于中国广袤丰盈的市场环境，许多国外的数据服务公司也积极地在中国开疆拓土，例如 DataHunter、Veeam 等专注于企业数据服务的公司。以 Veeam 公司为例，这是一家技术型公司，尤其专注数据保护领域，业务遍及云数据管理、自动化数据备份技术、企业数据存储解决方案等。但是，随着国家间围绕数据的立法和规范的逐步完善，这一领域的跨国竞争者的业务前景具有不确定性。

6.3 信息检索与挖掘技术的应用实例

6.3.1 技术应用发展

信息检索与挖掘技术几乎应用于所有的互联网科技公司，按照服务对象划分，可分为面向个人用户的企业和面向企业用户的企业。面向企业用户的企业发展相对较晚，早期各传统企业对信息检索与挖掘技术的应用有限，在人工智能日益发展的今天，许多企业都走上了数字化转型的道路，面向企业用户的互联网科技公司也成为人工智能行业的重要组成部分，如图 6.4 所示。

图 6.4　信息检索与挖掘应用级企业分类

传统互联网巨头，例如，百度公司以网页的超链接分析技术专利为基础，凭借对中文分析处理的独特优势，成为全球最大的中文搜索引擎提供商，是网民获取中文信息的重要入口。随着互联网和相关技术的发展，百度公司提供的服务由纯数据搜索转向以信息和知识为核心的搜索服务。目前百度公司旗下有百度知道、百度百科、百度文库等诸多知识类产品，构建了中国最大的知识内容体系。另一方面，近年来，百度公司也投入大量资源致力于打造全球领先的人工智能平台，推出了百度大脑、飞桨、百度智能云等智能平台型产品。此外，百度公司在自动驾驶上进行了大量研究，成为国内该行业领先的企业，其中自动驾驶开放平台 Apollo 被知名研究公司 Navigant Research 列为全球四大自动驾驶领域领导者之一。

阿里巴巴公司则把握住电子商务的优势，除淘宝网、天猫、聚划算等电子商务网站，还延伸到阿里云、蚂蚁金服、菜鸟网络等众多其他业务，覆盖了电子商务、金融、快递物流、云计算等多个领域。这些业务相互关联、连接，形成了以电商平台沉积为基础的商业生态，通过支付宝账号整合打通各类数据，构建了独特的商业生态圈。此外，阿里巴巴公司已在海外设立美国硅谷、英国伦敦等多家分支机构，经营跨境贸易业务，积极拓展海外市场。

成立于 2012 年 3 月的字节跳动公司，作为最早将人工智能应用于移动互联网场景的科技企业之一，近几年发展迅速。旗下"今日头条"产品通过海量信息采集、深度数据挖掘和用户行为分析，为用户提供高质量的个性化新闻推荐服务；"头条短视频"则是一款短视频社交软件，用户可以拍摄制作自己的作品上传至平台，平台则会根据用户的爱好，为其推荐其他用户上传至平台的作品，这种通过短视频进行交流互动的社交模式短时间内就收获了大量用户。

这些互联网巨头通过利用海量数据，可以根据客户的具体行为和偏好创建个性化的服务和产品，这种业务方式冲击着很多传统业态。例如国际清算银行行长 Agustin Carstens 认为，这些科技公司因为"更了解客户的消费和生活方式，所以能够更容易地判断在提供贷款时存在的风险。"

除了这些互联网巨头之外，国内成长出一些针对企业用户市场的人工智能创业企业，如明略科技（前身是秒针系统）公司。秒针系统公司主要依靠海量数据采集、存储及计算的相关技术，从事广告监测、营销分析业务，成为广告第三方监测的权威机构。2014 年明略数据公司成立，开始拓展政府业务，与公安系统深度合作。领先的知识图谱技术，使明略科技在面向企业用户的大数据和人工智能公司中占据了一席之地。2019 年，科技部宣布依托明略科技公司建设"营销智能"国家新一代人工智能开放创新平台。明略科技公司在现阶段提出要成为全球企业级人工智能的领跑者，打造领先的全球企业级数据分析和组织智能服务平台，通过大数据分析挖掘和认知智能技术，推动知识和管理复杂度高的大中型企业进行数字化转型，通过智能技术，让组织高效运转、加速创新，实现人机同行的美好世界。

国外的相关企业在信息检索与挖掘、知识图谱等技术领域走在前列，而且多语种的优势非常显著，企业用户的数据应用和分析市场发展也相对更成熟、市场认可度更高。谷歌（Google）公司成立于 1998 年 9 月 4 日，被公认为全球最大的搜索引擎公司，业务范围覆盖全球大多数国家，以互联网搜索为核心，开发并提供大量基于互联网的产品与服务，通过广告服务获得利润，核心技术包括互联网搜索、云计算、广告技术等，并允许用户以多种语言进行搜索，在操作界面中提供了 30 余种语言选择。

1995 年就进入电了商务领域的亚马逊公司，起家时以书籍的网络销售业务切入并占领市场，如今，其业务已扩大到范围广泛的各类产品，成为全球商品品种最多的网上零售商和全球第二大互联网企业。公司名下，也包括了 AlexaInternet、a9、lab126 和互联网电影数据库（Internet Movie Database，IMDB）等子公司。自从 2006 年开始，亚马逊公司推出亚马逊 AWS（Amazon web services），以 Web 服务的形式向企业提供 IT 基础设施服务，即云计算服务。不同于传统的基于固定规模的基础设施来提供服务，云计算服务允许企业根据业务发展来随时扩展基础设施，实现可变成本的经营。目前，AWS 已经为全球 190 个国家 / 地区内成百上千家企业提供支持。

微软公司也在向云计算、移动互联网等领域拓展业务，其"云计算"（Windows Azure）被认为是继 Windows NT 之后最重要的产品，目标是通过在互联网架构上打造新的云计算平台，让 Windows 实现由 PC 到云领域的转型。

在人工智能独角兽方面，硅谷也涌现出不少优秀代表，例如 Palantir 公司专注于针对大型企业和政府机构需求研发大数据技术和相关产品，其主要客户包括美国联邦调查局（Federal Bureau of Investigation，FBI）、美国中央情报局（Central Inteligence Agency，CIA）、美国国家安全局（National Security Agency，NSA）、美国军队和各级反恐机构，以及摩根（JPMorgan）等华尔街金融公司。Palantir 公司围绕政府和金融两个领域，研发了两个版本的平台级大数据产品：Palantir Gotham（服务政府及军队客户）和 Palantir Foundry（服务金融、法律及其他客户）。两大产品体系下辖 10 多种解决方案，如反欺诈、网络安全、国防安全、内部威胁、危机应对、保险分析、案例管理、疾病控制、智能化决策等。两个产品线的核心都是帮助客户整理、分析、利用不同来源的结构化和非结构化数据，其理念是实现人脑和大数据分析的互补，通过打造一种人类智能和计算机智能的共生分析环境及工具，提升客户的智慧和洞察力，从而解决大数据环境下的复杂问题决策。

6.3.2　新型产品与服务

若要机器具备认知智能，进而实现推理、归纳、决策甚至创作，首先需要一个充满知识的大脑。知识图谱，作为互联网时代越来越普及的语义知识形式化描述框架，已成为推动人工智能从感知能力向认知能力发展的重要途径。知识图谱目前应用十分广泛：在通用领域，谷歌、百度等搜索公司利用其提供智能搜索服务，IBM Waston 问答机器人、苹果公司的 Siri 语音助手和 Wolfram Alpha 都利用其来进行问题理解、推理和问答；在各垂直领域，行业数据也在从大规模数据向图谱化知识快速演变，基于图谱形式的行业知识，对智能客服、智能决策、智能营销等各类智能化服务进行赋能。

　　未来，一方面，整个人工智能企业将面临技术成熟的大趋势，例如算力会越来越便宜，信息检索和数据挖掘等相关技术会越来越智能。另一方面，需求的未知性、新技术对各行各业的冲击导致行业发展变革剧烈，所以对行业领域知识的积累以及迅速切入行业的时机非常重要。通过知识图谱应用场景地图（如图 6.5 所示）可以看出，目前在六大行业中，金融行业和政府与公共服务行业知识图谱落地场景较多，其中主要以金融行业的营销与风控场景和公共安全行业的业务场景居多。

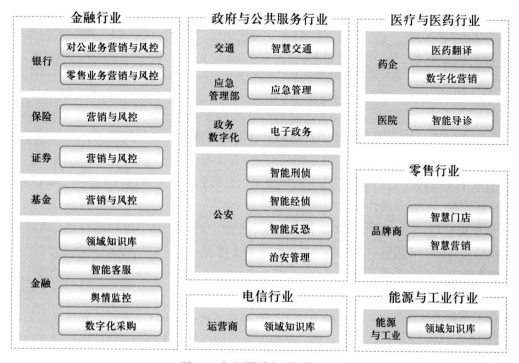

图 6.5　知识图谱应用场景地图

（1）金融行业

　　在金融行业领域，例如，平安科技公司以自然语言处理和知识图谱等认知智能技术为基础，为客户提供一站式人工智能产品和行业解决方案（如图 6.6 所示），满足企业在超大规模多源异构情况下的数据治理融合、不同场景下的建模和复杂决策分析需求。平安科技公司打造的智能审核专家系统通过 OCR 识别票据并结构化业务信息；通过机器学习和自然语言处理进行业务分类并理解其含义；利用知识图谱构建自动审核引擎。系统具备完整的功能及流程。在实际的业务场景中，将领域知识库与实际业务相结合，可以有效地降低业务难度，提高工作效率，同时将工作人员从重复的劳动中解放出来。

　　某大型国有银行与平安科技公司合作构建的智能审单专家系统，实现了以下运营优化。

　　① 业务系统信息自动填写：系统将自动识别业务信息并在业务系统填写。

　　② 免除人工操作智能预审，开展多层级人机协同机制：机器自动给出单据及业务不符点和免查点，大幅提升人员效率，减轻审单压力。

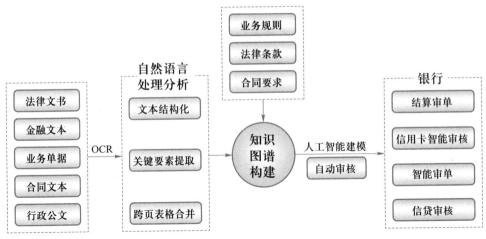

图 6.6 智能审单专家业务系统

③ 创新的审核知识图谱构架：发扬图谱可视化、强关系表示的优点，全面理解并监控审核动作。

④ 线下工作转线上：将原本线下的审核工作转移到系统中进行约束，统一审核标准，保证审核质量，加强合规性管理。

⑤ 数据资产增值：将原本无法存留的发票信息、合同信息等进行结构化，通过挖掘数据价值，为营销、运营、风控等领域提供决策支撑。

（2）政府与公共服务行业

在政府与公共服务行业领域，以百分点公司的业务为例，百分点公司针对某市政府的业务特点，帮助其构建了一体化的大数据综合分析平台，如图 6.7 所示，利用动态知识图谱等技术，将公安的人、地、事、物、组织、虚拟标识等要素按照实体、事件及其之间的关系进行数据融合治理，打破原有治安业务系统数据壁垒，提升治安数据融合治理、分析研判、智能应用和风险防控能力。同时，该市政府与百分点公司构建了分析研判平台、战法模型平台、融合动态管控 3 个数据分析应用体系，实现社会治安风险的提前防范、精准打击和动态管控。治安防控大数据分析研判平台将知识图谱、自然语言处理、战法模型等技术融入治安综合平台建设中。基于数据资源统一服务平台，对治安信息进行全面整合、深度挖掘和研判分析，建立多种服务为上层各类治安业务应用提供支撑。

该市政府与百分点公司构建的治安防控大数据分析研判平台的价值主要体现在以下 3 个方面。

① 覆盖全市 200 余个派出所，通过对潜在风险的主动感知及预警，减轻了民警工作量，主动化解社会风险。打造了从案件线索发现、分析研判、侦查打击到风险预警的数字化侦查模式，对多起网络诈骗违法犯罪活动及可疑团伙准确识别和打击。

② 充分利用大数据、人工智能等信息技术将海量公安数据做融合处理后，结合资深干警的破案经验建立数据模型，打造了研判分析智慧大脑，使新任警员也能够快速获取经验知识，高效提升了办案业务能力和处置效率。

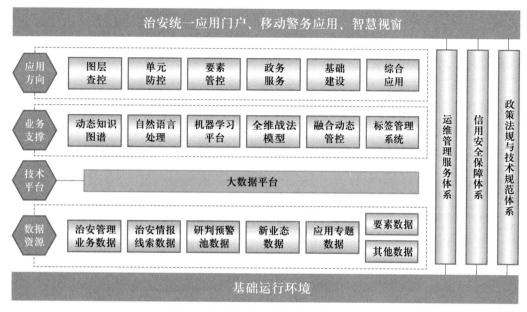

图 6.7 治安防控大数据分析研判平台

③ 通过多维数据融合优化分析、碰撞关联，实现了一个窗口查询、各警种综合应用、多维度分级管控、预警信息主动推送和扁平化指挥调度，成功破获危害国家及群众财产安全的跨境网络赌博案件。

（3）医疗行业

在医疗领域，深睿医疗公司联合鹏城实验室、中国人民解放军总医院、哈尔滨工业大学、北京大学、道子科技公司、云孚科技公司等机构共同推出了"肝胆胰睿助"（简称小睿）产品（如图 6.8 所示）。基于海量数据、构建医疗知识图谱，为医生和患者提供覆盖诊前、诊中、诊后的数字化、智能化服务，旨在有效降低医护人员工作压力，提高诊断效率，同时为患者提供疾病知识，让患者了解相关病情。

图 6.8 小睿（肝胆胰睿助产品）智能 AI 预问诊系统使用流程 [1]

中国人民解放军总医院肝胆肿瘤外科应用了"肝胆胰睿助"，有效增强现有医疗资源，体现在以下几个方面。

① 提高问诊效率，在患者候诊时进行鉴别问诊，有效减少医生撰写病历时间。

② "肝胆胰睿助"支持患者答疑，解决患者问诊后咨询难的问题。同时，为患者提供更多医学知识，包括解答术前、术后、不良反应等问题，加深患者对病情的了解，降低患

[1] 资料来源：深睿医疗官网公开案例。

者的恐惧感，提高患者的依从性。

③ 支持随访功能，方便医生了解患者健康情况，同时支持患者向医生报告身体状况的可疑变化，及时防范病症复发。

（4）能源与公共行业

在能源与公共行业领域，例如在电力领域，明略科技公司与某省电力公司合作建立了统一的数据中台（如图 6.9 所示），先协助企业用户做好数据治理与关联工作，再将数据中台的成果服务于业务应用环节。

图 6.9 电力数据中台架构图 [①]

建成的数据中台，为该电力公司的数据资源带来了以下四方面的价值提升。

① 数据汇聚层面：基于数据中台的搭建，实现线上数据实时采集、线下数据上传及导入并监控优化数据流转与工作链路；其中，针对电网类数据，完成生产管理、电力调度

---

① 资料来源：明略科技官网案例。

管理等 15 套业务系统数据采集；针对营销类数据，完成营销业务应用、用电信息采集等 20 套业务系统数据采集；针对经营类数据，完成财务管控、规划计划、电网建设、全员绩效、员工报销等 118 套业务系统数据采集。

② 核心资源标准库层面：结合 CM 模型与维度建模方法，基于 9 大数据域（人员域、财务域、物资域、客户域、设备域、供应商域、项目域、合同域、公共域）完成企业级数据仓库建设，建立数据资源目录，形成数据共享能力。

③ 数据共享层面：基于核心资源标准库，向下属地市公司和科研单位，提供高质量共享数据资源，支撑各类业务快速构建、敏捷创新。

④ 数据应用层面：基于数据中台，完成设备故障知识图谱、配网调度机器人等应用建设，并继续探索在实际业务场景中的应用。在维修助手场景中，故障知识图谱帮助客户将故障信息搜索汇总时间从 10 分钟降低到 1 分钟内，并且实现远程技术支持。

在信息检索与挖掘技术的创业企业经营过程中，必须要重视行业的属性，例如上述的电力行业。一方面，这种平台具有特殊性，应区别于其他通用平台，尤其是大规模服务商平台；另一方面，通过与客户企业进行深度合作，包括制定解决方案、驻场开发等方式，为客户企业提供定制化产品或数据处理、平台运维等服务，在此基础上参与制定部分行业标准，真正从服务中沉淀出对该行业的行业专属知识的积累，例如上述案例中的复杂电力数据场景下的治理、分析能力，围绕知识图谱等领先技术，包装核心产品，从而将优势做深做广，扩大服务范围和场景深度。通过打造企业级成熟产品，以产品组合为基础，进行多种业务模式的组合，最终形成自身的竞争优势。最后，创业企业在发展过程中，特别是羽翼未丰时，还应该注重与市场中的大型通用平台提供商合作，提高对当下生态的适配度，加大市场覆盖率。

6.4 本 章 小 结

作为计算机科学与多个学科交叉的一个领域，信息检索与挖掘具有相对久远的研究历史，是一项相对基础性的技术，然而研究者们对它的研究热情从未消减，它与新兴技术一起仍然活跃在当今社会，一项重要原因就是信息检索与挖掘是一项与应用密切联系的技术。需求是发明之母，不管是搜索引擎、推荐系统，还是预测推理等技术，都具有鲜明的应用场景和用户需求。

信息检索与挖掘技术的学术研究与业界应用相辅相成，当前行业生态正从"以实物资产管理为核心"过渡到"以数据赋能为核心"，这为原本生态外的互联网企业带来了切入的机会。从数据中提取高价值信息，给用户提供易用的查询手段，信息检索与挖掘技术在数字化转型中至关重要，在各领域广泛落地应用。目前来看，金融、电商、媒体行业相对领先，公安紧随其后，医疗、工业、线下零售等行业由于其数据的复杂性，数字化程度不足，应用场景相对简单。从应用方式上来看，技术会带来降低成本和提高收益的效果，而当前企业对外的数字化和智能化转型进展较快，如营销、用户洞察等，提高收益效果明显；企业内部的数字化和智能化程度则相对滞后，降低成本的解决方案仍有待进一步的探索和发展。

《2020 年国务院政府工作报告》提出，重点支持"两新一重"建设，新型基础设施建设成为又一国家战略。可以预见，电力、制造等传统行业将加快数字化转型进度，带来新的潮流。信息检索与挖掘技术与物联网技术结合，可以将企业运营数据化、可视化，智能运维、辅助决策等技术将发挥更加重要的作用。

从未来的发展趋势来看，信息检索与挖掘技术将继续在各领域落地应用，应对各领域实际数据的复杂性，加速行业数字化转型。一方面，基于数据的辅助决策将会持续发展，面向更多领域、更广泛场景，逐渐成熟；另一方面，对于数据隐私、安全的关注会随之增长，随着相关法规政策的逐步完善，数据隐私和安全技术会得到更广泛的应用，未来的发展方向将会更加明确。

习题 6

1. 基于银行数据和电信运营商相关数据，设计一个电信反欺诈应用方案。

2. 以电子商务为例，思考数据挖掘的哪些技术能够为营销商、厂商和消费者提供哪些数据服务。

3. 请针对某一传统制造业企业，调研其数据情况，设计对数据的信息检索与挖掘技术应用方案。

4. 新冠疫情期间，线下零售业遭遇巨大冲击，请选取一个企业实例，思考设计线下零售的数字化转型方案以应对类似冲击。

5. 针对金融危机、公共安全等社会风险，尝试以某一个行业的具体应用场景为切入点，设计技术方案为这些风险提供决策支持。

◀ 参 考 文 献 ▶

［1］IOANNIS N K, CHRISTOS H M, ATHANASIOS K T. Using information retrieval techniques for supporting data mining［J］. Data & Knowledge Engineering, 2004, 52（3）: 353-383.

［2］LIN F R, HUANG K J, CHEN N S. Integrating information retrieval and data mining to discover project team coordination patterns［J］. Decision Support Systems, 2005, 42（2）: 745-758.

［3］MASOUD M. Intelligent agents for data mining and information retrieval［M］. Hershey: Idea Group Publishing, 2004.

［4］冉建荣. 基于混合模型的电信客户流失预测方法研究［D］. 成都: 电子科技大

学，2009.

［5］VARDE A S. Challenging research issues in data mining, databases and information retrieval［J］. ACM SIGKDD Explorations Newsletter, 2009, 11(1): 49-52.

［6］DAGHER G G, FUNG B. Subject-based semantic document clustering for digital forensic investigations［J］. Data & Knowledge Engineering, 2013, 86(7): 224-241.

［7］PAUL P K, DANGWAL K L, SARANGI B B. Web data mining：Contemporary and future trends: emphasizing educational data mining［J］. Learning Community-An International Journal of Educational and Social Development, 2013, 4(3): 273.

［8］XU J H. The Data Mining application research and resolution based on network information retrieval［J］. Applied Mechanics and Materials, 2015, 713-715: 2491-2494.

［9］DU M. Developing a fully automated business decision-support system using information retrieval(IR), information extraction(IE), machine learning(ML)and data mining(DM)［C］// 第十三届中国国际人才交流大会系列分会——2015 第四届新兴信息及通信技术产业大会会刊. 国家外国专家局、深圳市人民政府：百奥泰国际会议（大连）有限公司，2015：1.

［10］CHU C C, CHAO H C, Yang J H. For database, data mining, big data, and information retrieval［J］. Frontiers in Artificial Intelligence and Applications, 2015, 274.

［11］DENG R, WU Y. Information retrieval and data mining based on open network knowledge［C］//Proceedings of the 2015 4th International Conference on Mechatronics, Materials, Chemistry and Computer Engineering. Zhengzhou: International Informatization and Engineering Associations, Atlantis Press, 2015：3.

［12］DENG R, WU Y. Application of open network knowledge in data mining and Information retrieval［C］//Proceedings of the 2015 4th National Conference on Electrical, Electronics and Computer Engineering. Zhengzhou：International Informatization and Engineering Associations, Atlantis Press, 2015：3.

［13］VERMA A, KAUR I, SINGH I. Comparative analysis of data mining tools and techniques for information retrieval［J］. Indian Journal of Science and Technology, 2016, 9（11）.

［14］LEE C, MIN G, CHEN W. Guest editorial：Data mining and machine learning technologies for multimedia information retrieval and recommendation［J］. Multimedia Tools and Applications, 2016, 75(9): 1-5.

［15］方媛，詹义，吴兴耀. 深度学习技术在电信运营商网络大数据中的应用［J］. 互联网天地，2016（08）：57-61.

［16］向坤. 人工智能可以给运营商带来什么价值［J］. 中国电信业，2017（03）：76-77.

［17］王志宏，杨震. 人工智能技术研究及未来智能化信息服务体系的思考［J］. 电

信科学, 2017, 33(05): 1-11.

[18] DJENOURI Y, BELHADI A, BELKEBIR R. Bees swarm optimization guided by data mining techniques for document information retrieval [J]. Expert Systems with Applications, 2018, 94 (3): 126-136.

[19] 曹政. 人工智能与电信运营商浅析 [J]. 信息通信, 2018 (12): 291-292.

[20] 张云勇. 5G 将全面使能工业互联网 [J]. 电信科学, 2019, 35 (01): 1-8.

[21] 梁杨, 胡立强, 孙淳晔, 赵晗. 人工智能关键技术在电信行业的应用体系研究 [J]. 互联网天地, 2019 (02): 20-27.

[22] 潘思宇, 张云勇, 张溶芳, 张第. 5G 时代, 人工智能为运营商赋能 [J]. 电信科学, 2019, 35 (04): 95-102.

[23] 程强, 刘姿杉. 人工智能在电信网络的发展趋势与应用挑战 [J]. 信息通信技术与政策, 2019 (07): 29-33.

[24] 朱敏, 张丹丹. 基于人工智能的电信运营商智慧客服系统探讨 [J]. 信息技术与信息化, 2019 (07): 153-155.

[25] LIU J, KONG X, ZHOU X, et al. Data mining and information retrieval in the 21st century: A bibliographic review [J]. Computer Science Review, 2019, 34: 100193-.

[26] OVUM. 人工智能在中国电信行业的发展现状 [J]. 电信工程技术与标准化, 2019, 32 (11): 64-66.

[27] 牛小杰. 人工智能在网络运维中的应用 [J]. 电子技术与软件工程, 2019 (23): 242-243.

[28] 朱一玮. "工具利用型" 人工智能犯罪风险及治理 [J]. 上海公安学院学报, 2019, 29 (06): 56-62.

[29] 石立峰, 陈晟. 数字经济背景下电信运营商的技术与商业变革 [J]. 信息通信技术, 2020, 14 (01): 8-12.

[30] 程强, 刘姿杉. 数据驱动的智能电信网络 [J]. 中兴通讯技术, 2020, 26 (05): 53-56.

[31] DENG R, WU Y. Information retrieval and data mining based on open network knowledge [C] //Proceedings of the 4th International Conference on Mechatronics, Materials, Chemistry and Computer Engineering 2015. Zhengzhou: Atlantis Press, 2015.

第 7 章

控制智能与机器人

A Robot in Every Home.
家家都有机器人。

——Bill Gates（比尔·盖茨）

7.1　控制智能与机器人技术发展历程

机器人学（robotics）是人工智能的重要领域之一，又称为机器人技术或机器人工程学，主要研究机器人的控制和机器人与被处理物体之间的相互关系[①]。机器人学的研究推动了许多人工智能思想的发展，机器人作为机器人学的研究对象，是一个综合性的课题，除研究机械臂、机械手的构造外，还要研究视听觉等感知技术，以及机器人语言、交互和智能控制等人工智能技术。

7.1.1　关键技术概述

1. 控制智能概述

控制智能（又称智能控制）是人工智能的重要研究范畴，是人工智能从理论算法到应用推进最终完成智能机器使命的一个关键而必不可少的环节，它研究具有智能信息处理、智能信息反馈和智能控制决策的控制方式，是控制理论发展的高级阶段，内容包括最优控制、自适应控制、鲁棒控制、神经网络控制、模糊控制、类人控制等，常见智能控制方法如表 7.1 所示，主要用来解决那些传统方法难以解决的复杂系统的控制问题[②]。

[①]　张奔.机器人机构学课程教学探索［J］.中国教育技术装备，2019.
[②]　吴成德.机车柴油机智能控制及健康诊断初探［J］.内燃机与配件，2019，299(23)：33-36.

表 7.1　常见智能控制方法

领域	描述
专家系统	专家系统是利用人类专家的知识和经验，能够解决某一领域高水平困难任务的计算机系统，是一个基于知识的计算机程序系统
模糊控制	模糊控制的基本思想是用语言归纳控制策略（知识、经验和直觉等），运用语言变量和模糊集合理论形成控制算法。它不需要建立控制对象精确的数学模型，只要求把经验和数据总结成比较完善的语言控制规则，因此它能绕过对象的不确定性、不精确性、噪声，以及非线性、时变性、时滞等影响 [①]
神经网络	神经网络在自适应、自组织、自学习等方面具备独特优势，它能够利用大量的神经元按一定的拓扑结构和学习调整方法表示出如并行计算、分布存储、可变结构、高度容错、非线性运算等丰富的特性
遗传算法	遗传算法具有并行计算、快速寻找全局最优解等特点，它通过模拟自然进化过程搜索最优解，是一种非确定的拟自然随机优化工具

2. 机器人关键技术概述

智能控制研究机器人的智能信息处理、反馈和控制决策等，体现在机器人的三大要素（能力）：感知、认知和运动。

围绕机器人的三大要素，机器人关键技术主要包括如下几个方面。

① 运动规划和控制：用于实现机器人灵活运动，包括步态行走、操作和移动等。

② 驱动系统：用于实现机器人运动的硬件技术，包括伺服驱动器和运动平台。

③ 传感器：用于实现机器人感知外部的人、物体和环境的关键部件，用于信息采集。

④ 定位导航：解决机器人"我在哪里?""我要去哪里?"，以及"怎么去"的 3 个问题。

⑤ 感知与交互：机器人的视觉和语音感知技术，以及各种人机交互技术。

3. 运动规划和控制概述

在机器人系统中，驱动单元为机器人提供了动力来源，视觉单元构建了机器人的视觉系统，而运动规划与控制保证机器人能够准确地执行给定的运动指令，解决机器人操作和移动问题。

机器人运动规划主要研究机器人从当前状态到完成目标任务的方法，寻找到一条符合约束条件的路径，包括但不限于任务规划、路径规划和轨迹规划。机器人的控制则是具体任务的执行过程，是运动规划之后的执行部分，从机器人的单个关节运动到机器人全身的运动都属于控制范畴。目前主要在机器人中应用较多的有位置控制、速度控制、力控制和力位混合控制等方法。在不同的机器人中，所用到的控制方法有较大差异，可以采用单一控制方法，也可以根据任务需求采用多种控制方法的融合，例如力位混合控制等。

---

① 蔡凌，张缨，孟庆德，等. 自调整模糊 PID 位置控制器设计［J］. 工业控制计算机，2006，19(11):37-38.

从机器人的应用来看，传统工业机器人（机械臂）都是在一成不变的结构化环境中完成固定的、结构化的工作，这要求机械臂具备很高的执行精度，主要采用位置控制方法，控制机械臂末端的位置和姿态。

相对传统机械臂，协作机械臂在原有位置控制机械臂末端加装六维的力／力矩传感器，这使得协作机械臂能够准确地跟踪给定轨迹之外，还具备一定的人机协作能力和较高的安全性。

近年来，新一代的智能化和自主化机器人——自适应机器人（机械臂）面世，自适应机器人在保证高精度、高响应性能、成本可控等前提下，对机器人力控技术进行了系统性的革新与改进，并结合层级式人工智能技术，通过"手脑眼"协同规划和控制，使机器人具备了对操作对象、操作环境、操作任务的自适应能力，大大提高了机器人的灵巧、智能、柔性通用等能力。

4. 驱动系统概述

机器人本体是机器人运动和操作的基础，主要由机械、控制器和传感器三大部分组成，机械部分主要包括驱动系统和机械传动系统，驱动系统最主要的部件为伺服驱动器，机械传动系统将伺服驱动器的动力传动到执行机构上。机器人本体从功能上又可分为操作平台和移动平台，操作平台多为机械臂，移动平台一般包括轮式、履带式和足式等。下面主要介绍伺服驱动器、机械传动系统，以及移动平台。

伺服驱动器（Servo，或 Actuator，又称伺服舵机）由电动机、控制器、减速器和传感器等部件构成，是高度机电一体化的模组。伺服驱动器接收机器人运动控制模块的轨迹规划命令，实时输出所需的角度和扭矩，带动关节的旋转运行，实现走路、跑步、跳跃、舞蹈、抓取等各种复杂动作。机器人的关节可以用自由度来衡量，每个自由度通常由一个伺服驱动器输出轴带动运行，实现一个方向的运动。通常一台工业机械臂有 4 ～ 7 个自由度（或伺服驱动器），一台仿人型双足机器人有 20 多个自由度。当然现在也出现了具有双自由度输出的伺服驱动器。

机械传动系统常应用在机器人的关节部分和执行机构部分，主要作用有改变运动方向、增加输出力矩和降低转速等。如同人们生活中经常使用的自行车，通过链传动把中轴脚踏转动传递到后轮，一般中轴链轮和后轴链轮的齿数比是 2∶1，即中轴转一圈，后轮转两圈。

机器人常用的机械传动方式有带传动、齿轮传动、蜗杆传动、滚珠丝杠传动、齿轮齿条传动、凸轮传动和连杆传动等，其中齿轮传动包括平行轴齿轮传动、行星齿轮传动、谐波齿轮传动和摆线齿轮传动等。

机器人的移动平台由驱动器和机械传动结构组成，成为机器人运动能力的主要部件。机器人的底盘系统按动力学结构一般分为轮式机器人、履带式机器人、足式机器人，以及混合的轮足式机器人。

5. 传感器

机器人传感器是机器人与外界进行信息交换的主要窗口，机器人根据布置在机器人身上的不同传感元器件对周围环境状态进行瞬间测量，将结果通过接口送入单片机进行分析处理，控制系统则根据分析结果按预先编写的程序对执行元件下达相应的动作命令[①]。

机器人的传感器包括视觉传感、听觉传感、力传感、嗅觉和味觉传感等。这些传感器由一些对图像、光线、声音、压力、气味、味道敏感的换能器组成。

6. 定位导航技术

智能机器人需要在陌生或者已知的环境中实现从 A 点到 B 点的移动，那就需要使用定位导航技术。定位导航技术是一个融合传感器、感知、规划、控制和决策等多种技术的复杂系统。定位是导航的依据，导航是定位的目的。

目前，同时定位与地图构建（simultaneous localization and mapping，SLAM）技术是实现机器人自主定位的主流技术之一，在很多移动机器人上取得了应用。机器人在移动过程中根据位置估计和地图进行自身定位，同时在自身定位的基础上建造增量式地图，实现机器人的自主定位。

移动机器人的自主导航就是按照预先给出的任务，根据已知静态环境的地图信息和自身实时定位信息做出全局路径规划，并在行进的过程中，通过各种类型传感器实时感知机器人周围局部的动态环境信息以及自己的位姿，自主地做出局部路径规划从而控制自身安全无碰撞地移动到目标位置[②]。

7. 感知和交互

智能机器人的感知和交互是目前机器人领域研究的热点，目的在于把人工智能已有成果和机器人有机地结合，是完成机器人与外界包括人、物体和环境等产生互动的一个重要环节。

（1）视觉感知

与普适的计算机视觉技术不同，面向机器人的视觉感知必须将机器人技术融入其算法中，例如视觉伺服，通过相机自动和处理一个真实物体的图像，分析图像反馈的信息，对机器人做进一步控制或相应的自适应调整；再例如，机器人的视觉感知需要在非结构化场景下进行移动并实现主动感知，对实时性和鲁棒性要求较高。目前的机器人视觉感知技术一般采用高速图像处理和分析芯，例如 GPU 和专用人工智能芯片，并使用并行算法，具有高度的智能和普适性，能一定程度上模拟人的视觉功能。

此外，在 CVPR 2020 会议上，上海交通大学团队提出全新的视觉交互方式。首先，团队提出了 GraspNet-1Billion 数据集，其中包含数万张单目摄像头采集的真实场景的 RGBD 图像，每张图片中包含由基于物理受力分析得到的数十万个抓取点，数据集中总共包含超过十亿有效抓取姿态。为了达到真实感知与几何分析的孪生联结目标，团队设计了一个半自动化的数据收集与标注方法，使得大规模地生成包含真实视觉感知与物理分析标签的数据成为可能。该数据集及相关代码目前已经开源。

---

① 王晓敏. 传感检测技术 ［M］. 北京：中国电力出版社，2009.

② 黄玉清，梁靓. 机器人导航系统中的路径规划算法 ［J］. 微计算机信息，2006-07-20(3).

其次，基于 GraspNet-1Billion 数据集，团队开发了一套新的可抓取性（graspness）嵌入端到端三维神经网络结构，在单目点云上直接预测整个场景可行的抓取姿态，根据采样密度，抓取姿态可从数千到数万不等，整个过程仅需数十毫秒。基于全场景的密集的抓取姿态，后续任务可根据目标及运动约束选择合适的抓取位姿。

在 2021 年的 ICRA 会议上，上海交通大学团队利用上述算法展示了最新研究成果"AnyGrasp"，基于二指夹爪的通用物体抓取。这是第一次机器人对于任意场景的任意物体，有了比肩人类抓取的能力，无须物体 CAD 模型与检测的过程，对硬件构型、相机也没有限制。

根据该算法，仅需要一台 1 500 元的 RealSense 深度相机，AnyGrasp 即可在数十毫秒的时间内，得到其观测视野内整个场景的数千个抓取姿态，且均为六自由度，以及一个额外的宽度预测。在五小时复杂堆叠场景的抓取中，单臂 MPPH（mean pick per hour，单位小时内平均抓取次数）可达到 850 多次，为 DexNet4.0 的三倍多，这是该指标第一次在复杂场景抓取上接近人类水平（900 ～ 1 200 MPPH）。

技术层面上，AnyGrasp 的实现是基于研究团队提出的一个全新方法论，即真实感知与几何分析的孪生联结。真实感知与密集几何标注原本是矛盾的两方面，因为真实感知往往需要人工标注，而几何分析需依赖仿真环境，此前未曾有团队在这方面进行过尝试。

（2）语音交互

机器人的语音交互是实现人与机器人以语言为纽带的互动方式，也是智能语音和对话系统的一个重要的综合应用。

语音交互技术可以概述如图 7.1 所示。

与智能音箱类似，机器人的语音交互技术同样包含了麦克风阵列、语音唤醒、语音识别、声纹识别、自然语言处理、对话系统和语音合成等关键技术。

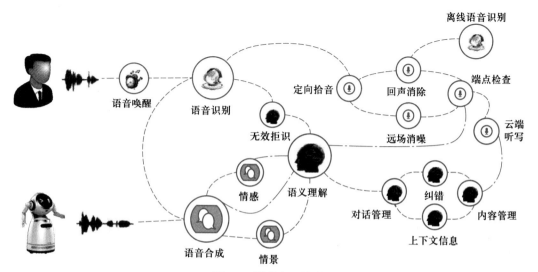

图 7.1 语音交互技术

（3）人机交互

人机交互（human–computer interaction，HCI）是一门研究机器与人之间交互关系的科学。在传统的工业机器人领域，人与机器人的交互非常简单，机器人工作在无人环境，仅具有一般编程能力和操作功能，按照人类规定的程序工作，即使外部环境发生变化，工业机器人也不会进行自我调整。机器人走入智能化时代后，机器人可以自我调整，对不确定的操作对象、操作环境和操作任务都能够实现自适应；人与机器人之间的交互也从单向变成双向，甚至是多向；从而使智能机器人能够广泛地应用于工业、服务业、家用场景。

① 机器人遥操作

机器人遥操作（teleoperation 或 telerobotics）是指在相关机器人控制中把人类操作包含在控制回路中，任何的上层规划和认知决定都由人类用户下达，而机器人本体只负责相应的实体应用。当机器人处理复杂的感知和大量任务时，在快速做出决策和处理极端情况时，遥操作要优于智能技术。

目前遥操作已广泛应用在医疗领域、极端环境探索，如太空与深海场景、防恐防爆、核电站维护应用场景，以及基于工业机械臂的自动化生产中。

② 多模态人机交互

人机交互已走过了键盘交互、触摸交互等阶段，然而单一模态的人机交互存在一些弊端，例如，机器人的语音交互，很多时候会误判指令和错误唤醒，存在不确定性；单纯依靠视觉的交互，机器人无法准确获得用户的意图。针对以上弊端，多模态人机交互研究将多种模态的感知信息进行融合，更加准确地理解人、物体和场景，进而能更加自然地交互。多模态的信号包括听觉、视觉、力觉、嗅觉，以及红外、激光、温度等多种传感器信息。除了多模态感知，还需要研究多模态的表达，让机器人能做出因人而异的多模态表达，并进行操作以完成任务。

多模态人机交互是推动机器人走向自然人机交互的重要研究范畴。

③ 脑机交互

脑机交互是人机交互的重要方式，也是近年来研究的热点，人不用通过动作，也不用通过语言，只要通过分析人的脑电波信号，可以把它识别和翻译成机器可以识别的指令，实现脑对外部机器的直接控制。

脑机交互在民用和军工都有广泛应用，例如瘫痪的病人或者是手脚及语言有障碍的人，通过脑机交互，就能够控制机器人完成移动和操作；目前也有研究利用脑电波做目标探测，以提高目标探测的准确性，完成机器人的操作，实现军事应用。

7.1.2　机器人的发展历程

1. 机器人的发展历程

机器人的定义根据其发展历程越来越明确。机器人的发展随着技术变迁可以分为三个阶段：第一代示教再现机器人、第二代感觉机器人、第三代智能机器人，相关的技术主导方向和发展方向进程如表 7.2 所示。

表 7.2 机器人技术变迁和发展历程

主导方向	时间 / 年	技术变迁	产品化应用
示教再现机器人	1956—1962	简单个体机器人； 用人工引导、人工操作引导、示教盒来使机器人完成预期动作	1959 年，世界上第一家机器人制造工厂 Unimation 公司问世； 1962 年，美国 AMF 公司生产出"VERSTRAN"，掀起了全世界对机器人和机器人研究的热潮
感觉机器人	20 世纪 60 年代	具备一定的感知系统； 能获取外界环境和操作对象的简单信息； 1965 年，约翰·霍普金斯大学应用物理实验室研制出 Beast 机器人，Beast 已经能通过声呐系统、光电管等装置，根据环境校正自己的位置； 可对外界环境变化做出简单的判断并相应调整自己的动作	1964 年，麻省理工学院（MIT）推出了世界上第一个带有视觉传感器、能识别并定位积木的机器人系统
智能机器人	20 世纪 70 年代至今	逐渐具备了视觉、听觉、力觉传感器，能进行定位、导航、感知交互，而且还具有独立判断和行动的能力，并具有记忆、推理和决策的能力，能够完成更加复杂的动作； 1969 年，日本早稻田大学加藤一郎实验室研发出第一台以双脚走路的机器人。加藤一郎长期致力于研究仿人机器人，被誉为"仿人机器人之父"； 1986 年，卡内基·梅隆大学（CMU）机器人研究所的 NavLab，研制出第一台计算机控制的无人驾驶汽车，它具有早期版本的激光雷达，可充当车辆的眼睛； 20 世纪 90 年代中期，斯坦福大学智能机器人实验室发明了第一台柔顺机器人 ARTISAN	由双脚机器人催生出本田公司的 ASIMO 和索尼公司的 QRIO； 2000 年，斯坦福大学智能机器人实验室与德国航空航天中心 DLR 合作，研发并生产出第一台柔顺机器人整机 LWR（the light-weight robot）； 2008 年，世界上第一例机器人切除脑瘤手术成功。施行手术的是卡尔加里大学医学院研制的"神经臂"； 2019 年，非夕科技发布世界首台自适应机器人 Rizon4（拂晓），采用系统性创新的全新技术路线，首次实现工业级力控、人工智能和机器视觉的"三位一体"，使机器人具有了人一样的"手脑眼"协作能力

从行业发展的历史和趋势来看，国际著名信息产业研究机构 IDC 发布的《人工智能时代的机器人 3.0 新生态》白皮书显示，全球机器人的发展已经步入机器人 3.0 时代。所谓的机器人 3.0 时代，是伴随着感知、计算、控制等方面技术的迭代升级，图像识别、自然语音处理、深度认知学习等新型数字技术在机器人领域的深度应用，以及机器人领域的服务化趋势日趋明显而形成的。不同于机器人 1.0 和 2.0 时代，它的核心是服务，是真正

应用数据进而形成更智能的人工协作、情感互动的服务型产品。因此，机器人将对数字经济的发展起到基础性的助推作用，将有机会成为数字经济的基础设施。数字经济的发展渴望机器人，也离不开机器人。

对中国来说，庞大的经济结构中需要规模化的机器人产业帮助提升生产效率，开拓生产场景，提供更好的服务，乃至解决从民生到国家安全的各种问题，未来的数字经济版图中，机器人将成为不可或缺的一部分。

2. 机器人的分类

从机器人应用环境角度看，国际机器人联盟（International Federation of Robotics，IFR）将机器人分为工业机器人和服务机器人，工业机器人指应用于生产过程与环境的机器人，主要包括人机协作机器人和工业移动机器人；服务机器人则是除工业机器人之外的，用于非制造业并服务于人类的各种先进机器人，主要包括个人或家用服务机器人和公共服务机器人[1]。当前，我国为满足面对自然灾害、公共安全和特种极限场景的需求，特别提出了特种机器人的品类，将机器人划分为工业机器人、服务机器人、特种机器人三类，如图 7.2 所示。

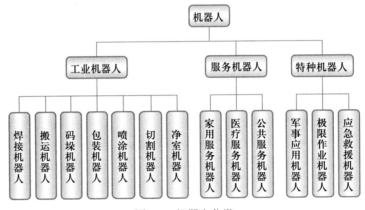

图 7.2　机器人分类

按机器人的移动性能可分为固定式机器人和移动机器人。固定式机器人是固定在底座上，只有各关节可以移动的机器人。移动机器人是可以沿某个方向或任意方向移动的机器人。移动机器人又可分为轮式机器人、履带式机器人和多足机器人，其中多足机器人包括双足、四足、六足和八足机器人。

7.2　控制智能与机器人的行业应用

2008 年左右，接入互联网的物体数量已经超过了接入互联网的人数，这一转变被一些人认为是物联网的开端，机器人作为这些智能物体之一，为人工智能系统提供了更强大

---

① 王燕波；李晓琪 . 智能机器人——未来航天探索的得力助手［J］. 宇航总体技术，2018-05-15(5).

的感知能力和对现实世界的控制途径。在《中国制造 2025》国家战略下，机器人也无疑
是一个代表智能化、数字化技术的核心发展领域，并且是实现智能制造不得或缺的组成部
分。近年来，中国机器人产业在劳动力成本上升、人口老龄化加剧、制造业转型升级等多
重因素影响下得到快速发展，自 2013 年起，中国已成为全球第一大工业机器人市场。[①] 与
此同时，服务机器人市场也开始迅速增长。根据路透社旗下新闻媒体 IFR 数据显示，2015
年到 2018 年间，中国服务机器人的销售额的增长速度连续三年超越全球服务机器人销售
额和中国工业机器人销售额的增长速度，保持良好增长趋势，如图 7.3 和图 7.4 所示。中
国的服务机器人在市场规模、产业链等方面具备全球竞争优势，未来有望引领全球服务机
器人行业的发展。

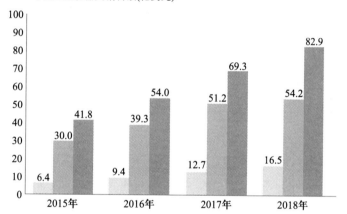

图 7.3　2015—2018 年全球 / 中国服务机器人及中国工业机器人销售额

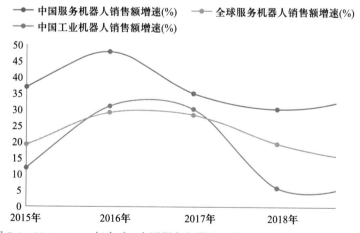

图 7.4　2015—2018 年全球 / 中国服务机器人及中国工业机器人销售额增速

① 工信部装备司 . 市场快速增长 机器人产业体系逐步形成［J］. 中国工业报，2016–07–14(7).

7.2.1　机器人技术应用领域

工业机器人、服务机器人和特种机器人主要应用于以下方面。

① 工业机器人主要应用在工业生产中，进行焊接、喷漆、钻孔、打磨、搬运等作业。

② 服务机器人主要用于人类日常生活的公共服务和个人服务，是一种半自动或全自动工作的机器人，使人类生存得更好。

③ 特种机器人主要应用于专业领域，一般由经过专门培训的人员操作或使用，其应用范围主要包括救援、医疗、军事、石油化工、太空探索等。

7.2.2　工业机器人

工业机器人的商业模式普遍为企业对企业（business-to-business，B2B）。工业机器人通过系统集成商经过二次开发应用到不同场景中，在工业制造生产链路中发挥关键作用：上游主要是以控制器、伺服电动机、减速器三大机器人的核心零部件的生产厂商，此外还有一些提供工业视觉、导航定位技术等的技术供应商；在上游核心零部件之上，是核心元器件的生产厂商，主要是主控芯片、驱动芯片、传感器等基础的元器件；中游代表机器人本体，即机器人的机械传动系统，也是支撑基础和执行机构；下游是系统集成商，主要依据终端客户的需求，进行系统集成或软件二次开发，从而应用到不同的领域或定制化场景。

据统计，工业机器人的总成本中，核心零部件的比例一般接近 70%，其中减速器、伺服电动机和控制器占比分别大约为 32%、22% 和 12%[①]。减速器、伺服电动机和控制器的国产化程度逐年在提升，但在主控芯片、驱动芯片和传感器等基础元器件上国产化还有待进一步突破。

工业机器人作为智慧工厂的"明灯"，在自动化技术的不断优化提升下，其核心技术得到了创新，市场需求不断上升。其实在早期，工业机器人就出现在汽车行业，现在仍是其应用最多、最规范化、最成熟化的领域之一。目前，在大数据、5G 的发展背景下，工业机器人已经扩大应用范围到通用工业领域，其中最具代表性的是 3C（computer，communication，consumer）电子自动化产业。此外，工业机器人在物流、加工等领域的应用频率也在持续上升。

从市场端来看，工业机器人的应用领域逐渐扩大并更加明确，其性能也得到了优化，根据中国电子学会整理数据，自 2014 年起，工业机器人的市场容量持续扩张，以年均8.3% 的速度持续增长。IFR 报告显示，2018 年，日本、美国、韩国和德国等国家的工业机器人销售额总计超过全球销量的 3/4，这些国家的工业机器人市场需求已经明确，使得全球工业机器人的使用率逐年上升。目前在全球制造业领域，工业机器人使用密度已经达到 85 台 / 万人[②]。2018 年，全球工业机器人销售额达到 154.8 亿美元，其中亚洲销售额大

---

① 前瞻产业研究院 . 工业机器人产业布局及市场规模分析［J］. 中国包装，2019–04–18(4).
② 王万 . 机器人产业发展研究［J］. 制造业自动化，2018–04–25(4).

大超过了欧洲和北美地区，约为 104.8 亿美元，如图 7.5 所示。

从需求端来看，工业机器人在汽车、电子产品、金属制品、塑料及化工产品等行业的应用较为广泛。汽车制造业是工业机器人的最大市场，2018 年汽车制造业购买的工业机器人约占总销量的 30%；电子产品需求占比约为 25%。2019 年汽车制造业需求占据总销量的比例略有下滑（28%）；电子产品紧随其后，占比约为 24%；金属业位居第三，占比约为 12%；塑料与化工排列第四，占比约为 5%。汽车制造及电子产品用工业机器人占比下滑反映了 2019 年全球汽车需求明显下挫，以及电子产品在中美贸易摩擦中受到的较大影响。

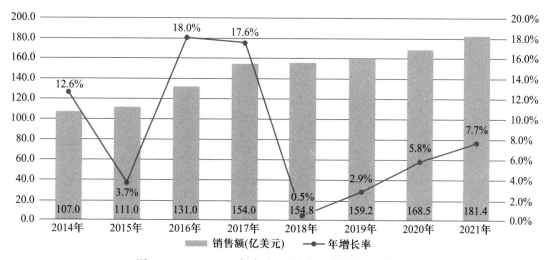

图 7.5　2014—2021 年全球工业机器人销售额及增长率

自 20 世纪 50 年代末世界上第一台机器人诞生以来，工业发达国家已经建立起完善的工业机器人产业体系，掌握了核心技术与产品应用，工业机器人四大家族（瑞士 ABB、德国库卡 KUKA、日本发那科 FANUC、日本安川 Yaskawa）中，发展得最成功的是日本，依托在数控系统、伺服电动机等方面的优势，已成为长期领跑工业机器人技术研究与应用市场的国家。中国的工业机器人在 2010 年以后进入高速增长期，表现出增速下台阶而销量上台阶，以及 3 ~ 4 年维度的周期性特征，与日本机械订单数据的规律相似。虽然中国工业机器人产业链愈发成熟，但外资占比超过 60%，整机及三大核心零部件均被以日系为主的国外企业垄断。

中国对于工业机器人需求量巨大，到目前为止，"四大家族"在国内依旧占据了超过 50% 的市场份额。"四大家族"在各个技术领域内各有所长，KUKA 的核心领域在于系统集成应用与本体制造，ABB 在于控制系统，发那科在于数控系统，安川在于伺服电动机与运动控制器领域。近几年来中国机器人市场不断地发展，国内机器人产业链上中下游都积累了不少企业，根据中国工业和信息化部的调查，中国机器人公司的数量从 2012 年的不足 300 家猛增至 2021 年的约 3 500 家，但其中只有 27 家是在中国有生产基地并真正具备竞争力的公司。目前比较优秀的机器人企业有新松、埃斯顿、埃夫特、广州数控、非夕科技等公司。

7.2.3 服务机器人

人工智能自深度学习模型在 2006 提出之后，进入了第三次加速阶段，而智能化的各种公共服务应用场景，为服务机器人技术开拓出了一条高速跑道。2014 年以来全球服务机器人市场规模年均增速达 21.9%[①]，2021 年全球服务机器人市场规模突破 130 亿美元，如图 7.6 所示。

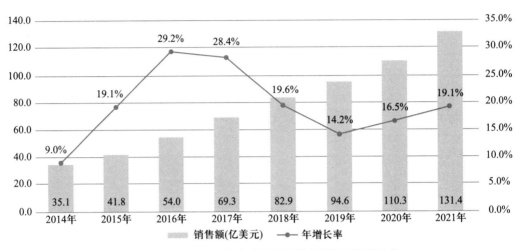

图 7.6 2014—2021 年全球服务机器人销售额及增长率

中国的服务机器人产业发展迅速，智能服务机器人在广泛的服务场景中得到了应用，新的商业模式、产品形态、技术方案得到了发展，从最开始"服务机器人＋行业"的模式，向"行业＋服务机器人"的模式转换，以特定场景、特定应用为中心，为场景和行业赋能。

服务机器人不同于工业机器人，通常用于制造业以外的领域，大部分都装有机轮，属于机动式或半机动式装置，少数的还安装了机械臂。服务机器人目前主要应用于零售、酒店、医疗、物流行业，此外，部分专业服务机器人也应用于航天和国防、农业及拆迁行业。另外，服务机器人还包括扫地机器人、娱乐机器人、智能玩具机器人、送餐机器人等家用服务机器人。家用智能服务机器人作为未来智能家庭的核心终端，是服务机器人未来发展的最主要目标之一，也将是融合人工智能技术、机器人技术、传感器技术、能源和材料等众多高新技术为一体的应用载体。

服务机器人市场得以快速发展的驱动力，除了国家政策引导外，核心在于其服务属性。伴随人们物质水平的提高，对于生活质量的要求也不断提升，加之各行各业由于人口老龄化、人口红利减弱带来的降本增效压力，服务机器人或将成为很好的载体，凸显出其产业价值，如图 7.7 所示。

---

① 张莉 . 服务机器人迎来发展黄金期［ J］. 中国对外贸易，2019-09-15(3).

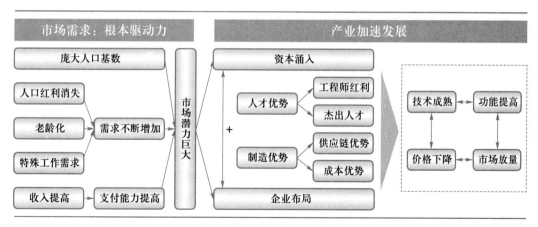

图 7.7　服务机器人产业驱动力及发展逻辑

政策刺激、巨头站台、市场愿景等因素作用下，服务机器人市场投融资持续升温，企业蜂拥入场，年投融资超过 200 亿元。投资结构也发生了结构性变化，投资者更加理性，更偏向中高端技术门槛，包括核心技术部件、人工智能机器人技术，以及细分领域应用领导者等标的，也推动了行业的价值龙头企业脱颖而出。

自 2020 年以来，我国服务机器人市场快速增长，医疗、教育、公共服务等领域需求成为主要推动力。在市场需求波动的影响下，2021 年市场增速出现回调，但随着人口老龄化趋势加快，以及医疗、公共服务需求的持续旺盛，我国服务机器人存在巨大市场潜力和发展空间，市场规模及总体占比也将持续增长。2023 年，随着视觉引导机器人、陪伴服务机器人等新兴场景和产品的快速发展，我国服务机器人市场规模有望进一步突破。

服务机器人和特种机器人的产业链也分为上中下游，但是与工业机器人的最大差异是服务机器人和特种机器人在相关产业中是相对独立的系统，对系统集成商的依赖度不高，往往由机器人公司完成面向应用场景的开发，少部分由第三方开发者完成开发再应用到具体场景中；同时服务机器人和特种机器人对人工智能技术的需求会更大，涉及语音、视觉、语言，以及导航定位等多项人工智能关键技术。

按照当前各科研院所和企业的热门研究方向，服务机器人最具发展前景的三大应用场景为：商业应用、教育应用和家庭应用。

服务机器人由于其自身的各类技术融合度高、与各行业的应用切入面广，商业模式较为丰富，主流分为三类：单独产品售卖、集成产品方案售卖、解决方案及服务售卖。

7.2.4　特种机器人

特种机器人是由经过专门培训的人员操作或使用的，辅助或代替人执行任务的先进机器人，主要应用于军事、建筑、采掘、安防监测、交通运输、管道建设等专业领域。近年来，全球特种机器人整机性能持续提升，智能化不断升级，不断催生新兴市场，引起各国政府高度关注。随着特种机器人的智能化和对环境的适应性不断增强，在许多领域的应用前景也日益广阔。

除了地面机器人，无人机属于特种机器人中的空中机器人。近年来在机器人家族中，无人机是科研活动最活跃、技术进步最大、研究及采购经费投入最多、实战经验最丰富的领域。

机器人行业权威媒体《机器人商业评论》2019 年机器人企业 Top 50 的榜单中出现的深圳市大疆创新科技有限公司（DJI-Innovations，DJI），是全球领先的无人飞行器控制系统及无人机解决方案的研发和生产商，客户遍布全球 100 多个国家。DJI 致力于开拓无人机技术生态，与各个行业领域的开发者及合作伙伴在建立信任的基础上展开深度的技术合作，在数据安全、公共服务、农业、能源、建筑和基础设施等领域带来更多价值，推动行业发展。

美国 Exyn Technologies 公司依托宾夕法尼亚大学 GRASP 实验室在自主飞行和空中机器人技术领域进行了 10 多年的研究和开发。其高级自主航空机器人（A3R）是一个完全自主的航空系统，用于在没有 GPS 的环境中收集数据，包括用于地下矿井的测绘和检查。采用 Exyn Technologics 公司推出的无人驾驶机器人，能够制作出信息丰富的 3D 地图，极大地改善矿井的日常运营和安全。

7.3　控制智能与机器人的应用实例

7.3.1　工业机器人应用实例 ·· □

1. 汽车及大型制造行业

机器人在产业领域的应用首先落地于汽车行业，从整车制造组装到汽车零配件组件的制造，机器人都可以代替人工。目前汽车整车组装的四大工序冲压、焊接、喷涂、组装，都已经由机器人单元来完成，汽车行业也成了首个机器人大规模成熟应用的行业，是自动化程度最高的行业之一。四大家族的机器人也大多集中在汽车行业及类似的大型制造行业使用。国内也有一些企业从事这方面的研发与制造。

ABB 是一家总部在苏黎世的瑞士 – 瑞典跨国公司，经营范围主要为机器人、电动机、能源、自动化等领域，是电力电动机和自动化设备巨头。其核心技术是运动控制系统，可以提高部件的运动精度，做到对执行件运动速度和时间的精密控制，实现机器人可程序设计，大大地提升了工作生产的质量、效率和可靠性，进而达到提高产出质量的目的。近几年 ABB 公司愈加重视其产品在客户端的应用，注重其与各大机器人集成应用企业的合作，其产品开发也开始向与互联网、大数据、人工智能集成应用方向倾斜。

库卡（KUKA）是一家德国公司，创立于 1898 年，其主要客户来源于汽车制造行业，在高端制造行业客户资源广泛，拥有奔驰、宝马等核心客户，北美洲是其在全球的第一大市场。KUKA 公司的机器人采用开放式的操作系统。1973 年，公司研发了世界首个电动机驱动的六轴机器人；1989 年，公司开始使用无刷电动机，制造出了新一代工业机器人，降低了维护成本并提高了技术可用性。KUKA 机器人被广泛应用在工业自动化、智能制造、石油化工等产业中的物流、机械加工、焊接等相关流程和工序。

日本发那科（FANUC）公司创建于 1956 年，专注数控系统领域，其机器人采用标准化编程，操作便捷，同类型机器人底座尺寸更小，拥有独有的手臂设计，且配置的核心零部件除减速器以外都能自给，盈利能力强。其机器人主要应用于汽车制造业和电子电气领域。在我国，发那科的机器人产品主要应用于制造业中，包括民用电器、货运、智能硬件、通信等领域，相关营业收入占其总营业收入的 55%，其中排名前三的行业分别为家电、物流和电子电气行业。

日本安川电机（Yaskawa）是全球市场占有率最高的工业机器人公司，负责制造运动控制器、伺服驱动器、变频器、工业机器人，创立于 1915 年，是日本第一个做伺服电动机的公司。伺服驱动器、运动控制器等机器人的关键零部件技术的开发和应用推动了安川电机公司在机电一体化及机器人行业的业务发展。1974 年，安川电机公司推出了日本第一款电动弧焊机器人莫托曼（MOTOMAN），2009 年成功开发出世界第一款 7 轴机器人莫托曼 VS50。目前安川电机公司已开发出电弧焊 / 点焊机器人、处理 / 组装机器人、协作机器人、玻璃基板转移机器人、半导体晶圆转移机器人等多款机器人。因其机器人产品具有简洁实用、性价比高的特点，2014 年，安川电机公司工业机器人全球销量达到 30 万台，居世界领先水平。

成立于 2007 年的埃夫特智能装备股份有限公司在工业机器人和跨行业智能制造解决方案领域有多年的行业积累，尤其在汽车行业柔性焊装系统、通用行业智能喷涂系统，以及智能抛光打磨和金属加工系统等领域为合作伙伴提供专业的整体解决方案。埃夫特公司的主要业务板块分为工业机器人核心零部件、整机，以及系统集成方案。

广州数控设备有限公司（GSK）主要向客户提供 GSK 全系列的机床数控系统，伺服驱动装置和伺服电动机等数字控制设备，是我国最具规模的数控系统研发生产基地。工业机器人和精密注塑是 GSK 公司的两大主要经营业务领域。近年来，GSK 公司致力于为客户提供高质量的仪器设备、全方位的售前售后服务，以及专业的综合解决方案。

上海非夕机器人科技有限公司（Flexiv）成立于 2016 年，是全球范围内自适应机器人厂商代表。其自主研发及自主生产的融合工业级力控、机器视觉和人工智能技术的自适应机器人，可以适应不确定的工作环境，通过像人一样的手眼配合来完成复杂的工作任务，以此来增强生产过程中的柔性和生产力。目前上海非夕机器人科技公司的自适应机器人产品主打 Rizon（拂晓）系列，其中包含 Rizon4，Rizon4S，Rizon10。上海非夕机器人科技公司在通用组装、精密装配、复杂表面处理、移动操作等传统自动化痛点环节，提供关键产品技术及完整自动化解决方案。

2. 电子行业

在世界机器人市场中，计算机、通信和消费类电子产品相关行业（3C 产业）的工业机器人销量约占工业机器人总销量的 30%，为工业机器人应用的第二大行业。在我国 3C 产品生产相关行业的应用中，工业机器人重点服务移动电话、计算机、电子元器件等领域。在全球工业应用中，SCARA 型四轴机器人、串联关节型垂直 6 轴机器人的使用数量最多，分居第一、第二位。在 3C 产业，除上述两类机器人外，AGV 物流机器人、桌面焊锡、点胶机器人等被广泛应用于替代人类完成上下料、冲压、组装、屏幕处理、手机外壳抛光、分拣装箱等工序中。国内外机器人制造商根据 3C 制造业精益生产的需求，按照小型化 / 桌面级 / 易使用的要求开发机器人产品，提高了 3C 产品自动化生产、制造的质量和效率，进而达到提高生产力的目的。

国产机器人在 3C 电子行业应用越来越多，由于 3C 产业的代工企业，如富士康、华硕、仁宝、光达等公司都将工厂设立在中国，且传统的"四大家族"应用于汽车行业的机器人转移到 3C 行业后出现了水土不服的现象，这给国产机器人厂家提供了巨大机会。例如，新松、EFORT、汇川、上海非夕机器人科技、埃斯顿等厂家，凭借在 3C 行业中的应用逐步缩减与国际机器人品牌在市场份额上的差距。

3. 仓储物流行业

在仓储物流管理上，机器人能够有效节省人力。目前，国际级仓储公司正大量地使用自动导引运输车 AGV，以亚马逊、京东与菜鸟网络 3 个国际上重要的仓储物流商为例，亚马逊在 2012 年收购了 Kiva 改名为 Amazon Robot，目前只给亚马逊自身提供 AGV；京东提供的仓储物流相关产品包括 AGV、码垛、分拣与无人机等；菜鸟网络使用的快仓 AGV 由 2014 年成立的快仓公司提供，快仓 AGV 作业的模式与 Amazon Robot 相同。

《机器人商业评论》在 2020 年发布了榜单，其中智能物流机器人企业极智嘉（Geek+）是唯一登榜的中国企业。Geek+ 公司成立于 2015 年初，是一家智慧物流智能机器人企业，利用机器人和人工智能技术提供全品类物流机器人产品线和解决方案。从应用场景来说，Geek+ 公司聚焦于整个大零售仓储解决方案，以及大型工业制造工厂的解决方案，致力于为物流、零售、制造等行业进行新技术赋能。Geek+ 公司研发的物流机器人，主要功能是拣选：接入客户的订单系统后，机器人会根据订单选择最优路径，搬运需要拣选的货架到拣货员面前后再将货架运回。其机器人拣选系统最大的特点是使用了最小费用最大流（minimum cost maximum flow，MCMF）算法，即利用尽可能少的机器人实现人工拣货效率最大化，所表现的形式就是一直有机器人搬运货架停在工人面前，使工人一直有货待拣，且单位时间的拣货效率最高。根据 Geek+ 公司提供的数据，以某大型电商的一万平方米机器人仓为例，Geek+ 机器人系统的人均拣货效率由最初的 300 件 / 小时提升至 450 件 / 小时，峰值可达 600 件 / 小时。

2020 年 4 月，美国的 Bossa Nova 公司凭借其自主数据捕获和货架上库存分析机器人获得了 2020 年爱迪生零售创新类别的金奖。Bossa Nova 货架巡检机器人内建 2D 和 3D 视觉、高速和精密光学器件及条码读取器，可以自动完成零售商店中货架上数据的捕获和分析。该解决方案目前在 350 个零售商店中运行机器人，自主扫描过道，识别产品、价格标签并实时报告缺货情况。

同样来自美国的 Fetch Robotics 公司在 2015 年就推出了两款云端智能仓储机器人，与 Amazon Robot 仓储机器人不同的是，这两款仓储机器人是成套出现的。其中一款叫

Fetch，该机器人有一个机械臂，可以利用机器视觉、图像处理和导航等技术，按照订单内容，把商品从货架上拿下来，并放在另一款叫 Freight 的机器人上，Freight 负责货物的运输。Freight 也有两种型号，Freight 500 能够搬运 500 kg 的有效载荷，而且能够处理物料搬运、供应链及物流解决方案领域里的标准尺寸大小的箱子；Freight 1500 则设计用于搬运托盘类的标准货箱，尺寸更大，能够搬运 1 500 kg 的有效载荷。

7.3.2　服务机器人应用实例

1. 商业应用

用于商业应用服务的机器人称为公共服务机器人，目前真正体现应用价值、落地规模较大的主要有 3 类：安防智能机器人、配送末端机器人和接待导引机器人。从商业用户和商业价值角度衡量，其各自的定位存在很大差别。这些公共服务机器人的商业落地主要集中在娱乐场所、医疗、餐厅、银行和酒店等。下面列举几款常见的公共服务机器人。

面向零售、政务、金融、展馆、机场等行业的公共服务机器人，提供迎宾接待、导览指引、问询办事等公共服务功能，并通过人工智能及机器人的开放平台进行技术接口开放，与应用行业的落地需求、业务流程及系统进行嵌入打通，提供解决方案层的合作服务，实现在众多行业的商业化落地。

例如，优必选公司研发的智能云平台公共服务机器人 Cruzr（克鲁泽）采用自主研发的 U-SLAM 立体导航避障系统，能够感知周围环境，进行地图构建和自定位，利用六大传感器协同实现多方位立体导航避障。其多模态人机交互能力如人脸识别、语音识别、电子皮肤保护等能够灵活应用于迎宾、导览、零售等场景，全面展示其商用价值，如图 7.8 所示。

在新冠疫情期间，优必选公共服务机器人针对疫情场景进行了功能拓展开发，承载了疫情期间的公共防疫服务等功能，在多个国家和地区应用落地。

图 7.8　云平台商用务机器人 Cruzr

以 Cruzr 为前端执行体，人工智能处理平台为智能大脑，基于机器人视觉智能、语音智能、多模交互、自主移动的能力，机器人可以执行体温识别、口罩佩戴识别、疫情宣传与导诊、隔离区娱乐互动等任务，如图 7.9 所示。

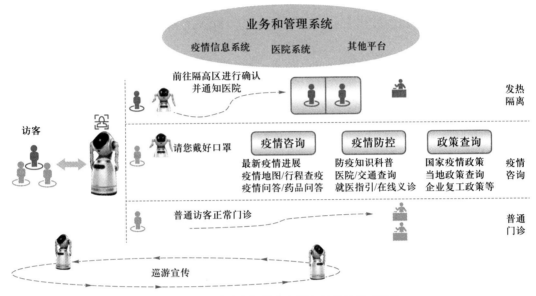

图 7.9　公共区域防疫场景业务服务的相关技术架构

在公共服务机器人产品中，软银公司的人形机器人 Pepper 被誉为"全球首台具有人类感情的机器人"，可通过表情、动作、语音与人类交流、反馈，也能够跳舞、开玩笑。目前，全球超过 2 000 家公司使用 Pepper 进行接待和引导客户。Pepper 拥有 20 个自由度，能够进行 15 种语言的语音识别与对话，具备红外传感器，惯性测量单元，2D 和 3D 摄像头等设备，能够进行自主导航。Pepper 还支持通过 Wi-Fi 接入云端服务器，这能够令其各类识别系统和表现更加智能。

2. 教育应用

教育服务机器人是具有教学属性的智能服务机器人，用来进行语言学习、程序设计学习或特殊人群学习等主题的教学。通常而言，教育服务机器人具有固定的结构，不支持用户自行拆装。在人工智能和机器人技术大力发展的背景下，越来越多的企业将这两种技术实践于教育领域，而教育机器人作为教育领域的代表，承接着机器人创造智慧学习环境这一目标的重要执行者。

软银公司的 NAO 是一个应用于全球教育市场的双足人形机器人，具有 25 个自由度，7 个触摸传感器和惯性测量单元，用于感知周围环境和自定位。NAO 能识别 20 种语言并进行对话，通过 2 个 2D 摄像头识别物体和人脸。NAO 提供一个独立、可程序设计、功能强大且易用的操作应用环境，可应用于 18 个领域的教育方向，满足教学需求。另外，NAO 还加入儿童孤独症解决方案（ASK），为教育工作者和治疗师提供多套解决方案。

全球知名玩具厂商乐高也涉足了教育机器人领域，乐高教育公司隶属于乐高集团，1980 年成立于丹麦，为全世界的教师和学生提供内容丰富、具有挑战性、趣味性和可操作性的学习工具和教学解决方案。其解决方案涵盖早期教育、中小学教育阶段，主要针对 STEM 学习。其中一款 EV3 机器人针对高年级教育，配置 3 个伺服电动机和 5 个传感器，包括陀螺仪、超声波传感器、颜色传感器和触动传感器，支持 Python 程序设计的学习。

3. 医疗应用

从整体发展阶段来衡量，医疗机器人产品本身的技术含量水平和医护人员的使用操作能力都仍然处于初期导入阶段，需要继续培育，但人们对高端智能医疗服务机器人的需求呈持续增长势头。随着人工智能、大数据和新型材料的结合和发展，医疗机器人在医疗领域中市场渗透和占有率持续增长，应用发展效果良好。

医疗机器人是指应用在诊所、医院的医疗服务过程中的机器人，它能根据医疗需求和场景要求，独立生成操作计划和步骤，确定动作路径规划，并辅助机构执行该操作计划和完成指定动作。它能够辅助医生，扩展医生的能力，具有医用性、临床适应性和良好交互性三大特点。在医疗机器人目前的市场调研中发现，医疗手术机器人市场占有率相对较小，但是需求旺盛，应用成本有待大幅降低，以满足市场普及的需求和接受度；医疗辅助机器人市场占有率相对较大，规模发展迅速，尤其在养老院、社区中的需求量庞大，且技术难度最低；医疗康复机器人市场占有率最大，其政策利好和应用范围广泛，是目前品类中发展最好的医疗机器人。

最有代表性的达芬奇外科手术系统是使用微创的手术方式，辅助医生完成复杂外科手术的一种高端机器人平台。达芬奇外科手术系统由三部分组成：外科医生控制台、床旁机械臂系统、成像系统，如图 7.10 所示。实施手术时主刀医师不与病人直接接触，通过三维视觉系统和动作定标系统操作控制，由机械臂以及手术器械模拟完成医生的技术动作和手术操作。

图 7.10 达芬奇外科手术系统

天智航公司的第一代天玑骨科手术机器人于 2010 年获得中国第一个医疗机器人产品注册许可证，截至 2019 年末，该机器人系统已累计实施 5 371 例手术，覆盖 20 多个省 /

自治区/直辖市，应用于 74 家三甲医院、骨科专科医院等医疗机构。该机器人系统由机械臂主机、光学跟踪系统、主控台车构成，如图 7.11 所示，能够辅助医生精确定位植入物或手术器械，精度达毫米级，尤其对微创手术、高风险区域手术具有明显优势，可有效降低手术风险、减少手术并发症。天玑骨科手术机器人兼容 2D 和 3D 两种手术规划模式，运动灵活、工作范围大，广泛应用于全节段脊柱手术、创伤骨科手术的精确定位，既能一机专用，也能一机多用。

在康复机器人领域，大艾机器人公司研发的 AiLegs 系列和 AiWalker 系列外骨骼机器人适用于脑损伤、脊髓损伤患者、瘫痪和偏瘫患者，如图 7.12 所示。AiLegs 系列机器人尺寸精准，调节便利，适用于更大范围不同身高患者的精准快速适配，使患者能与机器人充分地互动协调、平衡、协调全身的运动能力，提升康复运动效率。AiWalker 系列机器人使用中支撑脊柱，稳定骨盆，给患者提供全方位保护，体积占用空间小，康复科室场地需求简单，可在科室及走廊内移动训练或室外平地步行。目前该企业的合作机构包括北京积水潭医院、中国人民解放军总医院等。

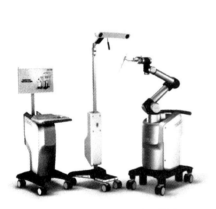

图 7.11 天玑骨科手术机器人

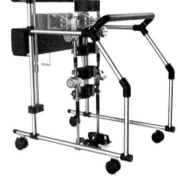

图 7.12 AiLegs 和 AiWalker 系列机器人

在自动药物分拣和自动配药领域，上海非夕机器人科技公司研发出了静脉注射配药机器人，如图 7.13 所示。此设备结合了其先进七轴自适应机器人、计算机视觉和深度学习的技术，基于药物药品数据的知识驱动、视觉感知和高灵敏度的力反馈，达到按医嘱需要完成常规静脉配药所需药品的开瓶、取液、注射、摇匀、消毒等功能。非夕静脉注射配药机器人可以像人手一样实现灵活的配药任务，并与医院本地数据中心联通，实时获取医嘱信息及反馈结果状态，从而实现智能化、通用化、灵巧化的配药能力。同时本设备具有远小于普通单类别配药工作站的体积，极大地减少占地空间，可在多类配药中心及静脉注射室灵活切换使用。

图 7.13 非夕静脉注射配药机器人

7.3.3 特种机器人应用实例

目前国内外已经有众多公司开发了应用于各种场景的特种机器人，以下列举几家有代表性的企业。

在国际上谈到特种机器人，波士顿动力公司（Boston Dynamics）无疑占据着世界首位，凭借着在特种机器人和人形机器人领域的突破创新逐渐成为业内最有影响力的机器人公司之一。波士顿动力公司的 SpotMini 机器狗在建筑工地环境下流畅地上下楼梯、绕过障碍物，并且能够使用机械臂上的摄像头对现场进行检查。随着其环境适应性不断提高，未来可用于危险环境下的定位搜索任务。

我国中智科创机器人有限公司（CSST）自 2011 年起与香港中文大学合作开展安保机器人技术研究，先后自主研发出安保巡逻机器人、移动岗哨机器人、门岗客服机器人、楼宇巡更机器人等多款智能产品，产品在安保领域、金融领域中广泛使用，在减员增效、提升安保服务质量等方面起到了显著的效果。

山东鲁能智能技术有限公司是专业从事电气自动化、电力特种机器人、电动汽车充换电设备等高端智能装备和系统整体解决方案的研发、制造、销售和服务的企业。山东鲁能智能技术有限公司占我国电力巡检机器人市场份额的 50% 以上，其电力特种机器人涵盖了变电站巡检机器人、架空线路带电作业机器人、电动汽车电池更换机器人等 6 大系列、20 余种品类。

哈尔滨工大特种机器人有限公司隶属于哈工大机器人集团（HRG），主要面向国防军工领域，为服务国家安全、促进军民融合，提供涵盖"海、陆、空"应用场景下的特种机器人产品和解决方案，其中包括安防、消防、排爆、武装打击等场景应用，查验类机器人、水下机器人、无人机等各类特种产品，在公安、消防、武警和军队系统得到了广泛应用。

7.4 本 章 小 结

从早期的示教，到感知，再到现阶段的智能机器人，人们对机器人的控制愈发成熟。机器人的关键技术：运动规划、驱动系统、传感器、定位导航、感知与交互，决定了机器人在人类生活中的应用范围。从历史上看，机器人能够完成一些"枯燥、肮脏和危险"的工作，它们首先广泛部署在工业领域里。随着机器人越来越仿人化和智能化，它们开始更多地进入服务业和家用领域，成为更加通用智能的执行终端。新冠疫情的影响可能会推动机器人技术的进一步研究，以解决传染风险。

从传统机械臂到协作机械臂，再到新一代智能化和自主化机器人——自适应机器人的面世，通过不断地改进人机交互技术，在保证高精度、高响应性能、成本可控等前提下，机器人已逐渐具备了对操作对象、操作环境、操作任务的自适应能力，大大提高了机器人的灵巧、智能、柔性通用的能力。

未来，如何让机器人具备更通用的能力，如何让机器人能像人类一样，做到"手""眼""脑"地配合，如何在机器人越来越智能的大趋势下，平衡好技术与伦理的关系，平衡好机器人与人的关系，将会是人们需要研究解决的中长期课题。人类的科技发展，总是在持续的探索研究和不断地解决问题过程中，继承创新、奔涌向前。

习题 7

1. 智能控制系统的特点是什么？试比较智能控制系统和经典控制、现代控制的异同。
2. 请思考身边有哪些智能控制系统实际应用，并举例说明。
3. 查阅资料，总结人形机器人商用的难点和关键问题。
4. 设计一个远程手术机器人的解决方案。
5. 智能机器人的关键技术包含哪几个方面？
6. 现代机器人的发展经历了哪几个阶段？请简述每个阶段的机器人特点和里程碑事件。
7. 结合本章内容和资料查阅，总结自适应机器人的核心优势和主要应用场景。

◀ 参 考 文 献 ▶

［1］SIEGWART R，NOURBAKHSH I R，SCARAMUZZA D. Introduction to autonomous mobile robots［M］. Cambridge：MIT press，2011.

［2］MASON M T. Mechanics of robotic manipulation［M］. Cambridge：MIT press，2001.

［3］CHOSET H M，Hutchinson S，Lynch K M，et al. Principles of robot motion：theory，algorithms，and implementation［M］. Cambridge：MIT press，2005.

［4］SICILIANO B，SCIAVICCO L，VILLANI L，et al. Robotics：modelling，planning and control［M］. Berlin：Springer Science & Business Media，2010.

［5］FICUCIELLO F，ROMANO A，VILLANI L，et al. Cartesian impedance control of redundant manipulators for human-robot co-manipulation［C］//Proceedings of the 2014 IEEE/RSJ International Conference on Intelligent Robots and Systems. IEEE，2014：2120–2125.

［6］KAJITA S，HIRUKAWA H，HARADA K，et al. Introduction to humanoid robotics［M］. Berlin：Springer，2014.

［7］LIPFERT S W，GÜNTHER M，RENJEWSKI D，et al. A model-experiment comparison of system dynamics for human walking and running［J］. Journal of Theoretical Biology，2012，292：11–17.

［8］KOMURA T，NAGANO A，LEUNG H，et al. Simulating pathological gait using the enhanced linear inverted pendulum model［J］. IEEE Transactions on Biomedical Engineering，2005，52（9）：1502–1513.

［9］HIRAI K，HIROSE M，HAIKAWA Y，et al. The development of Honda humanoid robot［C］//Proceedings of the 1998 IEEE International Conference on Robotics and Automation. IEEE, 1998, 2: 1321–1326.

［10］PARK I W, KIM J Y, OH J H. Online walking pattern generation and its application to a biped humanoid robot—KHR-3（HUBO）［J］. Advanced Robotics, 2008, 22（2–3）: 159–190.

［11］WANG H, TIAN Z, HU W, et al. Human-like ZMP generator and walking stabilizer based on divergent component of motion［C］//Proceedings of the 2018 IEEE-RAS 18th International Conference on Humanoid Robots（Humanoids）. IEEE, 2018: 1–9.

［12］LIU Y, WENSING P M, SCHMIEDELER J P, et al. Terrain-blind humanoid walking based on a 3-D actuated dual-SLIP model［J］. IEEE Robotics and Automation Letters, 2016, 1（2）: 1073–1080.

［13］BOSTON DYNAMICS. Spot: Automate sensing and inspection, capture limitless data, and explore without boundaries［EB/OL］.（2020–10–18）.

［14］XIE Z, BERSETH G, CLARY P, et al. Feedback control for cassie with deep reinforcement learning［C］//Proceedings of the 2018 IEEE/RSJ International Conference on Intelligent Robots and Systems（IROS）. IEEE, 2018: 1241–1246.

［15］TSOUNIS V, ALGE M, LEE J, et al. Deepgait: Planning and control of quadrupedal gaits using deep reinforcement learning［J］. IEEE Robotics and Automation Letters, 2020, 5（2）: 3699–3706.

［16］李莉. 智能控制在机器人领域中的应用分析［J］. 中国设备工程, 2020（04）: 27–28.

［17］李犇. 机器人领域中智能控制的应用方法方案分析［J］. 中国标准化, 2019（04）: 203–204.

［18］包为民, 祁振强, 张玉. 智能控制技术发展的思考［J］. 中国科学: 信息科学, 2020, 50（08）: 1267–1272.

［19］SICILIANO, BRUNO, KHATIB. Oussama Handbook of Robotics［K］. Berlin: Springer, 2016.

［20］NEVINSJ L. Information-control aspects of sensor systems for intelligent robotics［J］. Journal of Robotic Systems, 1987, 4（2）.

［21］徐昕. 增强学习及其在移动机器人导航与控制中的应用研究［D］. 长沙: 国防科学技术大学, 2002.

［22］谢涛, 徐建峰, 张永学, 强文义. 仿人机器人的研究历史、现状及展望［J］. 机器人, 2002（04）: 367–374.

［23］DRAGOICEA M, DUMITRACHE I. Intelligent Control Techniques for Mobile Robotics［J］.IFAC Proceedings Volumes, 2003, 36（23）.

［24］张明路, 丁承君, 段萍. 移动机器人的研究现状与趋势［J］. 河北工业大学学

报，2004（02）：110–115.

［25］孟庆春，齐勇，张淑军，杜春侠，殷波，高云. 智能机器人及其发展［J］. 中国海洋大学学报（自然科学版），2004（05）：831–838.

［26］周维，刘有源，孙波. 人工智能与机器人控制的探讨［C］// 全国先进制造技术高层论坛暨制造业自动化、信息化技术研讨会论文集. 中国机械工程学会机械工业自动化分会，2005：3.

［27］李文，欧青立，沈洪远，伍铁斌. 智能控制及其应用综述［J］. 重庆邮电学院学报（自然科学版），2006（03）：376–381.

［28］LEWIS F L. Neural network feedback control：Work at UTA's automation and robotics research institute［J］. Journal of Intelligent and Robotic Systems，2007，48（4）.

［29］FANG H S，WANG C，GOU M，et al. GraspNet-1Billion：A Large-Scale Benchmark for General Object Grasping［C］//Proceedings of the 2020 IEEE/CVF Conference on Computer Vision and Pattern Recognition（CVPR）. IEEE，2020.

［30］张佳帆. 基于柔性外骨骼人机智能系统基础理论及应用技术研究［D］. 杭州：浙江大学，2009.

［31］FARIVAR F，SHOOREHDELI M A，TESHNEHLAB M. An interdisciplinary overview and intelligent control of human prosthetic eye movements system for the emotional support by a huggable pet-type robot from a biomechatronical viewpoint［J］. Journal of the Franklin Institute，2012，349（7）.

［32］TAN M，SUN Y，YU J Z. Editorial for special issue on intelligent control and computing in advanced robotics［J］. International Journal of Automation and Computing，2018，15（05）：513–514.

［33］AL-MAYYAHI A，ALDAIR A A，RASHID A T. Intelligent control of mobile robot via waypoints using nonlinear model predictive controller and quadratic bezier curves algorithm［J］. Journal of Electrical Engineering & Technology，2020，15（4）：1857–1870.

第3篇　人工智能技术的行业赋能

　　本书第2篇从代表性人工智能技术角度出发，对提供相应产品和服务的人工智能企业的应用场景和业务模式进行分析，是从"供给端"出发的"卖方视角"。现阶段人工智能技术商业应用中非常活跃的主体仍主要是那些"数字原生"的互联网企业，如百度、阿里巴巴和腾讯等公司，它们自身拥有丰富的数据资源和算力基础，人工智能技术则可以为这些企业自身的业务模式赋能。然而，仅仅依靠互联网企业还无法充分发挥人工智能技术与应用"降本增效"的作用，因此现阶段，对国计民生至关重要的传统实体行业，也逐步认识到了数字化转型的迫切需求，为人工智能技术的应用和赋能提供了更广阔的市场。

　　制造业是国民经济体系中最重要的组成部分，为社会经济发展奠定坚实的物质基础，也是技术引领产业升级变革的主战场，可谓本轮人工智能等数字技术赋能最重要的核心领域。电信网络是重要的数字基础设施，通过人工智能技术赋能电信运营与服务，可以为社会提供更加便捷的生活服务。医疗服务业是与民生安全和社会福祉紧密相关的行业，也是本轮人工智能赋能应用场景最为丰富的领域，尤其在新冠疫情出现后，人工智能技术在公共卫生管理和社会医疗保障等领域产生了广泛而深远的影响。所以，本书在第3篇选取制造、电信和医疗三大产业，深入探讨人工智能赋能这些产业的运行基础（产业的社会经济属性）、赋能路径、应用实例，以及未来趋势展望。

第 8 章

人工智能与制造行业

太平之世无所尚，所最尚者工而已；太平之世无所尊，所尊贵者工之创新器而已。

——康有为

随着新一轮科技革命和产业变革的不断深入，制造业数字化、网络化和智能化的融合发展正在不断突破技术藩篱，催生出新的业态。将新兴信息技术和人工智能技术融入传统生产制造过程中，赋能传统制造业，已成为推动制造业转型升级、加快制造业高质量发展的重要抓手。人工智能赋能制造业已在全球展开，亚太地区制造行业基础雄厚，是人工智能在工业领域应用的潜力市场，中国、日本、韩国 3 个国家在政策、研发能力、数据和人才 4 个维度较其他亚太国家都更具竞争力，被视作亚洲人工智能发展和工业企业落地的领军国家。"中国制造 2025"的提出，标志着我国智能制造的发展已从初期的理念普及、试点示范阶段进入到当前深化应用、全面推广的阶段。

8.1 制造业的社会经济属性

作为国民经济发展的发动机，制造业是国民经济的物质基础和产业主体，也是富国强民之本，是国家科技水平和综合实力的重要标志。美国 68% 的财富来源于制造业，日本的制造业产值占国民经济总产值的 49%。世界范围内的发达国家无一不具有强大的制造业，在许多国家的经济腾飞中，制造业功不可没。以日本为例，第二次世界大战后，日本作为美国传统制造业转移的承接国，先后提出"技术立国"和"新技术立国"的口号，对机械制造业的发展给予全面的支持，抓住机械制造的关键技术大力发展制造业，使日本在短短 30 年里，一跃成为世界经济大国。同样，中国一些以传统重工业为主的地区（例如东北地区）也因制造业兴而兴、因制造业衰而衰。因此，结合本地条件，选择发展适合本地需求的工业（制造业），是许多地区摆脱落后、加快经济发展的成功经验。

制造业吸纳就业人口的能力强，但随着服务业的发展和技术升级，当前制造业表现出

"剪刀差"效应[①]。制造业的产业链条相比其他行业较长,产业链上中下游行业覆盖面广、行业带动性强,结合制造业行业体量大的特点,一直以来为社会创造了大量的就业岗位,对维持社会就业人口稳定起着重要的作用。2002 年我国制造业就业人口约为 8 300 万人,2010 年达到 11 445 万人。然而,制造业吸纳就业人口的增长趋势并没有一直持续,制造业就业人口自 2010 年开始逐年下降,甚至出现劳动力不足的情况。一方面是因为服务业的发展部分侵占了制造业的劳动力;另一方面,随着我国制造业劳动力工资逐渐上涨,与此同时,自动化生产技术的发展和工业机器人的采纳成本逐渐下降,劳动者工资与自动化成本两者形成"剪刀差"效应,该效应越明显,制造业"机器换人"的趋势就越显著。

制造业具有生产的规模效应,即生产规模扩大时,产品生产的平均成本将会下降,制造业企业将收获规模经济收益。改革开放以来,中国制造业取得了快速发展,2011 年,中国已经成为世界第一工业大国,步入中等收入国家行列,其中最典型的、生产规模经济特征显著的劳动密集型行业为服装制造加工行业。当社会需求标准化、单一化特征明显时,规模化生产模式给中国的经济发展贡献了丰厚收益。但随着社会经济水平的提升,制造业面对的需求呈现出"长尾效应"[②]的特征,即客户个性化定制的需求使得定制市场逐渐发展,"长尾"制造市场(大规模定制和个性化制造市场)不断扩大,定制的柔性化需求也间接地对供给侧生产厂商提出了生产模式变革的要求。传统制造业大规模粗放型追求规模经济的生产模式,导致产品结构趋同,产品生产过剩,社会资源浪费,企业利润下降,不能有效转化成客观的经济收益。

除规模经济外,制造业的生产还具备范围经济特征。范围经济,指企业通过扩大经营范围,增加产品种类,生产两种及以上的产品而引起的单位成本的下降。例如,一些数字化工厂可以将不同的生产线生产能力进行协同分配,多种零部件具备多种组装功能,从而提高生产设备的利用率,满足不同产品生产的需求。从企业经营的角度上看,沿着价值链上下游做纵向和横向一体化,实施产品多元化,对提升企业竞争优势非常重要。例如,广东省顺德市的家电生产企业中,例如美的、科隆等公司,生产品类众多的白色家电产品,包括微波炉、电风扇、空调、电冰箱、热水器、洗衣机等。这些企业早期由规模经济主导,而利用范围经济特性来提升和发挥成本优势,已成为这些白色家电企业的共识。

根据内生经济增长理论,经济增长的关键因素是技术,在经济学中用全要素生产率[③]来衡量行业生产产品的技术含量。目前,中国制造业的全要素生产率相对日本、德国等制造强国依然偏低,依靠高投资增长、高出口增长、人口红利释放的发展模式难以使中国跳

---

① "剪刀差"效应:剪刀差原指工农业产品交换时,工业品价格高于价值,农产品价格低于价值所出现的差额。因用图表表示呈剪刀张开形态而得名。

② 长尾效应:指从人们的需求角度来看,大多数的需求会集中在头部,这部分称为主流,而分布在尾部的需求是个性化的,零散的小量的需求,而这部分的差异化的、少量的需求会在需求曲线上面形成一条长长的"尾巴"。长尾效应的根本是强调"个性化""客户力量"和"小利润大市场"。

③ 全要素生产率(total factor productivity, TFP)是指"生产活动在一定时间内的效率"。是衡量单位总投入的生产率指标,即总产量与全部要素投入量之比。全要素生产率的增长率常常被视为科技进步的指标,它的来源包括技术进步、组织创新、专业化和生产创新等。

出"中等收入陷阱"①，根据全要素生产率理论，必须向依托技术进步的内生增长 ② 模式转型，即提高制造业产品的技术含量，实现传统制造业的产业转型。

国家制造业的持续发展，需要着眼于价值链的高附加值区域的制造业类型。微笑曲线理论 ③ 认为在附加值观念下企业只有不断向附加价值高的区域调整定位才能持续发展与永续经营，如图 8.1 所示。随着全球化的不断深入，全球产业链和供应链形成了全球价值链，伴随全球价值链的形成会出现一种现象：跨国公司引领的价值链在微笑曲线的两端，而利用大批廉价劳动力的比较优势吸引加工贸易和外国投资的国家或地区紧紧占住了微笑曲线的中端。中国当前的制造业从总体来讲，仍处于附加值不高、创新能力弱、结构不合理的产业链中端，在产业价值链中扮演加工、组装为主的角色。2020 年新冠疫情带来全球产业链结构调整，为中国制造业从全球产业中端向以技术为导向的先进制造转变提供了宝贵机会。

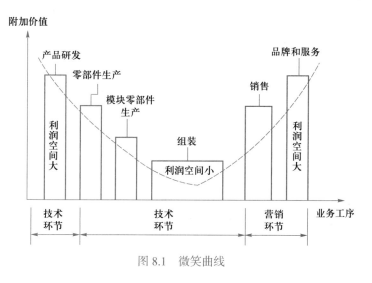

图 8.1 微笑曲线

8.2 制造业的范围及现状

8.2.1 制造业发展现状

制造业是指利用某种资源（物料、能源、设备、资金、技术、人力等）按照市场要

---

① 中等收入陷阱：指一个国家由于凭借某种优势如自然资源、人口等实现经济的快速发展，使人均收入达到了一定水准，但长期停留在该水准的情况。中等收入陷阱发生的原因是低端制造业转型失败，低端制造业可以带来中等收入，但伴随而来的污染、低质代价，都是恶性循环。低端制造转型为高端制造，是跳出中等收入陷阱的必由之路。

② 内生增长理论（the theory of endogenous growth）是产生于 20 世纪 80 年代中期的一个西方宏观经济理论分支，其核心思想是认为经济能够不依赖外力推动实现持续增长，内生的技术进步是保证经济持续增长的决定因素。该理论强调不完全竞争和收益递增。

③ 微笑曲线理论：宏碁集团创办人施振荣先生，在 1992 年为"再造宏碁"提出了有名的"微笑曲线"（smiling curve）理论，以作为宏碁的策略方向。微笑曲线两端朝上，在产业链中，附加值更多体现在两端，即设计和销售，处于中间环节的制造附加值最低。

求，通过制造过程，转化为可供人们使用和利用的大型工具、工业品与生活消费产品的行业。制造业的细分流程包括：产品制造、设计、原料采购、设备组装、仓储运输、订单处理、批发经营、零售等。

根据制造产品分类，制造业总体分为三大类：① 轻纺工业，包括食品、饮料、烟草加工、服装、纺织、家具等，在我国制造业中占比 30.2%；② 资源加工工业，包括石油化工、化学纤维、医药制造业、橡胶、塑料、黑色金属等，在我国制造业中占比 33%；③ 机械与电子制造业，其中包括机床、专用设备、交通运输工具、机械设备、电子通信设备、仪器等，在我国制造业中约占 35.5%。同时，制造业也可以细分为 31 类子行业[①]。作为第二产业的重要组成部分，制造业在国民经济中占有重要份额，制造业水平直接体现了一个国家的生产力水平，是区别发展中国家和发达国家的重要因素。

我国制造业体量大，产能大，发展飞速。根据工业和信息化部发布的消息，2010 年中国制造业总产值在世界制造业总产值占比中达到 19.8%，超过了美国的 19.4%，成为世界第一制造业大国，此后连续 11 年稳居世界第一。制造业在我国国民经济中占相当比重，根据国家统计局发布信息，我国制造业增加值[②]逐年上涨，如图 8.2 所示，2020 年全年增加值为 265 944 亿元人民币，占当年我国 GDP 的 26.2%，占世界的比重达到 28.3%。

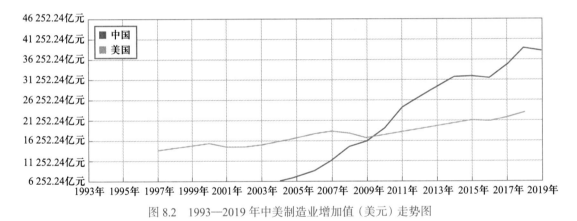

图 8.2　1993—2019 年中美制造业增加值（美元）走势图

随着经济的发展和人民生活水平的提高，标准化产品已经不能满足人们多样化的需求，私人定制产品更受追捧，定制行业近年来高速增长。以定制家居行业为例，近年来由

---

① 根据国民经济行业分类和代码（GB/T 4754–2017）将制造业细分为：农副食品加工业、食品制造业、酒、饮料和精制茶制造业、烟草制品业、纺织业、纺织服装、服饰业、皮革、毛皮、羽毛及其制品和制鞋业、木材加工和木、竹、藤、棕、草制品业、家具制造业、造纸和纸制品业、印刷和记录媒介复制业、文教、工美、体育和娱乐用品制造业、石油、煤炭及其他燃料加工业、化学原料和化学制品制造业、医药制造业、化学纤维制造业、橡胶和塑料制品业、非金属矿物制品业、黑色金属冶炼和压延加工业、有色金属冶炼和压延加工业、金属制品业、通用设备制造业、专用设备制造业、汽车制造业、铁路、船舶、航空航天和其他运输设备制造业、电气机械和器材制造业、计算机、通信和其他电子设备制造业、仪器仪表制造业、其他制造业、废弃资源综合利用业、金属制品、机械和设备修理业。

② 制造业增加值是指制造业企业在报告期内以货币形式表现的制造业生产活动的最终成果；是制造业企业全部生产活动的总成果扣除了在生产过程中消耗或转移的物质产品和劳务价值后的余额，是制造业企业生产过程中新增加的价值。

于政策支持以及人们对家居品质追求的提升，我国定制家居行业高速增长，2012—2018
年的年均复合增长率达到22.04%。例如，作为定制家居的头部企业欧派家居为了抢占终
端零售市场加速线下开店，截至2019年，欧派家居经销商门店超过7 000家，销售网络
庞大，2019年欧派家居整装[①]家居订单实现超6亿元，同比增长106%。消费者对定制化
产品日益增长的需求也成为制造行业发展和转型的新契机，同时对制造业供给端的产品质
量和生产水平也提出了新考验。

　　然而，近年来受金融、房地产行业"暴利"增长、制造业成本快速上升、部分制造业
向外转移等因素影响，我国制造业增加值占比连年下滑，发展势头有所降低，如图8.3所
示。此外，我国制造业总体相比全球发达国家的制造业仍存在诸多不足。一方面，尽管根
据德勤在2016年编制的全球制造业竞争力指数模型，中国的制造业竞争力指数已经稳居
在全球第一，但面临的问题日益凸显，主要表现为：① "大而不强"：制造业产品增加值
低、劳动力生产率低、产业结构不合理（高技术装备短缺、低技术产品过剩、劳动密集型
和高耗能高污染制造业比重大、高技术制造业比重小）、行业集中度低等因素，导致规模
经济不足；② 制造业科技创新能力与发达国家差距仍然比较大；③ 制造业采用的粗放式
发展消耗大量能源，使得环境污染问题严重；④ 中国制造业目前在国际分工体系中，仍
处于世界产业价值链较低端的位置。此外，用户需求变化、网上零售增长等位于需求端的
变化也同样呼吁制造业的转型与升级。另一方面，我国制造业发展外部形势严峻，由于发
达国家重振制造业的发展战略，如美国"实施21世纪智能制造"、德国"工业4.0"，全球
制造业格局正在发生变化，高端制造向发达国家回流，中低端制造向越南、印度等发展中
国家转移，我国制造业面临"腹背受敌"的局面。

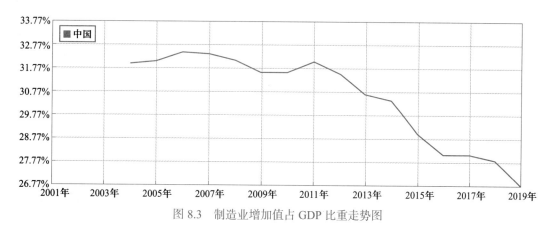

图8.3　制造业增加值占GDP比重走势图

8.2.2　智能制造发展背景

　　回顾制造业发展的历史，技术的创新突破一直是引领制造业生产变革和产业升级的关

---

　　① 整装：定制家居企业通过与优秀的家装公司合作以推进整装渠道，即定制家居公司负责提供产品生产制造、
家具安装、销售等支持，家装公司负责提供施工支持。

键。蒸汽机的发明实现了制造业的机械化，使手工业者转变成为工厂生产工人，催生了工厂这种新型生产组织模式，为产业规模化奠定了基础；电动机的发明和电力技术的开发应用使制造业从机械化走向电力化，极大地促进了社会生产力的发展，通过自动化生产线，一些企业能够实现大批量、流水线式生产，制造业进入了大批量生产阶段，汽车、航空、电子等新型技术产业应运而生；半导体、计算机和互联网的发明以及信息化技术的发展推动了制造业的信息化和自动化水平提高，将制造业生产与互联网融合，推动了制造业的数字化变革，加强了国际生产分工与协作，进一步提高了制造业产量和效率，将人们从繁复机械劳动中解放而转向创造性劳动。

21 世纪初基于网络物理系统（cyber physics system，CPS）的智能技术和信息化、数字化技术的兴起给制造业的发展带来了新的契机，制造业结合信息化、数字化和智能化技术进行产业转型和升级，为进一步提高生产力提供了可能。工业大数据加速了生产要素数字化，为构建孪生生产模型和生产流程的监管提供了数据基础。信息化技术加强了物与物、物与人之间的互联互通，加强了生产供应链的统筹管理，使"分散生产，就地销售"的生产组织模式成为可能。5G 技术凭借高速、低错误率、低延时的特点可提升传输质量，为企业生产制造带来多方面支持，使闭环控制应用通过无线网络连接，通过工业无线组网实现自动化控制。人工智能技术与制造业的深度融合，引领制造业演进出新的生产模式与业态。在人工智能技术赋能的条件下，工业机器人的使用可以提高生产效率，优化制造工艺，制造精度和质量的提升使得制造难题攻坚成为可能；工业视觉的使用解决了产品质量自动化核验精度和效率的行业痛点以及为有效监控生产流程提供了极大便利；此外，人工智能技术的使用可以帮助提高生产柔性化程度，使生产有效满足多样化的需求。在人工智能技术的加持下，制造业发展步入全新的阶段，智能技术与制造技术相互融合，引领全球制造业走向智能化。

新一轮的全球制造业产业转移已经拉开序幕。受人力成本约束，劳动密集型产能逐渐向东南亚、墨西哥、巴西等国家和地区转移，我国传统工业面临经济结构转型。在过去10 年间，我国制造业职工平均工资以每年近 11.71% 的复合增长率[①]逐年上涨，机械化设备的应用为企业节省了大量人力成本，有效提高了生产效率。2015 年国务院印发了《中国制造 2025》国家行动纲领，在政府主导推动国内工业化和信息化快速融合的背景下，我国工业化和信息化融合进入快车道，制造业的机械化水平持续提升。转变经济增长的动力、提高效率、鼓励技术创新是我国传统工业升级必然的选择，智能制造是传统工业升级的必经之路。

然而现阶段，我国大部分企业仍处于向工业 3.0（即信息化阶段）发展的"工业 2.0（电气化）"的后期阶段，整体信息化水平不高，只有少部分企业可以达到网络化并进行一些生产智能化的示范。从制造业智能化发展历程看，世界制造业智能化以长时间积淀的技术开发作为发展历程的拐点，且每一阶段制造业发展时间较长，如图 8.4 所示。反观中国制造业发

---

① 国家统计局 2019 年数据。

展，大多以国家政策文件引导作为开端，此外，由于中国制造业基础薄弱，需要长时间的规模扩张和技术引进来实现发展，导致中国制造业信息化时间跨度较长，且企业信息化程度较低，大量生产制造数据被分散在各条生产线下，无法统一整合使用，导致可利用的生产制造数据极度缺乏。调查显示，2020 年我国仅有 1/6 的制造业企业可以达到网络化水平，剩余企业中大部分甚至尚未完善内部网络构建，数据互联互通尚未实现，更不可能搭建人工智能技术的应用环境。数据的体量和质量直接决定了人工智能技术在智能制造领域应用的发展速度。因此，企业薄弱的信息化和网络化水平是我国制造业与人工智能融合面临的最大挑战。

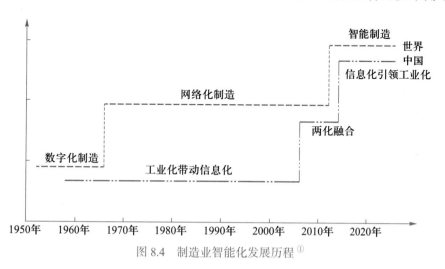

图 8.4　制造业智能化发展历程 [①]

8.2.3　全球智能制造发展现状

在新一代信息、数字和智能技术飞速发展的背景下，人工智能技术与制造业深度结合，最典型的代表就是智能制造。智能制造是面向产品全生命周期的具有信息感知、优化决策、执行控制功能的智能化制造系统，旨在高效、优质、柔性、清洁、安全、敏捷地制造产品和满足客户的消费需求。

工业和信息化部发布的《智能制造发展规划（2016—2020）》中指出"智能制造是基于新一代信息通信技术与先进制造技术深度融合，贯穿于设计、生产、管理、服务等制造活动的各个环节，具有自感知、自学习、自决策、自执行、自适应等功能的新型生产方式。"智能制造对传统的生产制造流程各阶段进行智能化升级，智能化制造设备，优化设计过程和加工工艺，信息化管理，以"互联网＋"为依托，基于信息物理系统（CPS），实现传统制造业在信息网络中充分融合信息、数字、智能技术进行"智能升级"，利用人工智能技术赋能制造业生产的多个环节，打造"智能生产"与"智能工厂"。智能制造下的工业生产组织方式从以"资源"为核心转变为以"数据"为核心，构建出高度灵活高效的生产方式，提高整个生产链的运行效率和资源利用率。

[①]　资料来源：《中国制造业发展研究报告 2019：中国制造 40 年与智能制造》。

目前，智能制造已然成为大势所趋，作为未来全球制造业变革的重要发展方向，各国也相继出台一系列的政策来大力鼓励、支持和引导智能制造的发展。根据全球智能制造发展指数 [①] 显示，美国、德国和日本各自凭借"先进制造业发展计划""工业 4.0 计划"和"新机器人战略计划"成为智能制造发展的"引领型"国家；英国、韩国、中国、瑞士、瑞典、法国、芬兰、加拿大、印度和以色列，依靠国家对智能制造的重视和倡导发展，成为智能制造发展的"先进型"国家，英国主张"高价值制造"战略，韩国主张"新增长动力规划及发展战略"，印度颁布"印度制造"计划，法国也提出了"新工业法国"政策。

表 8.1 展示了中国、美国和德国的智能制造战略在发展基础、战略重点、重点方向和技术举措 4 个方面的比较。

表 8.1　中美德智能制造战略对比

对比项	美国先进制造业发展计划	德国工业 4.0	中国制造 2025
发展基础	制造业信息化全球领先，尤其在软件和互联网方面，全球 10 大互联网企业占有 6 个	工业自动化领域全球领先，精密制造能力强，高端装备可靠性水平高	制造业总量大，水平参差不齐。互联网应用基础好，全球 10 大互联网企业占有 4 个
战略重点	关注设计、服务等价值链环节，强调智能设备与软件的集成和大数据分析	着眼高端装备，通过 CPS 推进智能制造	提高国家制造业创新能力，推进信息化与工业化深度融合，强化工业基础能力，加强质量品牌建设，全面推行绿色制造
重点方向	加大技术创新投资，建立智能制造体系，培育"再工业化"主体	建立智能工厂，实现智能生产	智能制造作为主攻方向
技术举措	工业互联网	CPS	信息化和工业化融合

8.2.4　中国智能制造及其优势

当前我国制造业共有 31 个子行业，其中纺织服装、机械装备、食品饮料规模企业数量最多，智能制造领域离散制造业相较于流程制造业 [②] 所占比重更高，如电子、工业设备、航空航天、汽车、电器等制造行业。中国电子技术标准化研究院发布的《智能制造发展指数报告（2020）》中指出，整体来看 2020 年全国制造业各子行业智能制造能力成熟度较 2019 年有所提升，离散制造业的成熟度略高于流程制造业。

根据中发制造统计的《2019 中国智能制造中心城市潜力榜》，极具发展潜力的智能制

[①]　由中国经济信息社指数中心联合中国（常州）智能制造创新研究院共同研发。

[②]　根据在生产中使用的物质形态，制造业可划分为两大类，即离散制造业和流程制造业。离散制造业的产品生产过程通常被分解成很多加工任务来完成，其产品往往由多个离散零件经过系列不连续的工序加工最终装配而成，代表行业有飞机、汽车、电子设备等制造业；流程制造业是指被加工对象不间断地通过生产设备，通过系列加工使原材料最终变为产品的制造业。

造中心分别为：上海浦东新区、深圳龙岗区、苏州吴江区、天津滨海新区、北京亦庄、重庆两江新区、佛山顺德区、宁波北仑区、广州黄埔区、南京江宁区。无独有偶，在《2019世界智能制造中心城市潜力榜》中，它们也都榜上有名且排名靠前。中国除了这些发展突出的智能制造中心，全国已然连点成线，形成了带状分布的格局。根据最新的《中国智能制造产业园区地图》，中国目前已有智能制造产业园 537 家，呈现出两条纵贯南北的"智能制造产业带"——中部产业带（北京 - 天津 - 济南 - 郑州 - 武汉 - 长沙 - 广州 - 佛山 - 深圳）和东南沿海产业带（连云港 - 盐城 - 合肥 - 南京 - 苏州 - 上海 - 杭州 - 宁波 - 莆田 - 厦门 - 汕头 - 深圳）。

除了带状分布格局外，值得一提的是目前全国范围内的四大智能制造产业聚集区，分别是环渤海地区、长三角地区、珠三角地区和中西部地区。环渤海地区高校、科研院所高度集中，人才储备雄厚、科研实力突出，依托区域资源和人力优势，形成"一核两翼"的产业格局，该区域在工业互联网及智能制造服务等软件领域优势突出。经济活跃创新能力强的长三角地区智能制造硬件优势明显，上海在关键零部件、机器人、航空航天装备等方面领先，南京形成了以轨道交通、汽车零部件、新型电力装备为特色的装备集群，常州吸收国外先进工业设计理念，加速智能制造的发展。珠三角地区由于基础技术实力雄厚产生充足的产业效益，广州围绕机器人及智能装备产业核心区建设，深圳重点打造机器人、可穿戴设备产业制造基地、国际合作基地和创新服务基地。中西部地区智能制造发展水平相对东部地区稍落后，制造水平尚处于自动化阶段，依托华中科技大学、中科院西安光机所等高校及研究院，以先进的激光技术发展出了技术领先、特色突出的激光产业。

中国发展智能制造具备以下得天独厚的条件和优势。

① 中国制造业产能和市场容量巨大，作为国民经济的重要产业，存在强烈的智能化改造需求。

② 国家政策的大力支持。为了促进智能制造的发展，国家层面统筹规划全局，加强顶层设计，相继出台了一系列政策引导和支持人工智能技术赋能制造业，打造先进制造业和智能制造。2015 年由工业和信息化部发起并由中国工程院起草的适应国家工业制造中长期发展战略要求的智能制造战略——《中国制造 2025》，其主题是"智能制造与互联网"，战略的提出是为了提高国家工业能力，指导行业用工业制造智能化带动产业数字化和智能化，在 2025 年实现制造业强国的目标。

③ 智能制造是信息化和工业化深度融合的重要体现，各行业的应用需求快速上升，行业增长空间巨大。中国是制造大国，拥有巨大产能的制造业存在强烈的智能化改造需求，并拥有庞大的智能化产品市场；智能制造设备和软件行业充满机遇和挑战，机器人、传感器、工业软件、3D 打印等都预计至少蕴含百亿甚至千亿的市场容量，行业增长空间巨大。

④ 智能制造系统解决方案供应商在智能制造的推进过程中起到至关重要的作用。智能制造工程实施三年以来，我国从顶层规划、试点示范、标准体系建设等方面有效推进，全社会智能制造的氛围逐步形成。2017 年，中国智能制造系统解决方案市场规模达 1 280 亿元，同比增长 20.8%，2018 年市场规模约为 1 560 亿元，同比增长 21.9%，如图 8.5 所示。

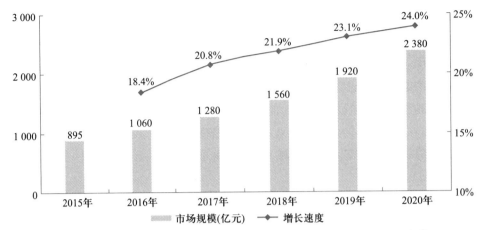

图 8.5　2015—2020 年中国智能制造系统解决方案市场规模、增长速度 [①]

⑤ 人工智能技术和专利优势。中国在人工智能领域的技术领先优势体现在论文发表方面和专利申请方面，中国在人工智能领域高被引论文呈现出快速增长趋势，并于 2013年超过美国成为世界第一，在人工智能领域的专利发明也已居世界首位。

8.2.5　制造业产业链智能化升级

工业生产是一系列基于分工的迂回生产链条，制造业完整的产业链包括上游的产品研发设计与原材料供应环节，中游的产品原型制造和零部件生产环节，以及下游的产品系统集成组装和销售服务环节。

20 世纪 80 年代，制造业采用的是传统的分工合作制，例如代工生产或贴牌生产（Original Entrusted Manufacture，OEM）方式。简单来说，OEM 企业不直接进行生产，通过让代工企业完成产品的生产任务，使得企业在加大其拥有资源在创新能力方面的配置的同时，尽可能地减少在固定资产方面的投入。这种产业链中的外包服务模式，体现在工艺过程开发等核心环节将原型制造和零部件生产都外包给工厂，而且接受外包的工厂由于同时服务于多个企业的类似零部件生产，开始将大规模定制生产的概念引入制造业。随着业务体量的剧增，大型制造企业开始用供应链管理、产品生命周期管理等软件系统管理外包工作。

由于制造业产业链上的分工，不同主体间的工作协同就显得非常重要。新一代人工智能技术加强了产业链各个环节间的信息融通与协作，解决传统产业链网络协作水平低的问题以及由于双重边际效应 [②] 导致的产业总体利润低下的状况，提高了产业链生产效率、行业有效产量和行业整体利润，加强了产业链条纵向的完整性和协作性。对于中国制造业产业链来说，智能化解放了中游生产制造环节的生产力，推动企业向上游产品研发设计与下游产品服务发展。

---

① 资料来源：前瞻产业研究院。

② 双重边际效应：由英国经济师斯宾格勒研究产业链组织行为提出，当产业链中生产商、经销商为了谋求各自利润最大化，使得产业链经历两次抬价，导致产业总利润和产业有效产量下降。由于分散决策体制，双重边际效应往往导致产业链中生产商、经销商、客户三输的局面。

此外由于新技术的赋能带来的生产方式变革，主要引起制造业全产业链中的中游产品制造环节的产业链重构，具体而言，涵盖智能装备（如机器人、数控机床、服务机器人、其他自动化装备）、工业互联网（如机器视觉、传感器、无线射频识别技术、工业以太网）、工业软件（ERP/MES/DCS 等）、3D 打印，以及将上述环节有机结合的自动化系统集成和生产线集成等。依据生产阶段的物理基础划分，智能制造自上而下可划分为感知层、网络层、执行层和应用层，如图 8.6 所示。

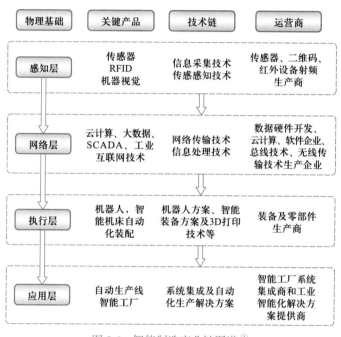

图 8.6　智能制造产业链图谱[①]

① 感知层。从设备及其零部件中获取准确可靠的数据是智能制造的第一步，这些数据可以是直接通过传感器测量的，或者是从控制器获得的。机器视觉作为人工智能快速发展的技术之一在感知层中扮演着"眼睛"的角色，通过机器视觉产品摄取目标信息转换成图像或数字信号，为智能化生产做必要准备。传感器无疑是建立物理系统与网络信息系统间不可或缺的桥梁，其主要作用是信息采集和传感感知。此外，无线射频识别（radio frequency identification，RFID）技术在感知层的应用也很常见，如二维码、条形码的扫描等。

② 网络层。网络层在智能制造结构中起着数据信息转换和中央信息连接的作用。信息从每一台连接的设备向网络层流动构成设备网络，网络层在搜集了大量的信息之后，必须要使用特定的信息分析处理技术来从中抽取有用的信息并对其进行分析。网络层的关键核心技术是工业大数据和云计算、工业互联网等。工业大数据以产品全生命周期所产生的各类数据为核心，其技术内容涵盖数据采集、数据处理、数据分析和结果反馈，对海量有效数据进行智能化分析，从而促进制造产品的创新、提升生产质量和效率。

③ 执行层。人工智能技术对执行层的应用体现在工业机器人等智能生产设备的使用，执行层基于网络信息系统对物理系统的反馈并运用工业机器人、先进智能制造装备进行生产或辅助生产，让设备做出智能化的自配置与自适应，执行正确的和具有预防性的生产方案。此外，通过人机协作的方式能够在有效降低人力劳动的同时提高生产水平，并可以规避由于个人原因导致的安全生产隐患。

④ 应用层。在数字工厂的基础上，通过新一代信息技术和人工智能技术对生产流程进行智能化升级，有机组合分散的自动化生产线，打造智能工厂，运用系统集成以及智能化生产解决方案达到工厂智能化生产。

目前国内绝大多数企业还处在部分使用自动化应用软件的阶段，着眼解决生产线某几个生产环节的自动化问题；少数企业实现了信息集成，即可以达到数字工厂的水平；极少数企业能够实现人机的有效交互，并应用于智能化技术和设备推动生产，即达到生产智能化的水平。

8.3　人工智能赋能制造转型升级

人工智能赋能制造业细分的概念范围广，涉及行业众多，总体架构上可分为终端层、网络层、平台层和应用层 4 个部分，如图 8.7 所示。在中国制造产业升级，机器部分替代人工的大背景下，越来越多的行业对机器人的需求增加，位于终端层的智能设备得以快速发展，逐步实现规模化应用。目前，工业机器人中的传统机器人仍然占据市场主体，但协作机器人已经逐步呈现快速增长的趋势。协作机器人被植入了更多的智能技术，日趋小型化，能够有效满足中小企业的复杂环境和个性化生产需求。除此，由于我国发达的电商行业和快递行业等市场需求，在自动导引运输车[①]（automated guided vehicle，AGV）机器人领域也具有良好的发展基础和应用前景。

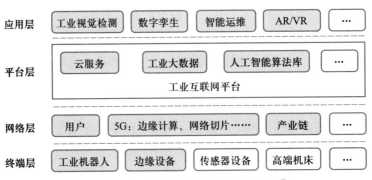

图 8.7　人工智能在智能制造中的应用[②]

① 自动导引运输车：是指装备有电磁或光学等自动导引装置，能够沿规定的导引路径行驶，具有安全保护以及各种移栽功能的运输车，AGV 属于轮式移动机器人 (wheeled mobile robot，WMR) 的范畴。

② 资料来源：《AI+ 电信网络：运营商的人工智能之路》。

网络层是设备接入、数据采集、平台数据打通和管理、上层智能化应用实现的重要保障，也是实现工厂、消费者、行业全连接的必要条件。平台层基于 5G、人工智能和大数据分析技术，建立资源和服务高效共享的公共性工业互联网平台。面向制造业数字化、网络化、智能化的需求，工业互联网平台是推动智能制造进一步升级的中坚力量。工业互联网平台不仅要提供海量数据采集和汇聚、泛在连接、弹性供给、高配置的工业云能力，还需提供以数据挖掘、数据分析和数据预测为主的大数据服务能力以及以深度学习、计算机视觉、情境感知和自然语言处理为主的人工智能服务能力。通过平台层提供的技术能力，智能制造在应用层进行成果转化，包括各类典型产品的研发，提供工业领域的解决方案等。

8.3.1 工业大数据成为生产要素

随着数字化浪潮在工业领域的渗透，数据已经成为工业领域最重要的新的"生产资料"。工业生产中，数据的生产无处不在，生产机床的转速、能耗，原料的配比、温度，零件的尺度、误差等都是在生产过程中产生的数据。自从工业从社会生产中独立成为一个门类以来，工业生产的数据采集、使用范围逐步加大。早期，泰勒拿着秒表计算工人用铁锹送煤到锅炉的时间，是对制造管理数据的采集和使用；福特汽车的流水化生产，是对汽车生产过程的工业数据采集和在工厂内优化使用；丰田的精益生产模式将数据的采集和使用扩大到工厂和上下游供应链；核电站发电过程中自动将全流程生产过程数据反向用于自动化生产，使自动化水平提升到了新的高度。

工业大数据是工业领域内产品和服务生命周期数据的总称，包括工业企业在研发设计、生产制造、运维服务等环节生成和使用的数据，以及工业互联网平台中的数据等，是人工智能技术改善传统制造业生产流程的重中之重。

随着大数据、人工智能等新一代信息技术与产品全生命周期各环节和先进制造技术的不断融合，工业大数据日益成为提升企业生产力、竞争力、创新力的关键要素。传统的数据中心在应对海量数据存储、非结构化数据处理、大数据挖掘分析等方面存在不足，有必要构建基于工业大数据的新一代数据中心，满足企业对工业大数据集中管控、处理、分析应用的需求，为企业构建在线感知、实时分析、智能决策、精准执行的能力，支撑企业从生产型制造向服务型制造转型。

工业大数据的主要来源有：① 工厂运行数据；② 工艺流程数据；③ 生产经营过程数据；④ 消费互联网或公众互联网的产业数据；⑤ 专家知识库数据。总体而言，工业大数据可以来自产品、物料、产线、工艺、质量、设计、客户、供应链和市场。一方面，通过数据清洗处理等技术对工业大数据进行预处理、处理、分析等流程，得以实现对海量数据进行高质量的存储与管理；另一方面，通过深度学习算法，建模、分析、可视化，将数据与工业生产实践相结合，可以支撑应用层各种分析、控制与决策的实现，如图 8.8 所示。

随着行业发展，工业企业收集的数据维度不断扩大。工业大数据同样具有规模性（volume）、高速性（velocity）、多样性（variety）、价值性（value）的大数据 4V 特征。规模

图 8.8　工业大数据对人工智能的支撑

性上，制造业的历史使得工业企业经过多年的生产经营累积下来大量的产品、原料、生产设备、生产过程、生产标准等数据。高速性依赖于工业企业越来越高的信息化程度，使得工业数据的获取速度和数据精度显著提升，例如，从单机机床到联网机床，数据交互频率大大增强，加工精度从 1 mm 提升到 0.2 mm，从每 5 分钟的统计频次到每 5 秒的全程监测，使得采集到的数据粒度不断细化。企业信息化建设的深入和外部数据的加入丰富了工业大数据的多样性，使工业大数据不仅包括通过 CAD 等积累的研发过程数据、生产全流程数据，同时还包含企业本身业务运营中出现的财务数据、生产安全数据、供应商数据、客户数据等，以及市场数据、社交网络数据、企业舆情数据等。价值性可以从不同类型数据的有效利用体现，例如经营性数据，包括财务、资产、人事、供应商基础信息等数据是企业信息化建设中陆续积累起来的，体现了一个工业企业的经营要素和成果，围绕企业生产过程中积累的数据，包括原材料、研发、生产工艺、半成品、成品、售后服务等数据是工业生产过程中价值增值的体现，是决定企业差异性的核心所在，布置在机床的设备诊断系统，库房、车间的温湿度数据，以及能耗数据，废水废气的排放等环境类数据，是工业生产过程中的标准制定的重要依据。

除了一般大数据的 4V 特征，工业大数据还有两大特点：一是准确率高，大数据一般的应用场景是预测，在一般性商业领域，如果预测准确率达到 90%，已经处于比较高的水准，如果达到 99% 属于卓越水平，但在工业领域的很多应用场景中，对预测准确率的要求达到 99.9% 甚至更高，例如轨道交通自动控制，再例如定制生产，如果混淆了不同客户的订单参数会造成经济损失；二是实时性强，工业大数据重要的应用场景是实时监测、实时预警、实时控制，一旦数据的采集、传输和应用等全处理流程耗时过长，就难以在生产过程中发挥价值。

工业大数据的应用场景包括：① 精准匹配，通过数据挖掘，精准设计研发产品；② 智能制造，通过传感器和工业大数据的应用，实现自动化生产和智能化生产；③ 工业云协同制造，通过工业云同时得到供应链大数据和用户大数据，帮助工业企业组织合作生产、协同制造；④ 市场预测，联合搜索引擎和电商的大数据平台，进行市场预测，辅助制造业生产计划决策；⑤ 推送营销，通过用户大数据分析进行精准推送营销；⑥ 大规模个性化定制和精准运维服务，运用工业大数据，帮助企业优化运营，降低成本，使资源利用最大化；⑦ 全面了解、深入洞察，辅助和控制工业企业的财务风险；⑧ 通过大数据分析，辅助工业企业发现新的利益增长点，创建新的业务模式；⑨ 实现互联共享、开放创新的协调研发，"机器对机器（machine to machine，M2M）[①]+ 核心系统 + 大数据平台"的精益生产，端到端、定制化、安全可靠的精准营销。

大数据平台建设是智能制造有效利用工业大数据价值创造和体现的重要一环。通过大数据平台或系统，用户与企业之间会产生大量交互和交易数据，企业可以根据数据进行需求分析，打通企业和用户之间的信息孤岛，利用交互信息和数据，优化提升产品设计，从而达到以客户为中心进行创新的目标，如图 8.9 所示。传感器和物联网技术使设备和产品在生产过程中被实时监测，通过大数据平台，企业能够提前预测和诊断设备、产品故障。通过客户大数据、市场大数据，企业能够更好地优化企业业务、优化供应链、提升物流效率、降低成本；通过用户画像，企业以更精准的方式提供创新性、更优质的产品和服务，满足用户日益变化和多维度的需求。

8.3.2 工业机器人提高生产效率

智能制造装备是智能制造的主要载体。智能制造装备涉及工业机器人、3D 打印设备、数控机床、智能控制系统、传感器等主要类别。工业机器人作为人工智能应用于制造业的代表，是应用于工业制造的半自主或全自主工作的机器。工业领域的机器人大多是多关节机械手臂或多自由度机器人，由程序设定的运动路径进行工作和作业。早期的工业机器人可实现的功能一般有器件焊接、涂装喷涂、零件组装、机器搬运、物品包装、产品检测和测试等，随着工业机器人技术的发展，现已应用在精细化程度较高的工作中，如钻孔、铆接、抛光打磨、切割等加工过程。目前应用工业机器人较成熟的行业有汽车行业、电子、金属制品、塑料化工和食品行业。随着人工成本上升、工业自动化水平提高，工业机器人用途还会不断增加，运用领域也会不断扩大。

---

① 机器对机器（M2M）是一种广泛的标签，可用于描述任何技术，使联网设备能够在没有人工手动帮助的情况下交换信息和执行操作。M2M 技术首先在制造和工业环境中采用，后来在医疗保健、商业、保险等领域得到应用。它也是物联网（IoT）的基础。

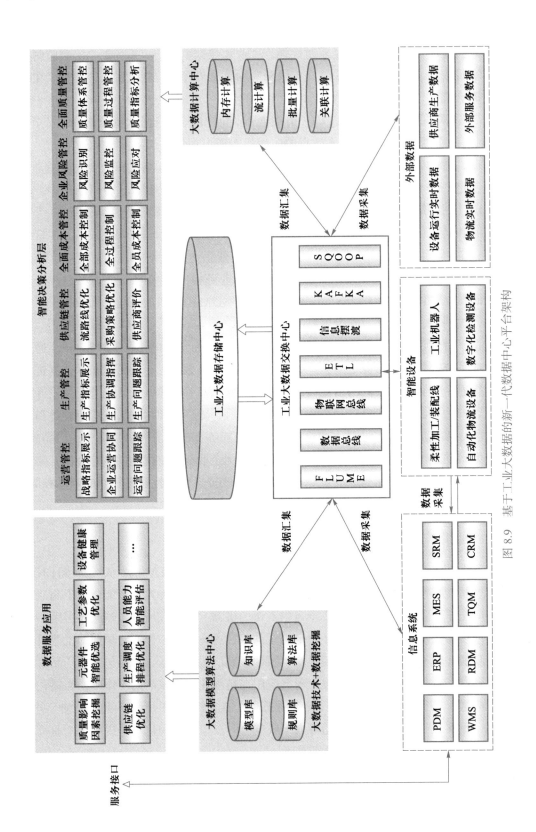

图 8.9　基于工业大数据的新一代数据中心平台架构

工业机器人改善制造业的具体路径如下。

① 取代人力完成恶劣环境生产作业。很多生产车间环境恶劣且复杂，如高温环境、低温环境，以及存在核辐射的相关工作环境，传统以人力为主的生产方式很难在这样的生产环境中长时间工作，因此极大地限制了生产效率。而针对不同场景应用不同材质的工业机器人，如核工厂设备的检修机器人、核工业上的沸腾水式反应堆燃料交换机器人等，能够在有效保证生产安全的同时大幅度提高生产效率。

② 重复单一烦琐的生产任务。在制造生产过程中存在许多极为烦琐且任务单一的机械性工作，面对日益上涨的人力成本和逐渐短缺的劳动力，传统的让劳动力从事大量重复单一的生产工作很难发挥人的创造力，是一种对劳动力资源的浪费，且生产效率和生产质量不能得到保证。工业机器人的应用取代人力完成了机械单一生产任务，既节省了人力成本，保证了生产效率，又可以解放劳动力到一些自主性较强、机械性弱的生产环节，最大化劳动力价值。在自主性较强的生产环节，可以加强人机协作，由工业机器人扮演辅助生产的角色，简化人力的生产过程。

③ 优化生产制造工艺。我国制造业存在的一大弊端是生产设备精度不高，导致产品质量不高，这也使得我国制造业获利主要通过技术含量较低的行业，如服装加工制造业等，而在装备制造等高技术制造业领域获利不多。当诸如灵巧关节机器人一类的高精度高智能制造设备投入应用后，这一局面得到了有效的改善，生产制造工艺的提高是产品质量的保证，也为中国制造冲击高技术行业的制造领域做了必要准备。

④ 影响制造业就业规模，改善劳动力结构。传统制造业中非技能及低技能劳动力比重大而高技能劳动力比重小，即使近年来高技能劳动力比重有所提升，最高也只达到18%左右，而低技能及非技能劳动力比重仍然占82%，这也与我国劳动密集型制造业比重大，而资本、技术密集型制造业比重小的现状较为契合，且从事制造业劳动力总量规模呈现缩减状态。工业机器人的应用对非技能劳动力及低技能劳动力存在替代效应，能够逐渐取代这两部分劳动力的工作岗位。同时，由于技术进步以及高技术智能化生产设备的使用，产生了部分高技能工作岗位的需求，称为对高技能劳动力存在补偿效应，这一效应也倒逼有限的劳动力向高技能劳动力转变，改善劳动力结构，从侧面对生产效率产生正向影响。

8.3.3　机器视觉技术赋能监测与检测

我国目前大多数的生产流水线仍采用人工目测的方法进行缺陷品检测。人工检测需要消耗大量劳动力，检测效率低，且易出现漏检、误检等问题，材料的一致性标准难以保证，产品精度也缺少严格的标准化检测。例如在机械设备的重要零部件轴承检测中，传统的人工测量轴承内外径尺寸的方法需要借助机械式和光学式测量仪器，此种测量方法存在众多问题，如测量效率低、易产生视觉疲劳，以及检测结果受人为因素干扰大等。一旦大量漏检的不合格产品流入市场，不但会给企业带来经济损失，还会影响用户的权益。这是制约我国制造业向高端发展的一个重大弊端。

机器视觉系统通过图像/视频采集装置，将采集到的图像/视频输入到视觉算法中进行计算，最终得到人类需要的信息。机器视觉技术可以理解为基于视觉技术的机器系统，其主要工作是对图像数据进行处理和分析，这在生产制造企业的产品质量检测环节可以实现大规模的应用。2007 年，以华中科技大学自主研发的印刷在线检测设备与浮法玻璃缺陷在线检测设备打破了欧美在此行业的垄断地位，取得了突破性的进展。此后，机器视觉技术更广泛应用于生产制造流程中的检测环节，如零部件质量检测、成品质量检测等，又称为工业级计算机视觉技术，其原理是利用图像采集设备来模拟生物的视觉功能，并通过计算机来实现图像处理，将处理后得到的图像信息与标准信息进行比对后得出判断结果。基于工业级计算机视觉技术对产品制造进行自动化、智能化检测，能够显著提高检测效率和检测精度，同时提升制造企业的生产效率和生产的自动化与智能化程度。

以轴承质量检测为例，检测流程可分为以下三步。

① 图像采集：选用高像素工业智能相机通过电荷耦合器件（CCD）传感器采集产品图像，过程中利用光源突出被检测轴承的特征，如用环形光源突出物体的三维信息，用背光源突出被检测物体的轮廓，至此完成了工业视觉应用中关键的第一步。

② 图像处理：这一过程一般也是在工业智能相机中完成，通过智能相机中内置 DSP 芯片进行图像处理，一般有滤波与二值化处理和边缘检测，最后利用最小二乘法得到轴承内外半径的像素值，经过尺寸标定与工业视觉脚本程序将其转换为轴承内外径的实际尺寸。

③ 测量结果分析：通过重复性测量来提高产品数据采集的精度，用多次测量的平均值与标准差来衡量测量精度，再通过与产品合格标准的比对对产品的质量做出判断。

目前国际工业级计算机视觉的高端市场主要被美国、日本、德国占据，例如日本的 KEYENCE、OMRON 和美国的 COGNEX 是全球领先的行业巨头。我国制造业本身在前期发展过程中，大多落后于西方发达国家，技术国产率低，但伴随政府对制造业数字化转型升级的政策支持和国内提供数字技术服务的企业的发展，我国在光源、工业相机零部件和先进传感器上突破了很多技术壁垒，大力发展垂直行业、企业定制类的工业级计算机视觉技术的应用研究，涌现出矩子科技、奥普特、天准科技等大量本土企业，以及系统集成商、产品代理商等全方位服务体系。

未来工业级计算机视觉技术在制造业的应用将会不断深耕企业定制化的需求，这就需要提供技术服务的公司与制造业企业客户之间更紧密的合作，前者需要深入后者的生产全流程中，理解不同行业的不同企业客户在实际生产运营中的需求，从而突破现有的标准化计算机视觉技术只能满足企业用户一些非常基础性的功能需求，例如产品高精度尺寸测量、零件坐标位置测量、二维码数据读取等。对于提供工业级计算机视觉服务的企业来说，除了算法、软硬件的技术突破外，对服务对象的行业知识和生产流程的深刻理解，会是非常重要的竞争优势。

8.3.4　边缘计算优化离散型制造

离散制造，是指产品的生产过程通常被分解成很多加工任务来完成。从事制造生产的企业通常面对种类繁多的企业物料来进行生产，并按照其主要的工艺流程安排生产设备的位置，以使物料的传输距离最小；产品往往由多个零件经过一系列并不连续的工序来加工装配而成，各零件加工过程或并联或串联，存在更多的变化和不确定因素，导致过程控制更加复杂多变，从事这种类型产品的生产制造企业可以称为离散型制造业，如大型飞行器、船舶、电子设备、汽车和机床设备制造企业等。随着经济发展和技术进步，离散型制造企业对产品隐私、生产安全和交付时延等精确指标也有了更高的要求，精细化、个性化和智能化已成为离散型制造业的发展趋势。为满足这些发展趋势，依赖中心决策和运算能力的云计算架构，为企业整体提供的计算能力已远远不够，部署边缘计算提供的本地端实时决策能力在这些企业显得尤为重要。

边缘计算是在靠近物体或数据采集端的网络边缘侧，构建融合网络、计算、存储、应用等核心能力的分布式开放体系。边缘计算提供的边缘就近智能服务，能够满足离散制造业在敏捷连接、实时业务、数据优化、应用智能、安全与隐私保护等方面的技术需求，通过运营技术（operational technology，OT）与信息技术（information technology，IT）的跨界协作，推动信息流动和集成，实现知识的模型化，并开展端到端的产业各环节协作，形成新的生态模式，如图 8.10 所示。

（1）边缘计算对离散制造系统的连接性问题提供解决方案。由于离散制造涉及的领域行业众多，设备连接协议不同、设备互联困难是离散制造客观存在的问题。边缘计算能够有效为系统提供完善的连接配置和管理能力，收集系统间实时通信需求和反馈质量要求，优化运行调度算法，分析时间敏感网络（time sensitive networking，TSN）交换机和 5G 网络的配置，允许多种实时数据流同时传输。边缘计算平台中的数据抽象层，让不能直接互相联通的设备实现互联互通，并把支持传输接口和协议的设备接入边缘计算平台，其低延迟的特性保证设备间的实时横向通信。

（2）边缘计算为离散制造业提供边缘侧的建模工具及智能工具。不同类型的离散制造工厂都需要不断提高自动化和数字化程度，提升制造质量和效率，不断丰富以数据为中心的各种应用。边缘计算作为物联网架构的中间层，提供了现场级的实时计算、存储和通信机制、容器化的边缘计算核心组件和应用程序部署机制、标准化的设备数据采集机制和逐步完善的边缘应用程序生态。用边云协同的人工智能模型训练和部署机制，提供大量平台化、模块化的灵活易用工具，不断提升工厂的精益制造能力。

（3）边缘计算平台为离散制造业提供决策和效率优化能力。目前离散制造系统整体设备数据不完备，数据计算细粒度大，难以用于效率优化。边缘计算平台能够基于设备信息模型实现语义级别的实时数据流处理机制，汇聚和分析大量现场实时数据，为离数制造系统的决策提供强大的数据支持，可以有效支持物料的标识和可溯性、设备和生产线的实时监控、现场操作指导和操作优化、自适应的生产调度和工序的优化，以及上下料和车间物流环节的优化。

例如，数字化转型的浪潮推动大量老旧工厂开始实施企业数字化转型，边缘计算丰富的抽象和黏合能力能够分别响应老旧工厂改造升级和新工厂系统建设的不同需求，为新老工厂提供互联统一的设计解决方案。边缘计算由于其灵活部署能力和丰富的连接性，在不对

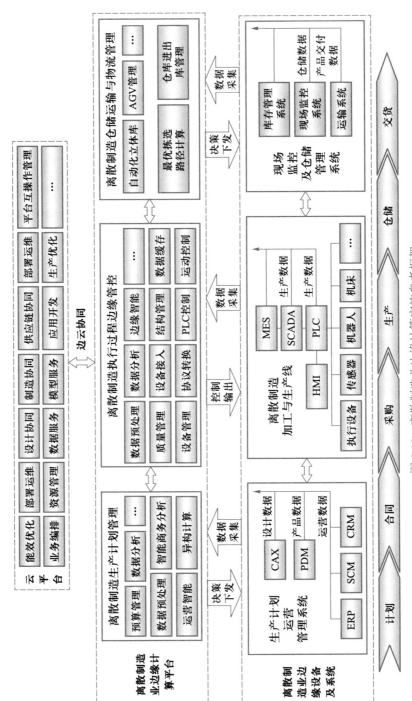

图 8.10　离散制造业边缘计算实施参考框架

老旧工厂中的各大装备进行大规模改造升级的情况下，通过增加边缘网关和边缘数据采集终端等多种轻量级解决方案，可以加强数据在制造系统各个环节间的流动，有效提高制造工厂的数字化水平，并为各种基于数据的智能应用提供运行环境。

（4）边缘计算平台可以为实时工业软件开发的软硬件解耦提供基础支持。智能工厂的运行依赖于智能装备和智能流程，需要大量的实时软件支持。基于边缘计算平台的服务架构，可以将大量实时规划、优化排版、设备监控、故障诊断和分析、自动导引运输车（AGV）调度等功能封装在边缘应用程序上。通过边缘计算平台进行边缘应用程序的灵活部署，降低开发难度，实现了软件与硬件平台的解耦，提高软件质量。

（5）边缘计算可以进一步促进离散制造系统的 OT/IT 融合。边缘计算平台既连接 OT 系统，又连接 IT 系统，既具有低迟、高可靠的现场实时数据采集和处理能力，又有丰富的 IT 工具和接口，是当前实现离散制造系统的 OT/IT 融合的有效手段。边缘计算平台通过提供整体的数据发布 / 订阅机制，根据离散制造柔性生产的需求，可以实现从数据源到多个数据订阅端的实时通信，解决传统结构信息流动不畅的问题。边缘计算平台提供了现场侧丰富的计算和存储能力，可以利用边缘计算数据处理组件和边缘 App，把各种工艺算法进行灵活部署，实现边缘和云的协同。

8.3.5 数字孪生技术创新生产模式

数字孪生（digital twin）技术是充分利用物理模型、传感器、运行历史等数据，集成多学科、多物理量、多尺度、多概率的仿真过程，在虚拟空间中完成映射，反映相对应实体装备的全生命周期过程。数字孪生可以视作一个或多个互联互通、相互依赖的装备系统的数字映射系统。数字孪生技术在产品设计、产品制造、医学分析、工程建设等领域已有较多的应用尝试，属于较为普适的理论技术体系，也是目前国内最受关注同时也是应用深入程度最高的智能制造领域核心技术之一。

数字孪生生态系统由基础支撑层、数据互动层、模型构建与仿真分析层、共性应用层和行业应用层组成，如图 8.11 所示。其中，基础支撑层由具体的设备组成，包括工业设备、城市建筑设备、交通工具、医疗设备等。数据互动层包括数据采集、数据传输和数据处理等内容。模型构建与仿真分析层包括数据建模、数据仿真和控制。共性应用层包括描述、诊断、预测、决策 4 个方面。行业应用层则包括智能制造、智慧城市在内的多方面应用。

数字孪生生态系统的"基础支撑""数据互动""模型构建""仿真分析""共性应用""行业应用"6 大核心模块，对应从设备、数据到行业应用的全生命周期。国内外数字孪生产业图谱如图 8.12 所示。我国工业和信息化部"智能制造综合标准化与新模式应用"和"工业互联网创新发展工程"，科学技术部"网络化协同制造与智能工厂"等国家层面的专项实施，为数字孪生技术的发展提供强有力的政策支持。以中国电子技术标准化研究院、中国信息通信研究院、赛迪信息产业（集团）有限公司为代表的机构在数字孪生的概念、技术、标准、应用实践等方面开展了大量工作，为数字孪生在中国的推广与发展起到了重要作用。

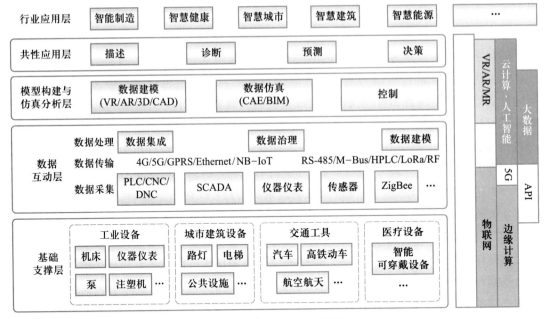

图 8.11　数字孪生生态系统

图 8.12　数字孪生产业图谱

　　高校及科研院所是进行数字孪生理论研究的主力。据统计，目前全球已经有千余所高校、企业和科研院所开展了数字孪生研究，包括英国剑桥大学、美国斯坦福大学、德国亚琛工业大学等在内的多所世界一流高校的相关研究成果在各种高水平学术刊物发表。

　　企业也对数字孪生技术的实践有很高的积极性，主要分为三类，包括将数字孪生技术付诸实现的研发方，提供数字孪生相关技术咨询的平台方和数字孪生技术的应用方。

8.4 人工智能赋能制造的应用案例

8.4.1 工业大数据技术应用 ···□

一些传统重工业，例如船舶制造业，生产制造工序繁杂，必须同时整合多种设备资源，再加上制造过程由多个不同的部门、技术团队和管理团队共同完成，尽管会有整体设计，然而由于不同的团队负责内容不同，往往造成生产制造过程的沟通协调不顺畅，不合理的生产安排导致生产制造效率低下，耗费大量的人力、物力。虽然有大量的生产设备，但由于信息化程度不高，导致大量生产信息数据未得到有效挖掘。此外，多条生产线由于相互之间的关联度不高且缺乏统一组织管理，产生的数据也就无法进行有效的统一管理，设计、生产、管理等部门的数据无法共享，"信息孤岛"[①] 的出现降低了数据的有效性，而生产过程中数据的完整性和有效性会直接影响生产的效率和产品质量，因此，工业大数据的应用能有效改善制造业生产和管理方面效率低下的状况，并使生产管理向精益化方向发展。

工业大数据技术对传统制造业的赋能主要有以下几个方面。

（1）基于数据的产品价值挖掘。对产品及相关数据进行挖掘分析，创造新价值。例如，日本的科研人员设计的一款新型座椅，通过分析相关数据特征来识别不同的驾驶者，辅助汽车的安保系统。这种座椅通过 360 个不同类型的感应器，收集并分析驾驶者的体重、压力坐姿等多种信息，与车载系统中内置的车主信息进行匹配，判断驾驶者身份，从而决定是否开动汽车。实验数据显示，这种车座的识别准确率高达 98%。三一重工公司通过在线跟踪已售挖掘机的使用时间、工作负荷等数据，分析全国各地基建情况，进而辅助宏观经济判断、市场销售布局、金融服务等战略决策。

（2）助力产品创新和需求管理。对于制造企业来说，绝大多数的产品需要通过销售渠道来销售，对消费者信息感知较少，而产品全生命周期大数据打通了这层壁垒，给制造业以较低成本获得关于产品特性（如运行状态、故障等）与消费者需求特征和体验反馈的大量数据，为产品的研发和改进奠定了数据基础，此外结合消费者当前需求变化，通过历史数据的多维度组合，以此来调整产品生产策略。

（3）辅助制造过程质量控制和生产环节管理。传统质量控制采用数据抽样，抽样数据量少，不能涵盖产品的全部质量问题，且当最终检测到质量问题时，难以快速追溯到发生质量问题的原因，往往需要较长的时间来定位和解决这些质量问题。而通过采用工业大数据分析技术可以更精准地控制质量。此外，通过大数据平台建立产品质量与生产过程的实

---

① 信息孤岛：指相互之间在功能上不关联互助、信息不共享互换，以及信息与业务流程和应用相互脱节的计算机应用系统。目前数据孤岛是最普遍的形式，存在于所有需要进行数据共享和交换的系统之间、不同软件间，尤其是不同部门间的数据信息不能共享，设计、管理、生产的数据不能进行交流，数据出现脱节，即产生信息孤岛。

时联系，动态优化制造过程，实时监控产品质量以预防质量问题的产生。工业大数据背景下的质量监控，是对整个生产过程的监控，包括人员、设备、工序等。利用制造过程所需的专业数据，有助于建立生产闭环控制以及自动化的错误数据反馈机制，采用自动化的纠错、容错过程进行相应的计算与核算工作。

（4）提升服务型生产。深度学习大数据分析技术有助于增加服务在生产（产品）的价值比重，主要体现在以下两个方向。一是将售前阶段向前延伸，利用个性化设计的方式，吸引、引导和锁定用户。例如，红领西服的服装定制，通过精准的量体裁衣，每件衣服的成本仅比成衣高 10%，在其他成衣服装规模关店的市场下，能保持每年 150% 的收入和利润增长。二是将售后阶段向后延伸，通过销售的产品建立客户和厂家的互动，产生持续性价值。例如，苹果手机的硬件配置是标准的，但每个苹果手机用户安装的软件是个性化的，这里面最大的功劳是 App Store。苹果公司通过销售手机让 App Store 建立用户和厂商的连接，满足用户个性化需求，提供差异性服务，每年创造的收入在百亿美金以上。

（5）优化供应链。当前基于深度学习的大数据分析已经是很多企业提升供应链竞争力的重要手段，产品电子标识技术、物联网技术和工业互联网技术能帮助制造业企业获得完整的产品供应链的大数据，利用这些数据分析，将带来仓储、配送、销售效率的大幅提升和供应链的优化升级。

（6）创新商业模式。工业大数据背景下，工业企业创新商业模式既包括他们提供的商业服务也包括他们接受的商业服务。企业的目标是通过提供创新性的商业服务获得更多的客户，发掘更多的蓝海市场，赢取更多的利润；同时通过接受创新性的商业服务，可以降低生产成本和经营风险。

8.4.2　数据智能与智能生产

数据的智能生产管理可以用联想集团的实例来说明。2013 年，联想集团就启动了以数据智能为核心的转型。在这一过程中，联想以精益化为基础，持续推进自动化，加速数字化应用落地，不断探索智能化场景，逐步形成了覆盖企业全价值链的智能化技术和管理体系，如图 8.13 所示，包含以下众多环节。

（1）基于人工智能的排产规划与用工匹配。联想集团利用人工智能技术解决了复杂的笔记本电脑生产排产和用工匹配问题。全球每售出 8 台笔记本电脑就有 1 台来自联想集团旗下的合肥生产基地联宝科技公司。针对其庞大的生产排程问题，联宝科技公司使用多交互增强学习优化网络和基于注意力机制的最优化网络，通过模拟多变的生产场景来自动匹配最佳排产策略。部署该方案后，相比人工排产，排产耗时从原来的每天 6 小时缩短到 1.5 分钟；生产效率提升了 16%。随着数据和模型训练的积累，智能排产模型的能力也会进一步提高。联宝科技公司还实施了基于人工智能技术的智能计划和智能用工系统平台，可以覆盖生产线对员工的全周期管理，并对人员、岗位、技能和绩效进行动态匹配调整。

（2）基于数字孪生的预测性维护。联想集团试点了 5G 智能工厂生产线设备预测性维护解决方案。通过虚拟出来的真实生产环境，该方案可以让管理者在线浏览整个生产设施

图 8.13　联想智能制造解决方案服务全景图

情况，并提供 3D 情境下的生产信息。经过对海量的设备数据进行分析后，系统利用机器学习训练出设备的数据模型，并将该模型应用于设备状态的预测中，从而实现预测性维护。

（3）基于机器学习的智能配送。为了降低联想城市配送中心运营成本，提升服务质量，联想集团应用了基于机器学习的智慧物流系统。综合考虑产品数量、种类、运单数量、体积，以及配送地址、客户类型、服务时长等多种因素，通过强化学习建立模型，挖掘出"订单–客户–路线"之间的复杂关系，最终动态生成智能调度方案。与人工派车方案相比，智慧物流系统可有效降低 44.1% 的运输里程和 42.9% 的平均用时，提升车辆装载率 32.6%，减少车次 46.0%。

（4）多个企业级平台实现内外部融合。基于 iLeapCloud（云平台）、LeapIOT（工业物联网平台）、LeapHD（大数据平台）和 LeapAI（企业级人工智能平台）为基础的联想工业互联网平台，可以让企业生产行为和管理更加智能化。平台通过数据实时跟踪生产运行状况，让企业随时了解生产线状态；通过多元数据融合帮助企业更加立体全面地了解业务状况，实现生产线与系统之间的融合互通；通过运营智能端可以优化生产线运行，降低生产成本，提升业务敏捷度，实现柔性制造。

8.4.3　产品检测的"机械眼"

康耐视（COGNEX）公司是全球领先的机器视觉设备供应商，成立于 1981 年，涉及领域包括视觉系统、视觉软件、视觉传感器和工业读码器等，应用领域包括半导体、汽车、航空、消费品制造等，其中汽车行业占比最高达 30%，消费电子占比达 25%，制造业厂商多应用康耐视公司提供的工业视觉技术进行技术转型，提高效率，缩短交付周期。

康耐视公司对人工智能领域的产品开发做了大量投入。2018 年，康耐视公司推出了基于深度学习的工业图像分析软件 VisionPro ViDi 套件，2019 年收购 SUALAB 进一步提升了其现有深度学习技术 ViDi Systems 的研发能力，2020 年推出第一款融入深度学习技术的工业智能相机 In-Sight D900 嵌入式视觉系统，而随后推出的 VisionPro Deep Learning 深度学习视觉软件将全面的机器视觉工具库和先进的深度学习工具结合到一个通用的开发和部署框架中，简化了高可变性视觉应用的开发流程，极大地方便制造业设计。

VisionPro Deep Learning 软件是专为制造业设计的同类最佳深度学习视觉软件，如图 8.14 所示。它是以优秀的机器学习算法套件制成的经过现场测试、优化且可靠的软件解决方案。它将深度学习技术与 VisionPro 软件相结合，能够解决复杂的应用问题，这些应用对于传统的机器视觉系统而言过于困难、耗时或昂贵。VisionPro Deep Learning 软件帮助传统的视觉用户使用范例型的深度学习工具，这些工具专为制造环境设计，需要的图像集少，可以显著提高训练速度，其图形用户界面（GUI）也为管理和开发应用提供了简单的环境。

图 8.14　VisionPro Deep Learning 深度学习工具

In-Sight D900 是配备 In-Sight ViDi 软件的智能相机，如图 8.15 所示，该嵌入式解决方案可帮助用户的自动化工厂轻松解决有挑战性工作，包括工业光学字符识别、装配验证和随机缺陷探测等。例如，随机缺陷探测可以检测到使用传统的规则式机器视觉工具进行编程无法检测的地方。此外，凭借深度学习预训练字体库，能够解码严重变形、歪斜、蚀刻不良的代码。

以北京奔驰汽车公司为例，发动机装配过程中有手动工位，需要人工去操作，由于人工可能会疲劳疏忽，会出现零件漏装或错装的情况，传统检测使用激光传感器进行检测，但由于发动机托盘在装配线上会晃动，导致激光传感器经常发生误报警。在应用 In-Sight 2000 视觉系统后，其稳定性效果远超传统激光传感器及人工方式，克服了发动机托盘晃动的问题，完美解决了发动机装配过程中可能会发生漏装、错装的问题，工厂的生产合格率、生产速度有了大幅提升，而且还提高了装配线的自动化、智能化水平，优化了检测工艺，彻底摆脱了传统的接触式检测、传感器检测、人工检测等带来的问题，如图 8.16 所示。

图 8.15　IN-SIGHT D900

图 8.16　北京奔驰装配线应用
In-Sight 2000 视觉系统

全球机器视觉行业几乎被少数国际巨头垄断，美国的康耐视公司和日本的基恩士（KEYENCE）公司几乎垄断了全球 50% 以上的市场，2020 年收入规模在合计超 300 亿元，且保持稳定增长。此外，机器视觉巨头企业的人均创收高，2019 年康耐视和基恩士公司的人均创收分别为 36.8 万美元和 59.26 万美元。随着国内人工智能技术的发展，视觉技术已经日益成熟，奥普特等国内机器视觉企业的人均创收达到 60.7 万元，未来提升潜力巨大，如图 8.17 所示。根据前瞻研究院数据显示，2014—2019 年中国机器视觉市场复合增长率为 16.66%，如图 8.18 所示，2019 年中国机器视觉市场规模 138.77 亿元，其中国外品

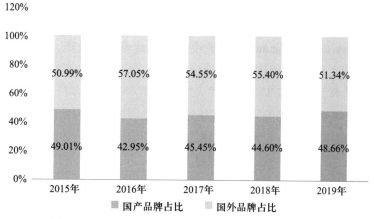

图 8.17　2015—2019 年工业机器视觉产品国内外对比

图 8.18　2015—2019 年中国工业机器视觉市场规模（亿元）

牌的市场占有率逐年下降，国产品牌的市场占有率逐年提升。随着国产品牌逐渐在机器视觉领域的能力不断提升，未来国产品牌产品的应用市场非常广阔。

8.4.4　服装柔性化定制生产

红领集团的案例揭示了人工智能技术在服装等传统行业的应用前景同样广阔。成立于 1995 年的红领集团，是一家以生产西装为主的服装生产企业，企业发展初期以接外贸代工订单为主，是一个典型的传统外贸加工企业。作为加工生产型企业，长期处于价值链的最底端，不仅收益少，而且严重受制于产业链上下游。为了不断适应市场挑战，该品牌开始向"定制化"转型，从 2003 年开始探索，2007 年成立酷特智能公司，致力于研发个性化定制生产模式，以客户需求作为驱动源点，把互联网、物联网、大数据等新一代信息技术融入批量化生产中，实现流水线上的不同数据、规格、元素的灵活搭配、自由组合，从而在一条流水线上制造出灵活多变的个性化产品，逐渐由成衣制造品牌进化为新时代个性化智能定制品牌。目前，酷特智能公司拥有西装厂、衬衣厂和西裤厂三个专业智能制造工厂。

红领集团研发的个性化西装定制柔性生产线——RCMTM（Red Collar made to measure），区别于传统电子商务模式，其核心经营模式是"由订单驱动的大规模个性化定制"C2M（customer to manufacturer）商业模式。由订单驱动生产，是指企业先从客户处接受订单，再安排生产，以销定产；大规模个性化定制，即以客户需求为中心，借助互联网、大数据等技术手段，以工业化方式大规模地生产出满足客户不同诉求（如尺寸、价位、面料、版型、风格、工艺等）的个性化定制产品。由订单驱动的大规模个性化定制模式使产品的开发和生产周期大大缩短，提高了供应和响应效率，如图 8.19 所示。

大规模定制的过程如下，首先客户通过 RCMTM 平台下达订单，在 RCMTM 平台上，客户可以在线自助设计服装，并随时查看 3D 设计结果，该平台与研发设计系统、ERP 系统、财务管理系统等后台系统紧密集成，除在线设计功能以外，还具备交付进度查询、满意度评估等功能。红领集团通过研发设计系统（IMDS）依照多年积累的数据模型，把个性化订单转化成各节点的标准指令，完成定制订单的标准化，从而由计算机代替传统版型师自动实现制版过程。接着再由高级计划与排程系统（APS）根据生产物料与产能、生产现场的控制与派工规则，快速规划出最佳可行的物料需求计划与生产排程计划，由仓库管理系统（WMS）实现仓库管理信息化，方便生产人员实时掌握仓库的基本情况。最后由车间信息管理技术的载体——制造执行系统（MES）统筹生产过程。生产全过程中的自动化、智能化、网络化和数据驱动等方面发挥了巨大作用，提高了公司的制造能力、产品品质和生产管理水平，如图 8.20 所示。

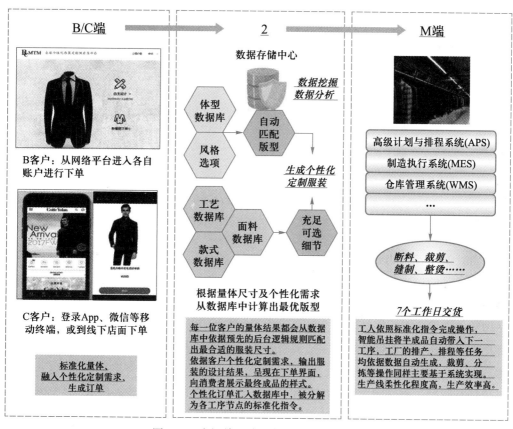

图 8.19 由订单驱动的大规模个性化定制

图 8.20 大规模定制相关系统流程

大规模个性化定制突破了定制服装工业化量产的困境，利用现代信息技术采用柔性制造的组织形式，为消费者提供个性化定制产品，具有成本更低、制造周期更短、个性化定制程度较高的特点。再者，大规模个性化定制模式下，消费者完全根据自身需求下单，企业根据订单生产，不需要事先生产存货，库存风险很低。在红领集团独有的智能定制系统下，每天能生产 3 000 多套定制服装，订单交货期从 3 个月缩短至 7 天交付。在全球服装行业普遍进入寒冬的大背景下，红领集团产值连续五年增长 100% 以上，利润增长达 25% 以上，成为中国智能制造的典范，如图 8.21 所示。

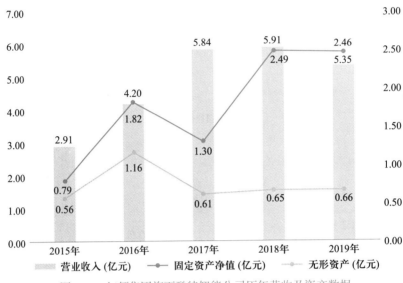

图 8.21　红领集团旗下酷特智能公司历年营收及资产数据

随着社会生产能力进一步提升，消费者的基本生活需求已得到满足，需求层次逐步攀升，对产品的要求从最初满足简单的物质需要逐渐提升为满足物质和情感的双重需要，愿意为商品支付基本使用价值之外的附加价值的价格，消费理念从生存型消费转向服务式、体验式消费。在这样的消费升级背景之下，个性化、差异化在产品整体价值中占据了更高比重，快速、准确地设计和制造消费者需要的产品成为企业获取市场竞争优势的关键因素。

依托互联网、物联网、数据挖掘和分析、计算机辅助设计等新兴技术，大规模生产与个性化定制的深入融合逐步从理论走向实践，大规模个性化定制已经深入到社会生活衣食住行的各个方面。从定制的服装、箱包、首饰、汽车、烟酒、电子产品，到私厨的定制菜单、特调饮品，再到定制旅游、家具、装修，甚至定制住宅的户型，大批注重生活方式和产品特色的消费者已经开始偏好个性化定制这一概念。

以往的国内定制服装品牌多是指以高级定制为主营业务的工作室或设计师品牌（如 GraceChen 等），服务方面强调高端、唯一，目标客户群体范围较小，不属于大规模个性化服装定制范畴。近年来，随着品牌发展的需要与消费者需求的日渐多元化，一些成衣品牌顺应市场需求将业务延伸到定制服装产品，也推出了定制系列或定制子品牌（如报喜鸟、雅戈尔等）；而以团装生产为主营业务的企业，虽然业务类型属于服装定制，但其主要针对团体客户提供小批量、复杂程度较低的定制服务（如校服定制业务），与面向个人消费者的大规模个性化服装定制业务存在着较大差异。总体而言，受消费水平和发展时间较短的影响，尽管服装定制理念的接受度逐渐提升，但在大众服装定制领域，受到消费者认可的全国性品牌仍然凤毛麟角，国内市场尚不成熟，还有很大的发展空间。

8.4.5　数字孪生工厂

西门子集团是全球领先的工业自动化技术企业，其在数字孪生技术应用方面走在了世界前列。西门子集团的发展经历了从工业 2.0 至工业 4.0、从电气化到自动化再到数字化的全过程：工业 2.0 时代重点发展电力电气业务，工业 3.0 时代大力发展数控系统、家电及电子信息业务，工业 4.0 时代全面转向数字化工业市场，着手开发信息技术和工业互联网。西门子集团在发展过程中通过并购紧跟全球数字化潮流，自 2001 年以来，并购的公司多达 20 多家，其中包括主营制造执行系统（MES）软件的法国 Elan Software Systems 公司、专注产品全生命周期管理（PLM）的美国 UGS 公司和提供产品成本管理解决方案的德国 Perfect Costing Solutions GmbH 公司等多家专注于工业软件领域的公司。西门子的数字化步伐越来越快，至今已发展成为全球唯一一家能够在客户的整个生产流程中为其提供集成化软件和硬件解决方案的公司。

西门子集团紧跟德国工业 4.0 和智能制造的发展趋势，近年来高度重视数字孪生技术的研究与应用探索，通过最近两年时间的研发，已经把数字孪生融入其数字化战略中去，并深入到解决方案中。2017 年底，西门子集团正式发布了完整的数字孪生应用模型，包括：① 数字孪生产品（digital twin product），可以使用数字孪生技术进行有效的新产品设计；② 数字孪生生产（digital twin production），在制造和生产规划中使用数字孪生技术；③ 数字孪生绩效（digital twin performance），使用数字孪生技术捕获、分析和践行操作数据，从而形成了一个完整的解决方案体系，并把公司现有的产品及系统包揽其中，例如 Teamcenter、PLM 等。

在现代化的汽车生产车间里，数字化和智能化技术为突破传统制造工艺中的难点打开了全新思路。以冲压工艺为例，振动直接反映着加工过程中的设备健康状况，是设备安全评估的一项核心指标。然而，振动分析极为复杂，产线上多种设备和众多组件之间的振动相互影响、叠加，形成一场大型"复合"振动，只有该领域经验丰富的专家才能"读懂"这些动态交错的信号。但专家无法全天候实时监测，尤其在伺服压机应用场景中，速度、位移、压力等都在不断变化，单凭人力更难以捕捉复杂的加工过程。当人力不可为，人工智能介入是必然选择。西门子集团将专家经验与人工智能相结合，实现了基于振动分析的预测性维护，例如，为北京奔驰汽车公司冲压车间生产线上的关键设备加装了 70 多个传感器，每个传感器每秒可采集 20 000 多个数据点，如此庞大的数据量上传至云端，进行基于机器学习技术的大数据分析，人工智能系统因此成为专家智慧的延伸，能够实时掌握设备状态，并预测未来一段时间内出现故障的可能性。

在车辆领域，西门子集团通过数字孪生技术将现实世界和虚拟世界无缝融合，通过产品的数字孪生，制造商可以对产品进行数字化设计、仿真和验证，包括机械以及其他物理特性，并且将电器和电子系统一体化集成。新的技术提供了新的汽车设计与制造模式，采用数字孪生技术的制造商能够规划和验证生产过程、创造工厂布局、选择生产设备并进行仿真与预测，还可以优化人员和制造过程的工作条件。在自动生成可编辑控制器的代码后，通过虚拟调试技术，即可在虚拟环境中验证自动化系统，从而实现快速高效的现场调试。随后，利用虚拟世界来控制物理世界，将可编辑控制器代码下载到车间的设备中，通过全集成自动化，可实现高效可靠生产；通过制造运营管理系统（MOM），可实现生产排程和生产执行及质量检测；通过开放式物联网操作系统 Mindsphere 可随时监控所有机器设备，构建生产、产品及性能的数字孪生，实现对实际生产的分析与评估。此外，物理世界的状态可持续反馈至产品和生产的数字孪生，因此可实现现实世界中生产和产品的不断改进，缩短产品设计优化的周期。

在风力涡轮机方面西门子集团也开展了相关应用。风力涡轮机或风力发电场运行时会持续生成数据。记录与分析这些数据，可以构建风力涡轮机的数字孪生来提高工程效率、缩短上市时间、简化调试、优化流程并改善服务。其优势具体包含以下 3 个方面。① 数字孪生模型支持在批量生产之前进行数字化设计并测试风能设备。风力涡轮机的数字孪生还可以在调试之前对关键阶段进行仿真，从而确保安全实施。此外，维修人员还可以在实际调试之前进行虚拟培训。② 数字孪生模型能指导风力涡轮机的运行。因数字孪生能够连续记录运行和性能数据，并对该数据进行全面分析，从而支持以可持续的方式优化风力发电机的生产和性能。③ 数字孪生模型能辅助设备维护和保养。数字孪生模型的使用可以将停机维护时间降至最低，即维护时间不能过早，但也不能过晚，以避免任何计划外的停机时间。维护数据及由于更换组件而对风力发电厂所做的更改数据直接记录在系统中，所有有关系统状况的文档始终保持最新的状态。

而西门子公司开发的预测性分析系统（Siemens equipment predictive analytics，SiePA）是工厂中的"最强大脑"。它基于智能运算为工作人员及时提供设备故障预警，并根据简要描述迅速匹配相关历史案例，进而推荐行之有效的维护方案。通过便捷的交互式操作，工作人员还可以将当前的处理过程与结果反馈给系统，形成机器学习模型的闭环优化，实现知识经验的固化与传承。除了设备本身之外，SiePA 系统还可以结合生产环境和相关工艺数据，智能挖掘潜在的异常生产过程，为整个工厂的运行状态提供预测性分析。这将有助于确保生产的稳定性，对于制药、食品饮料、精细化工等生产批次化明显的行业具有重要意义。在石油化工、有色冶金、钢铁等过程工业领域，生产连续性至关重要，由于设备故障而导致的短暂非计划性停机就可能给企业造成上百万的经济损失，甚至引发火灾、爆炸等严重安全事故。西门子预测性维护系统 SiePA 为客户建立起从智能预警到高级诊断的闭环机制，帮助客户有效控制风险，保证生产的可靠性和安全性。这一过程既运用了对传感器量化数据的机器学习与深度分析，也结合了基于知识图谱的自然语言处理技术，堪称工业界的"中西医结合"。SiePA 系统凭借其杰出的智能化技术以及实际生产效果入围 2020 世界人工智能大会卓越人工智能引领者（SAIL 奖[①]）TOP30 榜单。

---

① SAIL 奖：人工智能领域高规格、国际化的奖项，以其"高层次""应用性""创新性""引领性"为主要导向。

8.5　人工智能赋能制造的发展展望

　　美国辛辛那提大学工业人工智能中心李杰教授表示，人工智能在工业领域的真正价值是帮助人们找到工业系统中不可见世界的参数的关系与变化，预测并有效避免问题的发生。当工业人工智能渗透愈发深入，它的潜力在工业智能化进程中被充分释放时，整个工业应该是无忧的。

　　随着互联网的大规模普及应用，万物互联成为制造业网络化的主要特征之一。大数据、云计算、机器视觉等技术突飞猛进、蓬勃发展，为人工智能赋能制造提供了良好的技术基础，先进制造开始步入以新一代人工智能技术为核心的智能化制造阶段。受限于当前人工智能技术自身的发展水平，目前的制造业智能化应用还尚未成熟，即属于"弱人工智能"，距离实现高水平的"通用人工智能"（即机器能够完全模拟人类认知活动）和"自适应、自决策、自执行"的完全智能化阶段还有很长的路要走，智能化制造仍是未来的主要发展目标。

　　（1）未来的智能制造是泛网络化的。尽管网络无处不在，但在不同网络之间传输信息与数据时存在壁垒，导致传输速度受限。未来的制造系统将打破信息孤岛和数据壁垒，形成统一的网络协议，打通知识网、人际网、物联网，整合网络资源。未来的智能制造也是多功能化的，每个领域的智能制造系统都可以直接相互交流，相互学习，使一个智能制造系统可实现多领域的制造功能，或一个领域的制造系统可直接借助其他领域的制造系统知识，实现对多个领域的制造功能，从而扩大了智能制造系统的知识领域与应用领域，在未来智慧工厂中实现全方位、多尺度的集成。

　　此外，对于未来的高水平智能制造，生产自动化程度高，在完备的顶层设计基础上强化生产环节的数字化程度，通过对生产要素的数字化加速工业生产大数据的布局，加强工艺优化、系统集成、服务等环节的应用，促进企业生产信息的互联互通。未来工业物联网技术、基于工业大数据平台的智能决策技术推动智能化工厂的管控一体化，更好地发挥智能制造的规模效应，同时在面对柔性化生产的需求中也可以做到合理统筹和精益生产。

　　（2）作为与先进制造紧密结合的技术，工业机器人和数字孪生技术对智能制造未来的影响也是至关重要的。其中，工业机器人是未来先进制造业应用最广泛的技术之一，其未来的发展趋势主要体现为：柔性化、智能化、精细化和轻量化。

　　数字孪生技术目前与制造业结合最为紧密，尽管数字孪生技术已经取得了很多成就，但仍需要快速演进提升。随着新一代信息技术、先进制造技术等系列新兴技术的共同发展，模拟、新数据源、互操作性、可视化、仪器、平台等还将持续得到优化，理论研究与实践应用迭代，推动数字孪生技术的发展和进步。

　　未来数字孪生技术的发展还是围绕数字模型和海量数据两个关键环节展开。随着更复杂的数字仿真和建模能力，以及模型可操作性的提升，更精细化、更具动态感的数字化仿真模型成为可能。此外，未来更先进的数据采集设备的使用将提高行业整体数据采集能力以及对底层关键数据的有效感知能力。在数据处理和分析方面，数据关联和挖掘相关的深度集成应用的发展，将有效发挥已采集的数据价值。从长远来看，要释放数字孪生技术的全部潜力，依赖于底层向上层数据的有效贯通，以及整个生态系统中的所有系统与数据的整合。

（3）融合发展的下一代工业网络是智能制造未来发展的又一个重点，5G+TSN+OPCUA 有望领衔智能工厂的未来。5G 将成为传感器、执行器等工业设备以无线方式连接到智能工厂的最佳解决方案之一，使需求方（工业企业）驱动的网络建设逐渐成为主流。电信支撑网（telecommunication supporting networks，TSN）成为工业领域融合信息技术和运营技术的重要桥梁，用于控制的工业标准统一架构（object linking and embedding process control unified architecture，OPCUA）在通信机制和数据结构层面，实现了真正意义上的互联互通，将会重新定义现有的工业架构，为用户提供端到端的网络解决方案，满足更精细的工业需求。

（4）装备智能化推动制造工艺智能化的实现。制造企业通过工业机器人、数控机床、自动化生产线的应用，在感知、分析、推理、决策、控制等方面实现制造装备的智能化。同时，制造企业利用精密铸造、智能焊接、数字孪生和 3D 打印等技术，实现"参数优化 – 反馈补偿 – 智能迭代 – 工艺仿真 – 数值模拟 – 方案比较 – 复合工艺 – 工艺装备"的工艺制造全链条智能优化，推进智能制造行业的发展。

（5）全球智能制造产业链近年来在积极推进边缘计算技术的应用发展，期望建成统一开放的平台，支持不同方案及产品的集成融合，加快推进网络化、标准化工作，这一趋势在离散制造业转型中体现得尤其明显。尽管边缘计算在离散制造业落地实施过程中上取得了一些进展，但在实施过程中也面临着一些问题。例如，边缘计算在离散制造业中生产线层边缘控制器协同、工厂层内外网络架构融通、企业层工业云部署等很多方面的解决方案尚未完善；同时，边缘计算给传统离散制造业的运营模式带来了挑战。未来随着边缘计算的不断发展，其与离散制造业在产业链上下游的协同合作将变得更为紧密，会有大批面向离散制造业的商用边缘计算解决方案落地，从而推进离散制造业开启转型新航道。

（6）工业互联网平台作为工业物联网体系的核心，一直以来受到社会各界的广泛关注。中国目前已经有百余家各种类型的工业互联网平台，大多采用了顶层辐射的模式赋能企业，即先建平台，再寻找合适的产业嵌入平台。也有部分是由相关企业主导，自发凝聚而成的平台，这类通过"自下而上"模式成长起来的工业互联网平台企业，一般具有丰富的产业经验，积累了大量对工业基本原理和基础设备的深刻认识，因此，此类平台的基础更加扎实，也能够更深入地赋能制造业。

8.6　本章小结

制造业的发展升级由技术推动，产业发展由规模经济转向范围经济。目前我国制造业仍处于后工业 2.0 阶段向工业 3.0 阶段迈进，信息化水平不高，缺乏人工智能应用的工业基础，国内人工智能技术存在较大发展空间，但我国人工智能在制造业中应用场景巨大，且有国家政策支持，市场前景广阔。人工智能对制造业赋能围绕着：工业机器人、工业视觉、工业大数据、柔性定制等展开。其主要贡献聚焦：改善制造工艺，提高生产效率；辅助制造、质量控制和产品检测；合理管控生产流程；创新制造业的新生产模式。而未来人工智能赋能制造业的发展方向有：工业机器人、数字孪生技术等人机协作与高精度制造、工业大数据分析处理水平的不断提高，以及大规模个性化定制的柔性制造等。

习题 8

1. 简述制造业的产业发展逻辑，试分析人工智能技术向制造行业渗透的优势与劣势。

2. 什么是"剪刀差"效应，如何理解制造行业当前所表现的"剪刀差"效应？试着举出一个符合"剪刀差"效应的事例。

3. 列举 3 个人工智能赋能制造业的应用方向，选择其中一个简述其发展及应用现状。

4. 什么是智能制造的内涵？简述中国在智能制造方向的政策及优势。

5. 选择一个制造行业的人工智能应用，分析人工智能技术能够在该领域落地的原因，以及未来可能的发展方向。

◀ 参 考 文 献 ▶

［1］李廉水，石喜爱，刘军.中国制造业 40 年：智能化进程与展望［J］.中国软科学，2019（1）：1–9，30.

［2］"新一代人工智能引领下的制造业新模式新业态研究"课题组.新一代人工智能引领下的制造业新模式与新业态研究［J］.中国工程科学，2018，20（4）：66–72.

［3］高煜.我国经济高质量发展中人工智能与制造业深度融合的智能化模式选择［J］.西北大学学报（哲学社会科学版），2019，49（5）：28–35.

［4］邱玥，何勤，董晓雨.人工智能技术应用会减少制造业企业的就业机会吗？——以珠江三角洲制造业企业为例［J］.中国劳动关系学院学报，2020，34（6）：112–120.

［5］曾广峰.我国智能制造行业发展现状及趋势［J］.质量与认证，2020（11）：46–47.

［6］孔凡国，俞雯潇.智能制造发展现状及趋势［J］.机械工程师，2020（4）：4–7.

［7］魏杨.物联网技术在船舶智能制造中的应用［J］.船舶物资与市场，2019（12）：79–80.

［8］刘军，程中华，李廉水.中国制造业发展：现状、困境与趋势［J］.阅江学刊，2015，7（4）：15–21.

［9］马广程，许坚.全球价值链嵌入与制造业转移——基于贸易增加值的实证分析

［J］.技术经济，2020，39（7）：169-175，192.

　　［10］袁桂秋，张玲丹.我国制造业的规模经济效益影响因素分析［J］.数量经济技术经济研究，2010，27（3）：42-54.

　　［11］杨汝岱.中国制造业企业全要素生产率研究［J］.经济研究，2015，50（2）：61-74.

　　［12］姚锡凡，景轩，张剑铭，等.走向新工业革命的智能制造［J］.计算机集成制造系统，2020，26（9）：2299-2320.

　　［13］姚锡凡，刘敏，张剑铭，等.人工智能视角下的智能制造前世今生与未来［J］.计算机集成制造系统，2019，25（1）：19-34.

　　［14］赵邦，谢书凯，周福宽.智能制造领域研究现状及未来趋势分析［J］.现代制造技术与装备，2018（2）：180-181.

　　［15］析读《智能制造发展指数报告（2020）》［J］.中国包装，2021，41（3）：23.

　　［16］梅雪松，刘亚东，赵飞，等.离散制造型智能工厂及发展趋势［J］.南昌工程学院学报，2019，38（1）：1-5.

　　［17］中国社会科学院工业经济研究所课题组.“十四五”时期中国工业发展：新定位、新举措［J］.经济研究参考，2020（10）：100-108.

　　［18］肖婷，白琰，潘奕飞，等.信息化、智能化对企业创新和产业发展的影响——以第三、第四次工业革命下的高端制造装备业为例［J］.经济研究参考，2020（3）：60-84，119.

　　［19］李舒沁，王灏晨，汪寿阳.人工智能背景下制造业劳动力结构影响研究——以工业机器人发展为例［J］.管理评论，2021，33（3）：307-314.

　　［20］汤勃，孔建益，伍世虔.机器视觉表面缺陷检测综述［J］.中国图像图形学报，2017，22（12）：1640-1663.

　　［21］常珊，胡斌，汪婷婷，等.柔性产能下按订单生产型供应链的协调研究［J］.系统工程学报，2020，35（5）：610-622.

　　［22］沈建伟.中国制造业产业链发展研究［J］.现代企业文化，2013（36）：158.

　　［23］李杰，SINGH JASKARAN，AZAMFAR MOSLEM，等.工业人工智能——工业应用中的人工智能系统框架［J］.中国机械工程，2020，31（1）：37-48.

　　［24］徐彦.R&D投入对重庆市科技型企业技术创新影响的实证研究［D］.重庆工商大学，2019.

　　［25］丁德宇.智能制造之路　专家智慧　实践路线［M］.北京：机械工业出版社，2017.

　　［26］彭俊松.工业4.0驱动下的制造业数字化转型［M］.北京：机械工业出版社，2016.

　　［27］王志强，杨青海，岳高峰.智能制造的基础——工业数据质量及其标准化［R］.北京：中国标准化，2016.

　　［28］瓴英科创.工业大数据建设首先是一种思维变革［R］.北京：中国信息化周报，

2019.

［29］王哲，时晓光，罗松，等.工业互联网边缘计算在离散制造业应用展望［R］.北京：自动化博览，2019.

［30］AGHION P，JONES B F，JONES C I.Artificial intelligence and economic growth［J］.NBER Working Papers，2017.

［31］BRYNJOLFSSON E，ROCK D，SYVERSON C.Artificial intelligence and the modern productivity paradox：Aclash of expectations and statistics［J］.Social Science Electronic Publishing，2017.

［32］Jasperneite J，Sauter T，Wollschlaeger M.The future of industrial communication：automation networks in the era of the internet of things and industry 4.0［J］.IEEE Industrial Electronics Magazine，2017，11（1）：17-27.

［33］ANDRÈS L D，SALVADOR J，KOCHALE A，et al.Non-parametric blur map regression for depth of field extension［J］.IEEE Transactions on Image Processing，2016，25（4）：1660-1673.

［34］Dirican C.The impacts of robotics，artificial intelligence on business and economics［J］.Procedia - Social & Behavioral Sciences，2015，195：564-573.

［35］LEE J，LAPIRA E，BAGHERI B，et al.Recent advances and trends in predictive manufacturing systems in big data environment［J］.Manufacturing Letters，2013，1（1）：38-41.

［36］SIEMENS.Siemens digital industries software：Digital twin［EB/OL］，［2022-05-30］.

［37］黄培.数字孪生技术内涵：制造业谋定典型应用场景［EB/OL］.中国企业家手机报，（2020-06-29）.

［38］SIEMENS.Digital twin of respiratory products［EB/OL］，（2020-03）.

［39］SIEMENS.A wind of change through digitalization［EB/OL］，［2022-05-30］.

［40］ANSYS.Creating a digital twin for a pump［EB/OL］.ANSYS，［2022-05-30］.

［41］HAIDARI A.Oil & gas digital twins for prognostics & health management［EB/OL］.ANSYS，［2022-05-30］.

［42］SCOLES S.A digital twin of your body could become a critical part of your health care［EB/OL］.SLATE，（2016-02）.

［43］SYSTÈMES D.South Australia to share vision for the future economy［EB/OL］.GOVINSIDER，（2018-01-29）.

［44］DEVELOP3D.Digital doppelgänger［EB/OL］.DEVELOP3D，（2015-07-15）.

［45］THOMPSON S.What is digital twin technology［EB/OL］.PTC，［2022-05-30］.

［46］MICROSOFT AZURE.Azure digital twins［EB/OL］.MICROSOFT，［2022-05-30］.

［47］STACH M.Digital twin is about to rollout by airbus［EB/OL］.ASCon Systems，（2017-07-12）.

第 9 章

人工智能与电信行业

> 通信的基本问题就是在一点重新准确地或近似地再现另一点所选择的消息。
>
> ——香农

9.1　电信行业的社会经济属性

电信运营商是提供通信服务的公司，其通信服务内容包括固定电话、移动电话和互联网接入。中国五大电信运营商分别是中国电信、中国移动、中国联通、中国广电和中信网络公司。本节分别从电信网络的特性、电信行业规制等方面，从历史发展的视角，介绍电信运营商的业务特征和经济学基础。

电信网络具有规模经济性和范围经济性，以用户为代表的需求端具有正向网络外部效应：即每个用户入网的效用，会随已在网人数的增加而增加。因此，在第三代移动通信技术（3G）普及之前，行业中形成了垂直（自然）垄断的电信巨头。在经济学中，自然垄断企业通常被认为有滥用市场权利的可能，例如过高定价、网络服务质量差、创新动机不足等，为了限制垄断企业的行为、保障社会福利，政府对电信行业的监管相当严格，包括从市场准入方面，如电信业务运营牌照的发放、无线频段的牌照发放，并对企业竞争行为方面等进行管理。

随着电信网络和移动通信技术的快速发展，电信运营商在国民经济发展中的作用愈发举足轻重，在各国积极推动数字经济发展的过程中，电信运营商成为能够为其他经济板块提供重要数字基础设施的机构。为了保障电信网络的普及，国家允许电信公司采用交叉补贴的价格结构：即电信公司可以用利润高、收入好地区的收益去补贴那些边远贫穷地区的电信服务，实现社会的普遍接入。然而，当电信公司的网络达到规模经济性之后，在市场将处于强势地位，会限制拥有新兴技术优势的新进入者的发展，出现新兴企业被强势企业提供的通信基础服务"卡脖子"的现象。基于此，政府通常会制定政策，防止那些经营电信服务价值链上下游所有业务的在位者，对价值链上某一环节的竞争者实行差别定价。例如，拥有固网且同时拥有移动业务的公司，必须为自己移动业务的竞争者，即其他的提供移动通信服务的公司，提供固网接入服务和统一定价，并要和对本公司移动部门提供的服务和定价无差异。

如前所述，电信运营商的市场环境是受到严格监管的，政府规制的目的之一是限制运营商自然垄断，鼓励竞争，营造公平竞争的市场环境；同时，需要提供足够的创新激励，促使运营商有动力不断投入网络升级等创新行为，发挥规模经济的供给特征。1895 年成立的美国电话电报公司（AT&T），于 1925 年收购了西方电子公司的研究部门，成立了"贝尔电话实验室公司"，该公司后改名为贝尔实验室，除了致力于电信技术的研发外，还专注于数学、物理学、材料科学等基础理论研究，也正是这些研究开启了贝尔实验室的辉煌时代。

20 世纪 80～90 年代，市场格局却发生了一些奇妙的变化：美国电信运营商（如AT&T）仍是强大、拥有市场权力的企业，但同时期互联网技术和各类互联网公司日渐兴起。在那一时期，为了保障当时的代表性新兴信息技术——互联网技术相关行业的创新和快速发展，美国政府监管部门采纳由美国哥伦比亚大学法学院的 Tim Wu 教授提出的网络中性规制政策。简而言之，网络中性政策要求负责接入的电信公司，对其上的互联网应用公司的收费必须无差异，例如提供搜索服务的公司，无论是谷歌（google）公司还是其他小型创业公司，如果从 AT&T 购买网络服务，其享受的价格是一致的。

美国政府在当时推行这种规制政策，有着强烈的时代背景，即当时的运营商在价值链上拥有很大的定价权。为了让新兴互联网企业无后顾之忧地不断创新和丰富自己的服务，繁荣互联网经济，所以监管部门从根本上制约了电信公司通过差异化定价增加盈利的能力[①]。

在之后的 10 年里，美国互联网企业的腾飞成为美国数字经济发展的新引擎，而且市场格局发生了重大改变：互联网公司逐渐取代电信公司，成为产业价值链上活跃而市场力量强大的主体。一方面，互联网公司由于离市场需求，即消费者更近，交互过程中积累了大量的用户数据，由此衍生出各种商业模式；另一方面，电信公司沦为"哑管道"后，在利润率下降的同时却需要不断投入巨资升级网络，拓展带宽以满足日益增长的应用需求。近年来，当优秀的互联网公司拥有更强的可支付能力后，业务已经延伸到电信公司的商业领域，例如谷歌在美国市场推出了光纤计划，并设立了孵化和扶持那些网络接入技术创新的创投基金。

因此，要讨论电信运营商对人工智能技术的采纳应用，应建立在对运营商和电信行业底层经济运行规律和行业历史渊源的理解上，可总结为：

- 电信网络具有规模经济性和范围经济性，以及面对的需求具有正向网络外部效应；
- 电信行业是强监管的领域，政府规制比较成熟和严格；

---

① 　这种差异化定价的行为在其他经营活动中比比皆是，是企业增加营业收入的有效手段，例如飞机经济舱、商务舱和头等舱的差异化定价。

● 电信运营商肩负数字基础设施完善升级的使命，随着光纤普及和移动技术的升级换代，电信运营商面临复杂的网络、系统升级，以及新旧系统平稳过渡等问题；

● 从市场需求角度，个人电信业务市场逐渐成熟，甚至在欧美等发达国家已经饱和，相较于互联网公司等应用层面的经营者，电信运营商距离市场需求更远一些。

9.2 电信行业的发展与现状

9.2.1 移动通信技术的发展历程

与众多行业发展类似，技术创新是电信行业发展的重要驱动力之一，而且电信行业的技术创新速度遵循一定的规律。以移动通信技术为例，每隔 10 年左右就会出现一次系统性的巨大变革，不管是通信承载能力、传输速度还是系统性能都随之大幅提升。

被称为"语音时代"的第一代移动通信技术（1G）诞生于 20 世纪 80 年代，采用模拟信号传输，仅支持语音业务，存在通话质量低，信号不稳定等明显缺点。被称为"短信 / 彩信时代"的第二代移动通信（2G）诞生于 20 世纪 90 年代，采用数字信号传输，完成了从模拟电路到数字电路的变革，一方面使终端设备变小变轻，具有较高的保密性和系统容量；另一方面支持数据传输服务，使手机能够同时支持短信、彩信及低速网络业务（例如下载手机铃声）。被称为"图片 / 视频 / 海量 App 时代"的第三代移动通信（3G）诞生于 2000 年初，为满足用户对移动网络持续增长的需求，3G 具备更高的数据传输速率，峰值速率超过 10Mbps，用户从 2G 的移动语音过渡到了移动上网时期，除去语音、短信，各类多媒体应用（例如浏览网页、收发邮件、视频通话、社交网站等）软件层出不穷。2010 年左右，被称为"移动互联网时代"的基础——第四代移动通信（4G）网络逐渐普及。4G 传输相比于 3G 技术减少了转发次数，并进行"通信网"和"互联网"的融合，这一跨越实现了数据传输速率的进一步提升，峰值速率可达 100Mbps 以上，网络吞吐量是 3G 的 4 ～ 10 倍，可以支持数据流量大的手机业务，例如云计算、视频直播、移动网络游戏、远程医疗等。

但随着应用场景越来越多，数据传输能力要求更高，4G 网络拥塞的问题逐渐凸显，例如在大型演唱会现场、大型会议现场等人口密集地区，手机上网体验就会出现各种问题[①]。此外，除了人与人的通信需求外，越来越多的机器和设备等，需要实现物与物的连接，被称为"万物互联时代"的基础——第五代移动通信（5G）技术应运而生。5G 把通信方式扩展到了"物与物""人与物"的智能互联，并使通信技术能够与各行各业深度融合。具体来看，5G 的用户体验速率可达 1Gbps 以上，能够支持 VR/AR 直播、4K/8K 超

---

① 根据香农第二定律"信息传输率超过了信道容量，就不可能实现可靠的传输"，在一个集中地带，所有终端都抢着跟同一个基站通信，而一个标准 4G 基站的覆盖半径大概是 1 公里，就会出现网络拥塞，此时的出错率是 100%。

高清直播等业务；连接数密度可达 100 万个 /km^2，具备海量设备接入能力；流量密度可达 10Tbps/km^2，可应对移动流量的急速增长；传输时延达到毫秒量级，为车联网等行业应用提供了条件。

2019 年中国工信部正式发放 5G 商用牌照，标志着我国正式进入 5G 商用元年。5G 及其之后的移动通信技术，与人工智能技术一样，是支撑数字经济发展的基础设施之一。

9.2.2 第五代网络关键技术及架构

如前所述，5G 网络在网络延迟、峰值速率、流量密度、频谱效率等各项技术指标上的表现均数倍甚至百倍优于 4G 网络。具体指标对比如表 9.1 所示。

表 9.1　5G 与 4G 关键性能指标对比

技术指标	峰值速率	用户体验速率	流量密度	端到端时延	连接数密度	移动通信环境	能效	频谱效率
4G 参考值	1Gbps	10Mbps	0.1Tbps/km^2	10ms	10^5/km^2	350km/h	1 倍	1 倍
5G 目标值	10—20Gbps	0.1—10Gbps	10Tbps/km^2	1ms	10^6/km^2	500km/h	100 倍提升	3—5 倍提升
提升效果	10—20 倍	10—100 倍	100 倍	10 倍	10 倍	1.43 倍	100 倍	3—5 倍

为了达到超高带宽、毫秒级时延和超高密度链接等性能指标，同时应对众多新型使用场景，满足不同网络配置需求，5G 综合运用多重组网新技术，如大规模多天线（massive MIMO）、新型多址、新型信息编码、毫米波通信、超密集组网（ultra dense networking，UDN）、终端直通（device-to-device，D2D）等技术。同时，引入网络切片（一种允许在通用物理信息基础设施上创建一组逻辑上独立网络的全新构架解决方案），网络切片可以根据垂直行业的业务需求量身定制，使 5G 真正成为全社会共用的新一代信息基础设施。

5G 网络架构设计中，系统设计研究逻辑功能的实现和不同功能的交互，构建功能平面，实现统一的端到端网络逻辑架构；组网设计研究设备平台和网络部署方案，利用软件定义网络（software defined network，SDN）和网络功能虚拟化（network function virtualization，NFV）等技术，使网络基础设施具备组网灵活而安全的优势。

5G 网络逻辑视图由接入平面、控制平面和转发平面构成，如图 9.1 所示。接入平面可利用多站点协调、多连接和多制式融合等技术，组建更灵活的接入网拓扑；控制平面利用可重构的集中式网络控制，可实现按需接入、会话管理和精细化资源管控；转发平面具备分布式的数据转发和数据处理能力，可实现动态锚点配置和丰富的业务链处理能力。

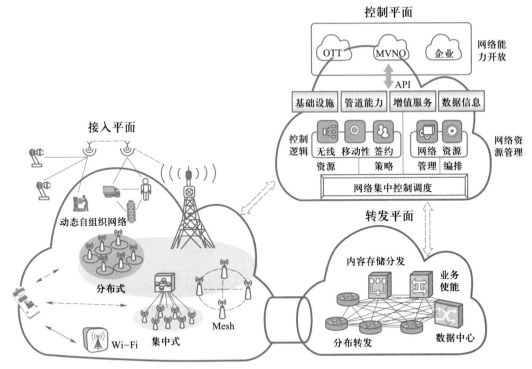

图 9.1　5G 网络逻辑视图 [1]

　　5G 组网功能模块一般由中心级、汇聚级、区域级和接入级 4 个层级组成，如图 9.2 所示。中心级的主要功能是控制、管理和调度，如虚拟化功能编排、广域数据中心互连等，可在全国各个网络节点进行按需部署，实现总体的网络监控和维护。汇聚级负责移动性管理、会话管理等控制面功能，可在省级网络节点进行按需部署。区域级主要负责数据面网关，承载业务数据流，可在地市级网络节点进行部署。此外，边缘计算、业务链功能和部分控制面网络功能可以下沉到区域级。接入级主要包括蜂窝无线接入网（radio access network，RAN）的中心单元（central unit，CU）和分布单元（distribute unite，DU）功能，前者部署在回传网络的接入层或汇聚层，后者部署在靠近用户端。CU 和 DU 利用低时延传输进行多点协作，能够进行分体或一体化组网部署。得益于功能模块化设计和高效的 NFV/SDN 平台，上述组网功能不需要完全按照实际地理位置进行部署，可综合考虑多种因素，如运营商的网络规划、业务需求、用户体验和成本等，灵活配置不同层级的功能，实现多数据中心和跨域部署。

　　5G 网络架构可分为面向功能的上层系统设计和面向部署的下层组网设计，能够实现平面合理划分、功能按需重构、组网灵活部署和资源弹性供给等关键特性，促进网络的连接与计算、存储的深度融合。

　　在 5G 时代，运营商不仅需要更低成本、更高效率地去实现网络的规划、部署和运营，同时需要在支持传统移动互联网业务的基础上，更加侧重与新兴业务领域深度融合，持续高效地赋能各大垂直行业。

　　① 资料来源：《AI+ 电信网络：运营商的人工智能之路》。

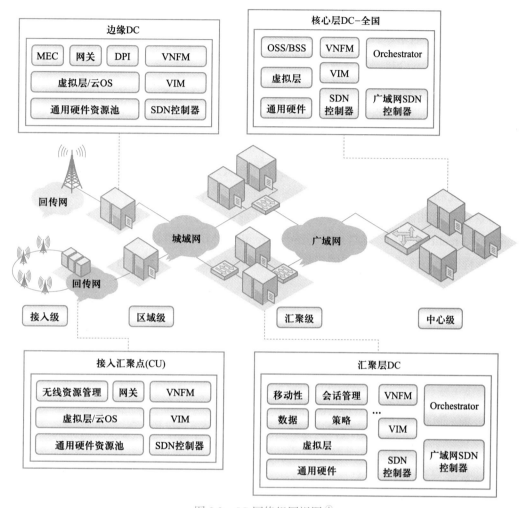

图 9.2　5G 网络组网视图 [①]

9.2.3　5G 业务及场景

高速率、广覆盖、低时延的 5G 网络，正在为各行各业提供通信技术基础，成为推进产业数字化转型的重要工具。原本互不关联的"人 – 人""人 – 物"和"物 – 物"将打破原有的界限，未来"人"和"物"将以各自独立又相互关联的形式存在于一个数据最优化传递的数字平台/系统中。在经历 3G/4G 的技术积累和追赶后，我国高度重视 5G 发展，目前在技术、标准和网络部署等方面都取得了阶段性的成果，如何赋能垂直行业、组建产业生态和探索更加丰富的应用场景成为业界关注的焦点。

国际电信联盟（International Telecommunication Union，ITU）定义了 5G 三大应用场景（如图 9.3 所示）：增强型移动宽带（enhanced mobile broadband，eMBB）、海量机器类通信（massive machine type of communication，mMTC）及低时延高可靠通信（ultra-reliable low

---

① 资料来源：《AI+ 电信网络：运营商的人工智能之路》。

latency communication，uRLLC）。eMBB 场景主要提升以"人"为中心的娱乐、社交等个人消费业务的通信体验，适用于高速率、大带宽的移动宽带业务。mMTC 和 uRLLC 则主要面向物物连接的应用场景，mMTC 主要满足海量物联的通信需求，面向以传感和数据采集为目标的应用场景；uRLLC 则基于其低时延和高可靠的特点，主要面向垂直行业的特殊应用需求。

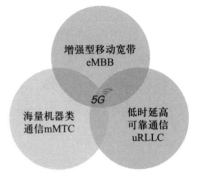

图 9.3　ITU 定义的 5G 三大应用场景

立足 ITU 定义的三大应用场景，并结合当前 5G 应用的实际情况和未来发展趋势，目前主要发展的 5G 业务及场景可分为如图 9.4 所示的十大类，包括虚拟现实（virtual reality，VR）、增强现实（augmented reality，AR）、混合现实（mixed reality，MR）、超高清视频、车联网、联网无人机、远程医疗、智慧电力、智能工厂、智能安防、个人 AI 助理、智慧园区。

图 9.4　5G 十大场景融合应用时间表[①]

（1）VR/AR/MR：集合了计算机图形学、仿真技术、多媒体技术、人工智能技术、计算机网络技术、并行处理技术和多传感器技术等多种技术，是 5G 融合创新应用的典型范例。VR（virtual reality），即虚拟现实技术，又称灵境技术，具有沉浸性、交互性和构想性特征。AR（augmented reality），即增强现实技术，这项技术是利用电脑技术将虚拟的信息叠加到真实世界，通过手机、平板电脑等设备显示出来，被人们所感知，从而实现真实与虚拟的大融合，丰富现实世界。MR（mixed reality），即混合现实技术，是虚拟现实技术的

---

① 资料来源：赛迪科技《5G 十大细分应用场景研究报告》。

进一步发展。它是通过在虚拟环境中引入现实场景信息，将虚拟世界、现实世界和用户之间搭起一个交互反馈信息的桥梁，从而增强用户体验的真实感。AR 只管叠加虚拟环境却不需理会现实，而 MR 能通过一个摄像头展现裸眼看不到的现实。这 3 种技术的创新应用是 5G 第一批"杀手级"应用（killer application）最有可能出现的领域。

（2）超高清视频：作为数字化与高清化结合的新一代多媒体技术，超高清视频被业界认为可能是 5G 网络最早实现商用的核心场景之一。5G 网络良好的承载力有效为超高清视频解决大数据、高速率的场景需求。当前 4K/8K 超高清视频与 5G 技术结合的场景不断涌现，广泛应用于大型赛事 / 活动 / 事件直播、视频监控、商业性远程现场实时展示等领域，同时有望与 VR/AR/MR 技术相结合，成为市场前景广阔的基础应用。

（3）车联网：通过 5G 等通信技术实现低时延、高可靠、"人 – 车 – 路 – 云"一体化协同的车联网，是智慧交通中最具代表性的应用之一。5G 技术将使车联网体系更加灵活，实现车内、车际、车载互联网之间的信息互通，推动与低时延、高可靠密切相关的远控驾驶、编队行驶、自动驾驶等具体场景的应用。

（4）联网无人机：5G 网络赋予无人机超高清图视频传输（50 ～ 150Mbps）、低时延控制（10 ～ 20ms）、远程联网协作和自主飞行（100kbps，500ms）等重要能力，使无人机在现有的场景中的效果更好、更加稳定。5G 技术与无人机的结合不仅仅包括网络的接入，还要有边缘计算技术与网络切片能力的提高。这几者完美配合，使得无人机在 VR 直播、城市园区安防、高清直播、电力巡检、基站巡检、无人机物流、无人机水务、野外科学勘测等场景有更好的升级。

（5）远程医疗：远程医疗的实施可改善区域性医疗资源分配不均，减轻医护人员工作压力，缩短医护人员与患者之间的距离，提高诊疗的时效性，是一项不断发展、应用广泛的技术。凭借 5G 技术高数据速率、低延迟等优点给远程医疗及相关行业带来重大变革。基于 5G 和物联网技术可构建医疗设备和移动用户的全连接网络，对无线监护、移动护理、患者实时位置等数据进行采集与监测，并在医院内业务服务器上进行分析处理，提升医护工作效率。患者亦可通过便携式 5G 医疗终端和云端医疗服务器与远程医疗专家进行沟通，随时随地享受医疗服务。

（6）智慧电力：5G 技术将充分赋能智慧电力，在智慧电力的多个环节得到应用，例如传统电力业务优化、数据驱动服务及能源消费升级等。"5G+ 智能电网"能够大幅降低用户平均停电时间，有效提升供电可靠性和管理效率；在电力通信基础设施建设领域，通信网将不再局限于有线方式，尤其在山地、水域等复杂地貌中，5G 网络部署比有线方式成本更低，部署更快；在扩展电网应用场景方面，5G 技术能降本增效并助力电网向综合能源服务商转型，为用户提供更好的电力综合服务。此外，"5G+ 智能"电网将充分支持分布式新能源、分布式储能、电动汽车、大功率电动智能机器等各种新型电器，支持家庭、商业建筑、工厂等不同用户能源需求。

（7）智能工厂：5G 技术契合了传统制造企业智能制造转型对无线网络的应用需求，在满足智能工厂多样化需求方面，有着绝对的优势。在智能制造过程中，实现工业机器人之间、工业机器人与机器设备之间前所未有的互动和协调，提供精确高效的工业控制。同时，在物联网、工业自动化控制、物流追踪、工业 AR、云化机器人等工业应用等领域，5G 技术也起着支撑作用。

（8）智能安防：视频监控是智能安防最重要的一个组成部分，5G 技术有效地提升现有监控视频的传输速度和反馈处理速度，使智能安防实现远程实时控制和提前预警，做出更有效的安全防范措施，获取更多维的监控数据。其优势在于：对公交车、警车、救护车、火车等移动的交通工具实时监控；降低森林防火、易燃易爆品等危险环境开展监测的成本；推动智能安防设备走入普通家庭等。

（9）智慧园区：智慧园区是指运用信息和通信技术感测、分析、整合城市运行核心系统的各项关键信息，对民生、环保、公共安全、城市服务、工商业活动在内的各种需求做出智能响应。5G 时代，智慧园区中包含多种应用场景，例如，"5G+ 高清摄像机"实现园区人工智能安防；"5G+AGV"实现园区物流智能化；"5G 巡逻机器人 / 机器视觉"实现园区智能巡检；"5G+AR"实现作业辅助与远程协同；"5G 移动办公"实现园区协同办公等。5G 技术为园区中的人们创造更美好的工作和生活环境，为园区产业融合提供新的路径。

9.2.4 新时代电信运营商的机遇与挑战

随着 5G 时代的来临以及物联网等业务的融入，电信运营商面临着网络复杂化、业务差异化和用户需求多样化等一系列挑战。这些挑战对降低运营成本、提升网络运维效率等提出了更高的要求。

首先，电信大数据具有覆盖范围广、安全性高、时效性强、延迟度低等特征。随着 5G 业务应用场景的逐步落实，电信运营商将会沉淀更多的与应用场景相关、与用户相关的数据，而此前的移动通信技术只能为电信运营商提供与人通信相关的数据，所以无论从数量和种类上来看，数据都将更加丰富，运营商会在数据这一生产要素上持续积累优势。

其次，电信行业基础设施的建设存在发展不均衡现象，针对不同地区的网络规划需要因地制宜地进行。以 5G 基础设施建设为例，一二线城市的通信网络，往往包含了以往各代通信技术的历史，基站密度相对较高，在 5G 布网规划中需要多考虑 5G 网络与之前各代通信网络的共生问题，需要多域并存；而在相对偏远地区或者重点规划地区，已有通信行业基础设施建设不太复杂，反而可以在 5G 网络建设中进行一些创新尝试。以河北雄安新区为例，当地的网络建设是站在 5G 的基础上面向未来布网，以 5G 网络为主体，整体规划新区网络，建设全新智慧城市。无论是多网共生还是面向未来的网络规划，在 5G 的丰富应用场景中，人工智能可以辅助模拟、推算、预测和测试网络建设方案，形成电信运营商在人工智能技术采纳方面独有的应用场景。现阶段已有的相关实践包括中国移动与国家电网两家企业在雄安新区施行的智能电网项目；中国移动、华为公司和中国人民解放军总医院合作的远程医疗项目等。

再次，电信运营商网络优化、多网并行等运营问题，亟待技术创新提出更低成本、更高效率的解决方法。5G 网络物理基础设施成本和维护成本高，同时网络运维环境、资源调度管理复杂，电信运营商为维持现阶段的 5G 网络的基站运营，需支付高额电费①。再加上运营商需要同时运营和维护之前的网络（2G/3G/4G），而且网络技术与运维成本之间存在网络技术越老，运维成本也越高。以中国移动公司为例，原计划在完成长期演进语音承载（VOLTE）推广率达到一定比例后取消 2G 网络，但由于国家要求运营商施行带号转网业务，因此其 2G 网络还需要继续保持运营，消耗了大量成本。

此外，虽然 5G 业务场景的前景良好，但现阶段运营商从 5G 业务直接创收的能力较弱。虽然面向个人客户的 5G 套餐服务价格持续下降，但现阶段缺乏"杀手级"应用等因素，使个人用户无法深切感知 5G 网络的优势，最终导致客户满意度较低。如何提升用户体验和满意度也是运营商面临的重要问题之一。

9.3 人工智能赋能电信行业转型

9.3.1 电信大数据的特征及处理分析

大数据是推动人工智能发展的重要因素之一，而电信行业对大数据的研究和应用有着先天优势。目前电信大数据主要来源于电信系统的基站子系统（base station subsystem，BSS，简称 B 域）和运营支撑系统（operation support system，OSS，简称 O 域）。B 域以用户数据为主，涵盖计费、客服、账务和结算等与用户相关的数据；O 域以电信运营商支撑数据为主，主要涵盖网络设备、计算、资源管理等与运营商相关的数据。电信运营商凭借其具有垄断性的产业基础和庞大稳定的用户基数，每天都能获得海量数据。相对于其他行业，电信大数据数据体量大、类型多、密度高。并且，电信运营商有明显的产业优势，对智能管道和通信信息服务的控制保证了其数据的稳定供应，以及最为关键的数据真实性。

首先，电信运营商利用数据体量庞大、覆盖范围广、安全性高、时效性强、延迟度低等特点，为人工智能提供计算数据的基础，帮助自身及其他企业进行人工智能算法训练和应用，试图以数据为核心，全局最优化为目的打造人工智能生态。例如，中国移动公司与阿里巴巴公司在杭州合作建设"城市大脑"，应用决策预警进行信号灯优化，解决道路拥堵问题，同时针对特种车辆的通行进行信号灯调整，提高特种车辆的通行效率。目前数据显示，该系统有效地解决了杭州市内道路拥堵问题，使杭州市拥堵排名从 2015 年的全国第 3 位下降到 2016 年的第 57 位，特种车辆如救护车出行效率提高 50%。另一方面，运营商通常掌握私密性极高的用户真实身份信息等数据，可以配合政府在公共卫生事件、重大安全事件时提供辅助信息证明。例如，新冠疫情期间国务院发布的大数据行程码业务，对人群流动提供有效控制手段。

---

① 目前 5G 户外基站单租户平均功耗约为 3.8kw，是 4G 基站的 3 倍多；5G 移动网络整体能耗将是 4G 的 9 倍多。

其次，电信运营商是基础网络设施的实际控制者，在互联网企业还未蓬勃发展的时代，电信运营商在底层网络带宽、机房机架资源和网络覆盖方面的优势非常明显，能够为大数据快速发展提供牢固的基础保障。现阶段，数据资源的重要性日益凸显，稀缺的有效数据成为重要竞争资源。电信运营商在偏远地区、三四线城市也拥有网络建设权，因此在数据资源基础较匮乏的这些地区，也能够获取第一手的真实数据，用于人工智能算法训练。例如，中国联通公司在雄安新区的智能运营应用，利用雄安新区的新建基站及网络，为智能运营业务提供数据资源支持，同时可以将这些数据资源作为盈利项目分享给其他智能业务，如京东智能商店、百度智能车等。

最后，电信运营商多年积累下的网络技术以及平台能力，为其大数据的发展保驾护航。电信运营商提供的数据安全、智能管道和综合信息服务，在提供庞大的数据处理能力的同时，也能确保各种隐私数据的有效利用和安全保障。例如，中国电信公司北京研究院自主研发的智能关系洞察系统"智察"，致力成为中国的"Palantir"。通过该系统可以快速将各类庞杂的非结构化数据构建成为知识图谱，将大量隐私数据加密隐藏后，其结果通过数据可视化的形式展现，例如，犯罪嫌疑人使用的手机、入境记录、被捕时乘用的车辆分析、被捕的案子，以及审讯记录等。"智察"还可以完成基于位置信息的情报关联，针对处理工作呈现清晰的报表，针对目标人物、事件呈现多维舆情监控等。数据显示，2019 年，"智察"对于警情的预测精度高达 92%，警情预测精准率达到了世界领先水平，而这一数字在半年前仅为 48%。

移动互联网的快速发展和数据跨领域分析的兴起，使得通过深度挖掘分析电信运营商B 域和 O 域获取的数据，可得到某一区域、某一用户的基本行为特征。电信运营商可以利用这些粒度极细的间接信息对区域价值和用户行为进行建模分析。例如，电话记录、短信记录、上网记录都可以作为用户的复杂社交网络的多个维度，电信运营商通过这些电信数据的特征提取，获取用户行为价值，进而辅助以区域和用户为核心开展精准营销的部署决策，辅助为用户提供更加优质服务和提升用户体验，同时也可将这些特征数据提供给金融、零售、旅游、互联网等行业二次利用，为运营商拓展新的价值。电信运营商是否具有数据处理的能力，如图 9.5 所示，是能否有效利用电信大数据的关键基础。

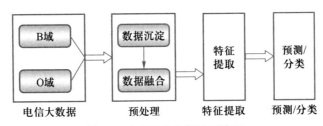

图 9.5　电信行业数据处理流程

虽然电信运营商能持续稳定地获得可靠的真实数据，但这些数据通常无法直接用于人工智能算法训练。原始的电信数据是非线性和非结构化的，数据维度不同，类型不同（涉及文本、语音、图像数据、多媒体数据和流数据等），难以统一。例如，不同的电信运营平台、电信运营系统，甚至电信运营商不同部门的数据库数据格式不同；面对不同的业务需求、不同的人工智能算法需要不同的内容和类型的数据。由于不同数据涵盖的是不同的用户行为，数据全面才能保证用户画像的完整，电信运营商要将这些海量数据转换为能够有效利用于生产和测试的数据，需要做好数据治理工作。在现有数据治理方法中，一般会限定被处理的数据保持同样的维度，保持类型的统一。因此需要对原始数据进行处理，其中包括有效信息筛选即数据沉淀工作和对数据归类整理即数据融合工作。数据沉淀和数据融合可以看作是数据预处理的过程，是对电信大数据进行系统化特征工程的前提，也是抽取更加丰富的特征信息的必要条件。电信运营商数据治理过程中，充分利用操作支持系统（operation support system，OSS）的分布式存储服务，以及云数据库服务（relational database service，RDS）和基于分布式文件存储的数据库（MongoDB）等技术，制定统一数据规范，保证数据的可利用性，有效管理和利用自身海量数据。

电信大数据同样具有一般大数据的 4V 特征，与一般大数据在特征提取方面有一些共性，不仅需要更加快速的特征提取，同时也非常适用于工程化的特征提取方法。电信大数据的复杂性也对特征数据的提取算法有更高的要求，不能够采用一般数据单一特征提取算法，要想获取更为精确的特征需要多个算法或方法来构造成一个多参数、结构复杂的系统。电信大数据同时拥有海量的非结构化和非线性数据，要从复杂的数据中抽象出较为精确的特征，单凭单层映射算法（如主成分分析、线性判别分析等）很难实现精准的抽象映射。需要利用深度学习等典型大数据特征提取算法实现特征工程系统化。例如，通过堆积受限玻尔兹曼机形成[1] 深度网络，并用贪心算法[2] 逐层训练实现特征层层抽象映射；或使用反向传播（back propagation，BP）算法[3] 优化权值，凭借多层网络结构及其对复杂事物的处理能力，充分刻画海量数据中的相互依赖关系，得到更为精确的特征提取。

9.3.2 数据支撑整体运营模式优化

如前所述，海量数据为电信运营商采用人工智能技术提供了先天的优势，但电信运营商技术的积累和侧重主要在通信网络和移动通信技术上，总体来说，虽然意识到数据作为一种生产要素，是珍贵的资产，但电信运营商自身数据治理和数据挖掘的能力相比其他数字原生（digital native）的公司（如互联网技术公司）要弱。一方面运营商缺乏足够的数据治理、人工智能等相关技术的专业人才，另一方面数据业务并非电信公司主营业务，因此数据研发相关的投入较低。基于此，电信运营商现阶段通常采用以下两种方式开发数据

---

[1] 受限玻尔兹曼机（restricted Boltzmann machine，RBM）是一种可通过输入数据集学习概率分布的随机生成神经网络。

[2] 贪心算法（又称贪婪算法）是指，在对问题求解时，总是做出在当前看来是最好的选择。也就是说，不从整体最优上加以考虑，算法得到的是在某种意义上的局部最优解。

[3] 反向传播算法适合于多层神经元网络的一种学习算法，它建立在梯度下降法的基础上。BP 网络的输入输出关系实质上是一种映射关系：n 个输入 m 个输出的 BP 神经网络所完成的功能是从 n 维欧氏空间向 m 维欧氏空间中一有限域的连续映射，这一映射具有高度非线性。它的信息处理能力来源于简单非线性函数的多次复合，因此具有很强的函数复现能力。

资源。

一种是设立和发展内部数据治理挖掘能力，需要聘请相关的专家以及发展相关领域的研发，同时搭建数据平台，将数据处理能力嵌入人工智能平台作为平台的一部分共同发展。此方法通常被一些现阶段网络服务市场巨大、业务环境单一且在人工智能领域有重要部署的电信运营商采用。例如，中国联通公司将数据中台（含数据网络）作为联通人工智能平台的底层，主要为联通的人工智能业务提供服务；中国电信公司的"大数据湖"也是作为中国电信人工智能平台的一部分为人工智能赋能（人工智能能力开放）平台提供数据支撑。

另一种是通过兼并收购专业公司或者建立战略合作，成立专门的数据分析部门。这些部门除了输出满足运营商自身业务优化的人工智能应用服务，还可以作为运营商的一项创新业务为第三方客户提供专业的数据分析服务。例如，西班牙电信公司（Telefonica）的专业 B2B（business-to-business）数据分析部门 LUCA，为客户提供数据分析服务（如企业使用通信信息服务、车辆和能源管理分析服务、银行中的身份验证和安全检测服务等）。2015 年，西班牙电信收购了专业的数据分析公司 Synergic Partners，并与许多国际化的研究机构（例如哥伦比亚大学）建立了合作关系，不断提高自身数据分析能力。LUCA 充分利用电信运营商的数据优势（如人口统计、移动用户数据），结合第三方客户提供的个性化用户数据，为客户提供更加精准的数据分析成果及变量预测能力。例如，西班牙电信公司与西班牙可口可乐公司用 Synergic Partners/LUCA 开发的解决方案，基于每个零售店的可观测变量数据统计分析，根据能影响每家分店销售额的购物者行为、移动信息、该地区人口统计、每个门店的特征等 800 多个变量进行数据分析，提供可视化的数据分析报告，以及对可口可乐公司销售团队的培训建议。结果表示，应用了 LUCA 解决方案的零售店营业额实现了两位数的增长率，而没有应用 LUCA 解决方案的零售店营业额略有下降。与西班牙电信公司类似的，法国 / 英国电信运营商 Orange 公司也采取了通过采购数据分析服务来快速提升自身的业务能力。Orange 公司于 2018 年 6 月收购了一家 B2B 数据分析公司 Business & Decision，成立了 OAB（orange applications for business）部门，用于提升对企业和公共部门的数据服务能力。目前 OAB 提供数据分析咨询和数据服务集成，包括数据收集（Orange 用户、第三方公司等）、数据建模方案和数据分析建议等服务。例如，OAB 给欧洲某国家的财政部做的项目，极大降低了虚假增值税问题；或者对汽车制造商提供车辆监控 / 报警系统及个性化车型 / 颜色推荐建议服务等。

正如 9.1 节介绍的，电信行业对创新技术的研发和采纳由来已久，甚至引领过科技创新的潮流。作为信息网络的基础设施提供商，电信运营商掌握着用户最真实、最核心的数据，通过合规有效的方式利用这些数据，可以建立新业务和形成新的商业模式，如图 9.6 所示。目前电信运营商采用人工智能技术的方式主要分为三种，第一种是以降低运营成本，提升运营效率与用户体验为核心的"自用"模式；第二种通过开放人工智能的平台或技术能力，赋能垂直行业；第三种以业务为中心，以创新业务构成新收入来源。就目前阶段而言，第一种"自用"模式，已经受到比较广泛的重视，并在某些领域取得了实质性的成果。

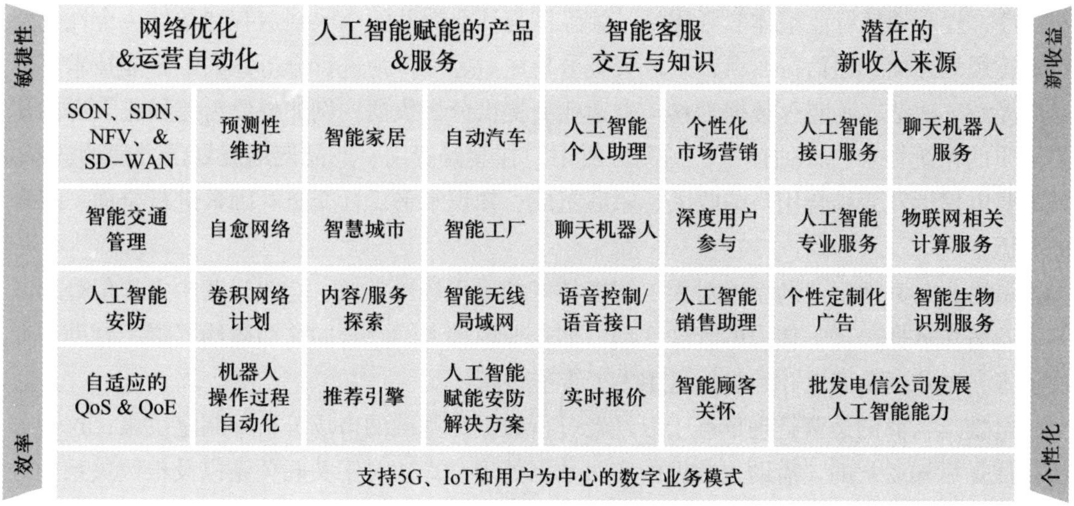

敏捷性	网络优化 &运营自动化		人工智能赋能的产品 &服务		智能客服 交互与知识		潜在的 新收入来源		新收益
	SON、SDN、 NFV、& SD-WAN	预测性 维护	智能家居	自动汽车	人工智能 个人助理	个性化 市场营销	人工智能 接口服务	聊天机器人 服务	
	智能交通 管理	自愈网络	智慧城市	智能工厂	聊天机器人	深度用户 参与	人工智能 专业服务	物联网相关 计算服务	
	人工智能 安防	卷积网络 计划	内容/服务 探索	智能无线 局域网	语音控制/ 语音接口	人工智能 销售助理	个性定制化 广告	智能生物 识别服务	
效率	自适应的 QoS & QoE	机器人 操作过程 自动化	推荐引擎	人工智能 赋能安防 解决方案	实时报价	智能顾客 关怀	批发电信公司发展 人工智能能力		个性化
	支持5G、IoT和用户为中心的数字业务模式								

图 9.6　电信运营商人工智能应用

9.3.3　创新应用激发新型服务场景

　　智能对话机器人（chatbot）的发展，辅助人工做获客、处理常规业务和售后客服等成为电信运营商优先进行人工智能技术应用的领域之一。电信运营商运用自动语音取代人工客服由来已久，现在有自然语言处理等人工智能技术的加持，可以实现更广泛的应用场景落地。例如，获客业务中，智能对话机器人可以根据客人的回答不断更迭自己的回应；智能对话机器还可以部署在运营商零售店内，帮助客人处理新开 SIM 卡等常规业务；智能对话机器人也可以在客服过程中，回答经常被询问的那些问题，或者通过提供知识库辅助人工客服应答，以及预警需要升级处理的用户投诉等方式，即及时、更高质量地向用户提供通信服务的事项咨询、业务办理和服务投诉。

　　同时，电信运营商还可以通过已掌握的用户信息预测客户未来的部分行为倾向，从而给客户提供实时的个性化服务，匹配用户感兴趣的内容与信息，例如通过群定向分析服务，可以为每种通信套餐精准挖掘潜在用户。

　　通信行业中，人工智能拓展用户市场、提升用户体验的应用，目前主要集中在客户流失调查分析、客户关系处理与维系、客户行为解析、经营战略与数据调整等方面。对客户关系的维护与管理方面，传统电信行业内部用客户关系管理（CRM）系统管理客户关系，并进行简单用户分析，主要是为了方便用户管理，辅助提高自身核心竞争力，利用人工智能技术分析用户行为，目的在于强化企业与客户关系的协调，借助对不同意见的分析与处理促使管理方式更具科学性，在根本上为客户提供独具特色的个性化交互与服务，有效促进科学性与合理性，实现在营销、服务等多领域的和谐发展。客户资源准确性与全面性审核分析方面，通过人工智能技术对电信大数据进行深度挖掘，能够实现对客户资源的准确、全面与快速评估，明确数据之间的关系状态。借助对不同客户偏好、使用频率等的分析，能够有针对性地制定服务模式与类型，增强客户的归属感，提高用户满意度，增加用户黏性，提升通信行业整体服务质量，为经济与社会效益的获取创造有利条件。个性化营销构建规划方面，通信行业通常采取聚类分析法对客户行为进行分析，人工智能技术可以利用漫游、通话、呼叫等数据为移动电话业务提供分析依据。例如想要为差异化人群构建更优质的系统性客户评估体系，预测分析用户在套餐费用、产品使用规划等方面的选择，就需要电信运营商结合用户的收入、家庭组成、知识水平、社交量等因素进行全面、综合的分析。

最后，与其他行业的企业对人工智能技术的采用场景类似，企业运营中常规但处理起来涉及海量数据、耗时耗力的管理活动，如企业内部考勤、合同文档履约提醒、辅助企业决策等，电信运营商也开始尝试运用人工智能技术。

电信运营商的运营管理依赖于以经营分析数据为基础的市场分析并制定决策，这种分析往往是后知后觉的。借助大数据的实时数据处理和算法对于关联关系以及根因关系的分析挖掘，可以对运营指标实现实时监控，发现异常数值或波动，提前介入根因分析和流程穿越，实现预判和预决。电信运营商还可以利用过往决策与执行后的反馈信息，训练智能算法，形成学习周期，优化决策过程。例如，对不同区域经营运行数据进行分析，电信企业可以更明确其经营目标。

值得一提的是，在辅助企业决策的部分，将人工智能技术应用于数据可视化也至关重要。实际应用中，非数据科学背景的管理决策者通常难以理解数据挖掘结果中的各个量化数据背后的含义。数据可视化技术给数据挖掘的结果提供了一个直观的展示方式，针对不同的管理层，面对不同的决策需求展示不同的数据挖掘结果及其代表的含义，辅助用户更加方便快捷地将数据挖掘的结果反馈到管理决策中，从而能有效地利用数据挖掘产生的结果。例如，在电信企业客服人员对用户行为分析的服务中，将用户行为分析数据的结果量化统计成为该用户对各类产品感兴趣程度的排序图表，将更容易被客服人员利用于自身业务中。

9.4　人工智能赋能电信行业的应用案例

9.4.1　优化 5G 布网和网络运维智能化 ⋯⋯⋯⋯⋯⋯⋯⋯⋯⋯⋯⋯⋯⋯⋯⋯⋯▯

电信运营商自身应用人工智能技术，主要体现在提供差异化的服务、帮助推进网络虚拟化和云技术、提升用户体验、辅助决策，降低运营成本等方面。2019 年 3 月 IDC 发布的调查结果表明，在受访的欧洲各行业企业中，电信运营商在人工智能技术应用（50% 的应用率）方面领先于其他行业的企业（例如金融、零售和制造等行业应用率为 37%）。人工智能的应用帮助电信运营商解决包括软件定义网络（software defined network，SDN）、网络功能虚拟化（network functions virtualization，NFV）、5G 等重要问题。相比于其他行业的企业，电信运营商推动应用人工智能解决方案的商业目标更多地表现在通过更理解消费者、更好的定位和满足消费者需求，来提高产品和服务的质量，提升客户对企业的支持和提升企业的市场营销水平，即"自用"模式。

在 5G 发展的现阶段，电信运营商对人工智能技术的应用还体现在 5G 网络的优化布网（AI for network optimization）上。首先通过人工智能技术为网元、网络和业务赋能，5G 网络将打破之前网络的封闭性，实现分层解耦，对电信网络的设计、维护、运行和优化等工作带来革新。然后，人工智能技术逐步向下，为网络基础设施层、网络和业务控制层、运营和编排层赋能。

在基础设施层，人工智能技术将为硬件设施提供人工智能加速器，实现不同层级的训练和推理。例如，在核心数据中心引入人工智能加速器可以满足全局性的策略或算法模型的集中训练和推理需求；在基站内嵌入人工智能加速器可以支撑设备级的人工智能策略及应用。

在网络和业务控制层，也是运营商可以优先集成网络运维智能化（automate network operation），对网络和业务实现智能控制的领域。例如，可以利用人工智能技术，快速拦截恶意行为、预防攻击、维护网络安全等，实现网络智能运维及智能调优；或者利用人工智能引擎对数据做深度、智能化挖掘，对用户使用业务过程中存在的问题进行根因分析，快速响应用户投诉和主动进行用户关怀；人工智能技术还可以使网络拥有自我预测、调配、模拟和修复的能力，增强网络的鲁棒性。随着通信技术的不断发展，电信运营商的网络结构日趋复杂，多网共生，多域并存，网络运营维护的复杂度呈几何级增长，建立在人工智能基础上的网络运维优化将成为运营商必不可少的能力。此外，人工智能技术还可以用来优化运维工程师的调度，例如，英国电信公司自主开发的维修预测系统，通过结合天气、社会事件等综合因素的分析，提前预测网络可能出现的问题和出现问题的位置，实现对人工以及维修成本的重大节省。

各大运营商也正在积极布局下一代的智慧网络编排管理系统，以打造下一代网络新型智慧大脑，实现对云化网络的智能编排、调度、控制、运营等各方面的能力。例如，中国移动公司在 2017 年联合 AT&T，推出了下一代网管、网络编排器的开源框架 ONAP，现已经成为业界最有影响力的开源社区之一。

9.4.2　优化运营和提升用户体验

在数字经济大背景下，电信运营商成为商业生态中的一员之后，虽然相比于应用层来说仍然距离用户较远，但是对用户洞察的需求以及提升用户体验的能力，已经逐渐得到重视。

对电信运营商而言，人工智能技术带来的优化多以成本为中心，围绕降本增效以及提升用户体验等目标。以成本为中心的优势是运营商可以在短期内看到实质性的回报，适用于业务区域跨度较大（涵盖国家多），业务较为复杂的运营商。采用这种相对保守的发展思路的典型代表运营商有沃达丰公司和英国电信公司。

作为全球领先的电信运营商，沃达丰公司采用以成本为中心的思路，最终目标是建立一套完全数字化的运营模式，使客户能够实现自助服务，满足销售和客户服务需求。沃达丰公司建立了一个技术领先的全球物联网连接平台，该平台内部技能和运营改革更加侧重于网络虚拟化。此外，沃达丰公司还在网络运维和客户服务方面积极利用人工智能技术，SDN 和 NFV 是电信运营商在 5G 组网过程中采用人工智能技术的重要领域，即利用机器学习的方法来提高网络运维效率。在客户服务方面，沃达丰公司希望通过关注人工智能技术来改善客户服务，例如，利用新的语音认证服务，扩展其聊天机器人 TOBI 的能力，并致力于社会媒体服务和"Message"反馈服务。当前，沃达丰公司正试验新的语音认证服务，以便客户更容易验证身份，快速访问详细信息，并通过亚马逊个人助理 Alexa 接收账户更新，更新计费数据账户细节和额外信息。统计显示，2019—2020 财年，沃达丰公司已经开始通过此类数字化的方法在欧洲开展成本节约计划，取得了实质性的成果：该公司部署的 TOBI 聊天机器人令客户呼叫量在过去两年中减少了 20%，零售店的投诉数量减少了 7%，通过部署机器人流程自动化系统（robotic process automation，RPA）和人工智能技术提高了 3500 名员工的工作效率，大约节省了 8 亿欧元的净运营成本。

英国电信公司近年结合优化自身运营和提升用户体验两大主题，积极探索人工智能技术的各种应用场景，具体包括：① 优化工程师部署管理模式，用人工智能导出场景转换的结果，利用增强现实技术（AR）辅助人工开展现场设备检查维修等操作；② 用人工智能技术辅助增强现实场景的利用效率（例如 AR 的远程援助任务、网络可视化、远程监控和保护工程师的操作规范及人身安全、辅助 AR 沉浸式训练）；③ 基于深度学习技术的智能网络设备检测维修；④ 辅助网络技术战略决策。例如，在优化工程师部署管理方面，利用人工智能技术的智能预测、智能部署来精准调度资源，自动预测可能的结果辅助决策，精准部署其自研系统 Pelipods 找到离预期工作地点最近的设备站，合理优化工程师的工作区域，流程智能升级后的预测分析，为预测出的模型找到一个良好的操作点。在优化服务方面，英国电信公司使用人工智能技术提升客户服务质量，提供全生命周期管理，即"用户服务旅程"（customer service journey），预测用户需求、提高用户满意度的同时节约运营成本，并在网络修复后，能自动联系客户主动寻求售后反馈。

人工智能技术也被英国电信公司应用在大型技术平台的迁移上。作为一家拥有百年历史的电信企业，英国电信公司拥有的网络庞大，且带有不同时期的技术水平和标准，经常会面临新旧网络和技术平台的迁移问题。例如，跟欧洲其他运营商一样，英国电信公司有计划在近几年关闭 3G 移动网络，与之相关的 IT 平台和系统都面临从现有体系中剥离出去的问题。从管理角度来讲，技术平台的迁移涉及的相关部门非常多，然而他们各自的诉求并不能自动保持统一，部门之间的利益有时会有冲突，例如财务部门着重考虑长期和短期的成本问题，与客户服务相关的部门需要保证迁移过程对客户影响最低，保证客户满意度，技术部门主要提出技术实施方案，而人力资源部门要考虑员工技能与新旧岗位调整，集团还需要重视在整个过程中的节能和对环境的影响等，加上网络的拓扑结构和地域、服务人群的差别，这将是一个非常复杂的系统优化问题。英国电信公司的实践经验为企业采用人工智能技术处理以上复杂系统决策问题（如图 9.7 所示），提供了一些新的视角和探索领域，包括：① 如何将不同利益相关者的诉求协调起来；② 不同领域的人类专家意见可以帮助简化数据类型和数量，并通过商业通识和假设，调整控制参数来影响算法，并评估不同假设下的结果优劣；③ 复杂系统的决策就目前看来无法完全自动化，所以要求决策中的算法，应具有可解释性，保证人们能理解其中的逻辑，以便发生意外问题的时候能查出原因并修正。

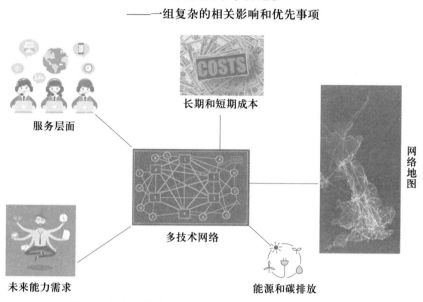

图 9.7　复杂系统决策问题——大规模技术平台迁移为例

9.4.3　打造人工智能平台

在现阶段，电信运营商们纷纷部署了人工智能平台。这些平台的一个显著特征是，除了支撑自身业务优化外，更重要的是赋能垂直行业。这种人工智能平台战略通常是建立在该运营商面对相对单一的市场，且在该市场上拥有强大的市场地位，掌握庞大的数据体量，以及自身出色的技术能力的基础上的。因为人工智能平台的研发部署投资回报率很低，平台赋能需要数年时间才能见效，从而实现新的收入增长，加上按照传统惯例电信运营商会对网络技术升级、无线频段拍卖等电信本身领域进行持续投资，所以搭建人工智能平台的战略对大部分电信运营商的财力是一个巨大考验。但长期来看，基于人工智能平台向外部赋能，有利于融合渗透入新兴领域，形成新的业务收益增长点。如前所述，电信运营商面临着升级网络、提供更高速、更大带宽的巨大压力，同时却因为"哑管道"的格局，加上消费者市场日渐饱和，都在寻求如何突破自身发展困局，重塑在产业链中的地位。人工智能技术的发展浪潮，恰恰为运营商提供了一个融入和推动商业生态的方式：建立人工智能开放平台，赋能外部企业客户，与合作伙伴一起开拓新应用场景。目前中国的三大电信运营商以及部分国外的电信运营商如西班牙电信公司等，都制定了人工智能平台战略。

"随愿网络"平台（如图 9.8 所示）是中国电信公司基于早些年基于意图的网络（intent

based networking，IBN）提出的一个更宏伟的理念，其侧重点在赋能，主要应用于智慧家庭、智能客服、用户身份识别等领域。在网络架构方面，"随愿网络"独立于底层网络技术，看不到网络协议等技术细节，屏蔽了厂商技术实现的差异，有望实现无人工干预、无配置脚本、无供应商锁定。外部连接方面，平台摆脱了基于场景的烟囱式接口模型，抽象出一套有限集的原子模型，避免接口泛滥。为了提升网络的敏捷性、可用性和可扩展性，相比现有网络，中断次数减少 50%。此外，针对物联网发展的随机性和不可预测性，"随愿网络"有望快速扩展各种通信资源，确保服务级别协议（SLA）和安全策略。平台依托自动化和智能化减少运营维护成本，使网管专家从人工操作中解脱，有望在管理更大网络的同时从事更具价值创新的工作。随愿网络的闭环保障系统能够持续不断地监测网络环境，确保期望的网络性能并及时采取补救措施，用以提升用户体验。依托云技术，平台可以打破网络与 IT 资源的分离，构筑云化的统一资源池，并能利用闭环自动化和智能化确保端到端网络性能与安全，加速网络云化进程。

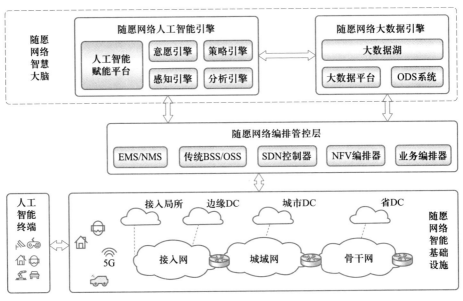

图 9.8　中国电信公司随愿网络目标架构

中国移动公司的"九天"人工智能平台包括深度学习平台和人工智能能力平台两大子平台。其中，"九天"人工智能能力平台汇聚了中国移动自研及合作伙伴优秀的人工智能能力，其中，自研人工智能能力有 26 个，涵盖智慧语音、自然语音处理、机器视觉、结构化数据分析等方向，可以满足网络、服务、市场、安全和管理等各场景的智能化应用需求。后续，"九天"人工智能平台还将集成更多自研能力，以及商汤、华为、科大讯飞等多家合作企业更加丰富的人工智能能力。"九天"人工智能平台借助中国移动公司的海量数据资源优势，训练数据规模已经突破 5TB，包括公开数据集和集团自有数据集，涵盖图像、语音和文本等多个领域，为人工智能模型开发提供丰富的数据资源。同时，"九天"人工智能平台面向人工智能应用研发人员、相关垂直行业企业伙伴等提供开放人工智能能力的服务，用户可以通过远程应用程序接口（API）的形式，也可以通过本地部署软件开发工具包（SDK）的方式来提升人工智能能力。目前，中国移动各地分公司已经依托"九天"人工智能平台成功建成包括智能稽核平台、网络自服务智能机器人、智能医疗、智能营销机器人等多个应用。

　　中国联通公司的平台战略，总体以智能客服业务为主，以"客户信赖的人工智能服务价值创造者"为愿景，以提升智能水平、提质增效，降低运营成本、降本增效，创造智慧应用为目标，具体策略是，聚焦支撑三大类应用，打造全智能化服务体系架构，具体举措为"1 个数据平台 +2 个能力平台 +3 类业务应用"（如图 9.9 所示）。数据平台主要聚焦数据中台，能力平台包括网络人工智能能力平台和企业人工智能能力平台，支撑网络运营、业务创新和企业运营管理三类应用。中国联通公司与百度、科大讯飞、烽火、爱立信等公司均有人工智能项目合作。其中，中国联通公司与科大讯飞公司的合作聚焦人工智能技术在智能终端产业链上的应用，与烽火通信公司在智慧城市方面开展合作，并共同推动相关标准的制定，与爱立信公司成立"5G+AI 联合实验室"共同研究 5G 时代的智能应用。

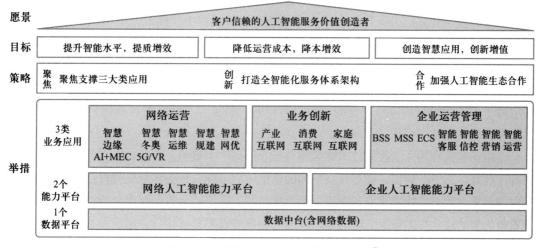

图 9.9　中国联通公司人工智能战略架构[①]

9.4.4　推动用户业务增长

　　在利用人工智能等技术赋能垂直行业方面，电信运营商也取得了一些初步的效果。2019 年，中国正式开启 5G 商用，电信运营商抓住 5G、人工智能协同发展的机遇，拓展"5G+ 人工智能"在智慧城市、智慧政务、智慧农业、智慧交通、智慧零售等多个垂直行业的应用。为了更好地整合行业资源，通过 5G、人工智能赋能实体经济，电信运营商充分利用自身在网络和产业链上的积累积极发起或牵头成立行业联盟、合作中心等组织，拓展人工智能应用场景，推动自身数字化、智能化转型，与合作伙伴共同实现多方协作，共生共赢。目前，中国联通公司已经设立了多家产业互联网子公司，赋能各垂直行业的数字

　　① 资料来源：《AI+ 电信网络：运营商的人工智能之路》。

化转型。例如，在医疗领域，中国联通公司与腾讯公司等合作伙伴一起，针对医疗应用场景，推出了医疗影像云等人工智能解决方案；在物联网领域，中国联通公司联合百度公司共同推动车联网等应用的落地；在边缘云计算领域，中国联通公司联合知网共同创立边缘云智创中心，励志打造"中心云－边缘云－终端－数据生产者"的一体化模式，在全国建立上千个边缘云节点，将边缘云耦合在私网上，均衡调度网络资源。

西班牙电信公司对人工智能技术也给予了高度的重视，他们认为，人工智能有望成为推动电信行业转型的关键技术之一。目前西班牙电信公司的人工智能应用主要有三大部分组成：4th Platform（人工智能研究／内部管理分析／业务转型）、LUCA（B2B 数据管理／业务数据分析）、Aura（基于智能语音的客户认知服务平台）。4th Platform 是西班牙电信公司为人工智能技术发展建设的基础设施平台，为西班牙电信公司内部提供人工智能的计算分析能力，其主要有两方面应用：第一，提供了基于人工智能技术的一套管理分析工具，应用于西班牙电信公司内部的运营管理、流程优化，以及内部数据分析等方面，是西班牙电信公司内部数字化转型，实现完全自动化办公流程的关键组成部分；第二，提供了人工智能的数据获取、清洁和存储工具，打造开放的数据和算力平台，向第三方用户提供一定的数据及人工智能计算能力支持。在第二个功能实现的过程中，西班牙电信公司对第三方企业使用其内部数据，例如用户姓名、移动信号数据、地理位置等，通过授权等方式采取一定的控制手段；同时，在与第三方的合作过程中，获取了多用户丰富的行为数据，反过来，西班牙电信公司可以在此基础上，更加精准地分析自身用户行为，构建用户画像，将其应用于市场营销分析、用户预测、针对客户的产品推荐、网络配置及优化等，为用户提供更满意的定制化电信服务。

电信运营商利用人工智能技术赋能垂直行业的另一个机遇，即渗入新兴业务领域，优化自身在商业生态中的地位。面对日益饱和的电信用户市场，开拓客源变得日益艰难，开发新的应用场景、针对特殊密集型客源提供差异化布网、网络结合数据智能分析等为运营商差异化竞争优势的建立提供可能。电信运营商通过标准协议和开放接口，赋能垂直行业，并与外部企业形成合作伙伴关系，实现跨企业间的快速整合，构建或参与以电信人工智能为中心的商业生态系统。这为电信运营商带来更多的灵活性和协作创新的可能，并帮助电信运营商在未来人工智能生态系统中，不被边缘化，能够扮演控制者、协调人或参与者的角色。

9.4.5　开辟新型服务类型

大多数电信运营商都将客户覆盖面和洞察能力视为他们在人工智能发展中最有价值的资产，都在跨网络运营中试验和实施自动化和人工智能，但现阶段很少有电信运营商能够利用网络相关的人工智能能力来构建创新业务，网络仍占电信运营商资本支出和运营支出的最大份额。电信运营商利用人工智能进行创新业务的开拓，这一发展模式旨在对外构建一个新的、国际化的、与传统核心服务（即网络连接）不直接相关的数字服务业务。不同于赋能模式的人工智能平台布局，此类模式将人工智能当作构建新的业务增长点的能力之一，希望利用数据优势和算法能力实现即时盈利。拥有人工智能平台的电信运营商建立数据平台和基础设施，更多的是基于平台、打造多方合作与对第三方赋能建立业务，在一定程度上支持多个行业的公司进行大数据和战略分析；而在电信运营商利用人工智能进行创新业务的战略中，电信运营商自身并不创造技术平台或营造生态，而是直接在人工智能应用层中扮演特别的角色，即为相关客户销售一系列行业相对通用的应用方案。现阶段选择这种策略的电信运营商，通常都是那些在较小规模的市场中有某种业务领先优势，他们可能拥有一些细分行业的海量数据和对应行业的专业人工智能技术能力，但因为相关业务总体体量较小，并没有足够的能力支撑人工智能平台的建设及运维，例如芬兰电信运营商 Elisa 公司和法国 / 英国电信运营商 Orange 公司。

Elisa 公司是芬兰最大的电信运营商，同时也是北欧市场领先的移动和固网运营商，主要业务是为个人、企业和机构客户提供语音服务、定制的通信服务解决方案和网络运营商服务。Elisa 公司在自动化和人工智能方面有专注而明确的产品战略，例如根据客户需求进行组网布网（非公司自身技术能力或业务需求），2011 年 Elisa 公司开始使用快速分层定价策略为客户提供无限量的数据服务。基于这个策略，Elisa 公司着重于发展更高效地管理其网络资产的新方法，促使自动化工具升级、人工智能技术的发展、移动和固定网络的融合，最终构建出新的数字服务并实现业务创收。

仍以聊天机器人为例，与西班牙电信公司和沃达丰公司不同，直到 2020 年，Elisa 公司并没有将聊天机器人或虚拟助理当作人工智能战略的核心要素应用于自身的客户服务。但这不妨碍其于 2017 年开始研发聊天机器人，并将聊天机器人应用于付费电视和宽带提供商 Starman 公司提供的客户服务管理中。Elisa 公司研发聊天机器人的最终目标不是通过呼叫偏转来降低成本，而是创建知识库，改进客户服务团队的整体流程和用来优化为客户提供的解决方案。Elisa 公司研发的聊天机器人在市场上取得了优异的表现，截至 2020 年 11 月，该聊天机器人已经为客户企业在服务地区中的 58% 的用户呼叫实施了服务覆盖。

另一个电信运营商 Orange 公司，也采取类似的产品化人工智能发展策略。除了前文提到的 Orange Applications for Business（OAB）为第三方客户提供数据分析咨询和数据服务集成外，Orange 公司还开发了移动分析服务 Flux Vision，为地方当局、零售、运输和旅游业提供人口流动和统计分析，与其孵化的初创公司 Smartly.ai 合作为法国总统办公室开发了聊天机器人，还用语音分析系统来评估第三方呼叫中心的性能并提出分析建议，例如，如果第三方呼叫中心话务员在向客户描述产品或价格时出错，系统将识别和记录这次错误并提供再培训的建议。

9.5 人工智能赋能电信行业的趋势与展望

作为数字经济中基础设施的提供商，电信运营商在场景应用、海量数据、计算资源等方面拥有独特优势，而且放眼整个数字经济的商业生态，电信运营商的角色不仅局限于网络供应商，同时需要赋能垂直行业各种应用的发展。网络智能化和业务智能化是电信运营商未来的发展趋势，现阶段多数电信运营商通过引入人工智能技术，一方面实现网络智能化转型、提升服务质量等对自身业务的优化，另一方面实现赋能实体经济的技术能力输出，创造出新收益增长点，以下分别进行介绍。

电信运营商应用人工智能技术提升网络智能化水平。基于海量数据，电信运营商能够利用人工智能技术提供的强大分析、判断、预测等能力来赋能网络，提高智能化水平，进一步向智能化网络的方向演进。智能化网络的功能主要包括：① 具有数据感知能力，包含数据采集、数据存储及预处理，能够为智能分析的训练推理过程提供高质量基础数据；② 具有智能分析能力，主要分为训练和推理两个方面，人工智能使用基础数据进行训练，生成各类算法模型，进行应用推理；③ 具有意图洞察能力，通过用户意图的识别、转译、验证等功能，配合自动化管控，可精准实现用户意图。

从流程上来说，人工智能技术可以应用于网络的规划、建设、运维、优化等环节。具体而言，对于 SDN/NFV 和 5G/6G 等下一代网络，从网络层级上来说，人工智能可以应用于网络基础设施层、网络及业务控制层、运营和编排层，如图 9.10 所示。

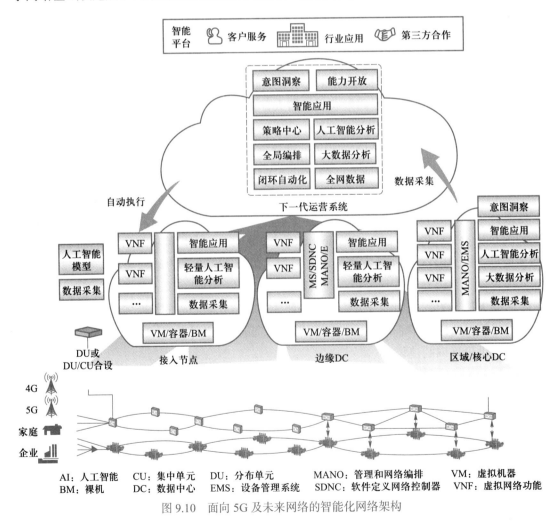

图 9.10　面向 5G 及未来网络的智能化网络架构

　　电信运营商应用人工智能技术提升业务智能化水平。随着人工智能底层技术和能力的不断升级，基于语音识别、语义理解等技术的基础应用开始广泛与电信运营商的各种服务场景结合，客服和家庭业务在人工智能技术的助力下成为电信运营商个人客户业务智能化的重要开端，另外诸如垃圾短信过滤、威胁站点评估等应用也可快速提高客户使用体验。在智能客服方面，电信运营商利用语音识别、自然语言处理等人工智能技术开发智能客服机器人，与用户开展多轮对话，帮助用户解决常见问题，既能节省大量人力成本，又能提升客户体验。在智慧家庭方面，电信运营商凭借开发和推广基于人工智能技术的智能音箱、智能机顶盒、智能管家等智能产品进军家庭业务。

　　人工智能与电信行业的融合应用尚处在初级阶段，该方向目前在业界已获得了广泛关注，在未来存在巨大的发展空间。随着各种理论研究与实践应用的持续深入，人工智能在提升电信网络质量、改善用户体验、增强业务能力、拓宽业务范围等方面发挥重要作用。电信运营商也要大力发展自身人工智能能力，避免被"管道化"，向新型综合数字化电信服务商方向转型。

　　随着新技术的发展，6G、算力网络、人车路云网、边缘计算网络、数字孪生等名词逐步进入人们的视野，人工智能将不断与新技术结合，共同赋能电信行业。

9.5.1　第六代移动通信技术

　　如前所述，电信技术的研发遵循一定的时间规律，当5G商业化业务在全球全面铺开的同时，第六代移动通信技术（6G）的研究工作也有序开展起来。在6G之前，首先是超越5G（Beyond 5G，B5G），B5G的传输速率将达到5G的10倍，需要更多的频谱资源。获得频谱的方法主要有两种，扩展到更高的频段或者提高现有频谱的效率。目前，5G已经可以支持52.6GHz的毫米波段，B5G可以扩展到太赫兹甚至可见光波段，通过扩频，B5G可以获得10GHz以上的连续频谱资源，有效缓解频谱资源紧张的局面。B5G不仅在高频段需要更丰富的频谱资源，在低频段也需要更好的覆盖性能，目前的移动通信系统采用频谱利用率较低的"专用"频谱分配模式，未来通过动态高效的频谱资源管理可以有效提高频谱利用率。B5G还需要卫星通信的协助和支持，进一步扩大通信覆盖的广度和深度，实现无缝的全球覆盖。卫星通信能很好地支持例如飞机、轻轨等高速移动的交通工具，B5G网络可以在传统蜂窝网络的基础上，与卫星通信深度融合，实现对空、陆、海等自然空间的全面覆盖。世界各国都在积极发展卫星互联网，试图抢占赛道，其中以美国的"星链计划"和"铱星系统"、中国的"北斗系统"为代表。

　　6G网络将打造一个地面无线与卫星通信集成的全连接世界。卫星通信的加入，使全球信号的无线覆盖成为可能，5G时代信号难以覆盖的区域，如偏远的山区、乡村也将实现信号覆盖，这些地区的人们将享受到高速信息通道带来的便利，医疗、教育资源可以通过远程的方式到达这些地区。全覆盖网络同时可以提高人类预测天气、灾害的能力，减轻自然灾害带来的损失。在6G时代，人工智能技术与应用场景将会全面普及，智能体之间的交互将会成为常态，催生一系列新型业务场景，人类在业务中的参与度将越来越低，多项业务通过智能体之间的协作即可完成，大规模智能体之间的协作将会带来极高的性能需求。为了实现这样的愿景，6G 将需要克服一系列性能提升的挑战，并根据业务场景对网络带宽、时延、可靠性、覆盖、能耗、连接密度、精确度、安全性等指标进行精确适配，通过人工智能技术实现精准调度。

9.5.2　算力网络

算力、算法和数据是人工智能的三要素，算力决定了相同算法、相同时间、相同成本下的信息处理量，也是在一定时间内，针对一个特定的人工智能任务，最大的变化因素。当算力成为一种通用的产品，网络自然也要为算力产品服务，也将从云网融合走向算网融合。边缘云和计算网的组合，对电信运营商为行业提供算力服务提出了一种模式。大量的边缘基础设施结合移动边缘计算（MEC）平台成为边缘云，生成通用化的算力。计算优先网络（CFN）作为一种分布式路由协议，在不同边缘云之间按需进行着算力的调度和均衡。此外，拥有算力的产权主体不只是电信运营商，还可以通过构建区块链平台进行运营商和其他社会主体之间的算力交易，同时，区块链本身也需要大量的算力，是算力网络的重要应用之一。算网一体旨在突破计算的网络瓶颈，缓解算力的潮汐效应，创新算力服务业务模式，实现产业共赢，如图 9.11 所示。

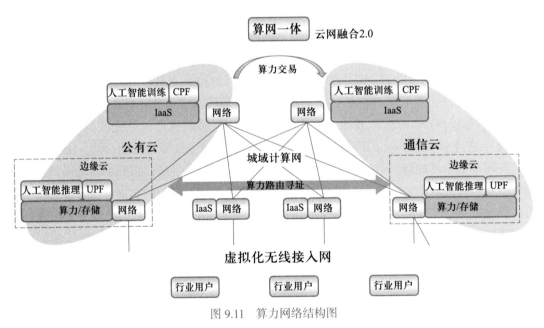

图 9.11　算力网络结构图

9.5.3　5G-V2X 人车路云网

5G 网络大连接、低时延和高可靠等特点是车联网和自动驾驶产业发展的基础技术之一。当前，新一代车用无线通信网络（5G-V2X）相关的研究、标准、落地等工作相继加速开展，"人-车-路-网-云"互联互通的应用体系正在加速构建，推动着汽车、信息通信、道路交通运输等行业的连接与融合程度不断加深，在满足个人出行、信息娱乐等基础应用需求的同时，也推动着交通新基建的革命性升级。5G-V2X 作为一项重要的底层技术，将促进经济社会各领域的融合创新。一方面，5G-V2X 技术标准体系推动着汽车、交通、公安等行业相关功能、系统技术的上层标准制定，极大地促进 5G 基础网络设施、智能网联汽车软硬件、车路协同云平台与自动驾驶等产业链环节的投资建设，带来全新的产业发展机遇；另一方面，除了交通安全类和效率类应用，5G-V2X 技术应用生态下的数据流，将作为数字经济时代的重要生产资料，在安全、合规的前提下进行共享、开发与利用，为政府精细化管理赋能，为吃、穿、住等出行强关联领域的业态创新提供重要支撑。反过来，商业模式与应用生态的成熟度，也决定着 5G-V2X 技术应用的发展空间。

当前，越来越多的国家和地区采用 5G-V2X 技术标准，汽车、通信、交通等配套领域能力逐步完善，越来越多的跨界测试与示范活动进入公众视野。5G-V2X 将推动车路协同的全面智能化，人们期待已久的车辆编队、高级辅助驾驶、扩展传感器、远程驾驶等场景有望加速到来。相信在不久的将来，车路协同便可从实验室和测试场景走向普通公众的日常生活，帮助人们去探索全新的出行与生活方式。

9.5.4　边缘计算

在边缘计算中，数据处理发生在网络的边缘，不是集中在中心，这意味着网络边缘的设备需要具备处理和存储能力。随着这些设备越来越普遍，边缘计算市场正在经历指数级增长。与云计算这样的集中式模型相比，边缘计算有两大优势。首先，如果用户处理的数据靠近使用位置，就可以减少延迟。换言之，如果用户不必让设备将数据传输到云端集中处理，并等待云将处理结果发送回来，那么用户的设备反馈会变得更快。其次，如果在边缘处理一些数据，就不必向云端传输那么多数据，这可以降低与数据传输相关的成本。根据 GrandViewResearch 的数据显示，2019 年，边缘计算的市场规模为 35 亿美元，并且正在快速增长，预计到 2027 年，市场规模可能达到 434 亿美元。

边缘计算体系应用程度和通信网络的支撑是相互促进和提升的。首先，边缘计算技术的基础必然是海量终端的双向互联（mMTC），数据采集和操作控制；其次，边缘计算应用中时效性和可靠性保障是基础（uRLLC）。5G 技术采用网络切片等方式，使一张网络同时为不同的用户提供服务，即 5G 不是多种技术标准的合集（如 3G，包括了 WCDMA、CDMA2000、TD-SCDMA），而是整合了多种关键技术于一身、真正意义上的融合网络。在边缘计算体系的应用中，不同应用场景对数据传输的分布节点数量、可移动性、传输带宽、延时、损耗等也存在不同的要求。电信行业也陆续提出了一些标准来对通信网络进行评价，例如用户体验速率、连接数密度、端到端延时、移动性、流量密度、用户峰值速率、能源效率等指标。2022 年北京冬季奥林匹克运动会就为"5G+边缘计算"技术提供了诸多展示场景。例如，开幕式中《致敬人民》和《雪花》节目，滑冰运动员不断向前滑行，地幕上的雪花也随之分开、消散，雪地上几百个小朋友挥舞着和平鸽灯童声合唱，每位孩子脚下的雪花都跟随着孩子们的脚步,都是当下边缘计算技术支持最大规模实时互动的场景运用。

现阶段实践表明,5G 能够支持边缘计算在不同的应用场景下,动态切换和调整,全球电信运营商纷纷将边缘计算列为未来重点发展业务方向之一。

9.6　本　章　小　结

电信运营商有其独特的底层经营逻辑,其经济学基础包括:电信网络的规模经济性和范围经济性以及需求方的网络外部性;并且在经营领域,政府规制手段和政策相对成熟和严格,同时,电信网络升级直接影响数字经济时代基础设施建设。对电信运营商应用人工智能技术的讨论和探索是建立在经济学基础、政府规制约束、数字经济时代角色等基础上进行的。

电信运营商业务发展的主旋律将围绕:5G 商业应用全面铺开,物联网、智能终端的深入发展,注重用户体验和用户数据的价值,变革公司组织模式,降低公司管理运营成本等。电信运营商拥有高质量的用户数据,为其积累了发展人工智能生态的优势,但也不得不面对业务保守、自身人工智能技术和人才不足的局限。

电信运营商采用人工智能技术的决策,是与运营商面临的其他技术投入并行存在的,这些技术包括 5G(以及 6G 和未来移动技术)、边缘计算、物联网和虚拟化网络等。人工智能技术与这些技术的结合会产生什么效率的提升和运营的变化,会影响到运营商采用人工智能技术的决策。所以,无论是运营商自身的人工智能相关部门或者第三方人工智能企业,除了强化人工智能专业技术本身的能力,还应能把人工智能技术的价值用平实、准确的语言传递给运营商的管理者和专家,把由数据带来的洞见从对运营商的业务、流程和管理者的管理实践角度转述出来。

虽然只有少数电信运营商有志于通过开发自己的人工智能能力来推动新的收入增长,建立“护城河”;但可以确定的是所有运营商都需要人工智能技术渗透进其内部流程以降低成本、提升效率,包括提高产品和服务的质量、改进客户支持和服务、提升市场营销效率,而这些也是电信运营商在过去 10 年以及未来相当长时间内采用人工智能技术的主流思考逻辑。但是,人工智能的价值远比单纯节省成本要丰富得多,长远来看,它的意义在于未来提供一些全新的运营模式,如智能网络等,能够更好地支撑决策和流程,使得电信运营商也能像数字化企业一样,更快响应用户需求。

电信运营商还可以建立开放的人工智能平台,赋能外部企业客户,与合作伙伴一起开拓新应用场景,推动整个国家的数字经济转型。国内外电信运营商都对采用人工智能技术表现出非常积极的态度,特别是通过人工智能技术来提升业务流程的自动化程度和提升用户体验方面。另一方面,由于合作伙伴、服务对象的业务特征和发展程度的差别,在现阶段电信运营商在人工智能赋能方面的业务演进呈现了不一样的特征和应用场景。

习 题 9

1. 什么是"网络外部效应"，电信行业的网络外部效应是如何体现的？

2. 请简述人工智能技术在电信行业中的赋能是如何体现的（至少 3 点）。

3. 查阅资料，了解人工智能技术在中国的电信运营商 5G 网络建设和运营中的作用。5G 网络的普及对于人工智能的应用（不仅仅局限于电信行业）有什么优势？

4. 结合欧洲的《通用数据保护条例》(GDPR) 政策和国内数据安全法律法规，简述数据安全对个人和社会的重要性。

5. 查阅资料，选择一个电信行业的人工智能应用，试分析其落地的可能性。

◀ 参 考 文 献 ▶

［1］OOSTERLINCK D，BAECKE P，DRIES F B.Home location prediction with tele-com data：benchmarking heuristics with a predictive modelling approach［J］.Expert Systems with Applications，2021，5（170）.

［2］程强，刘姿杉.数据驱动的智能电信网络［J］.中兴通讯技术，2020，26（05）：53-56.

［3］石立峰，陈晟.数字经济背景下电信运营商的技术与商业变革［J］.信息通信技术，2020，14（01）：8-12.

［4］朱一玮."工具利用型"人工智能犯罪风险及治理［J］.上海公安学院学报，2019，29（06）：56-62.

［5］牛小杰.人工智能在网络运维中的应用［J］.电子技术与软件工程，2019（23）：242-243.

［6］.人工智能在中国电信行业的发展现状［J］.电信工程技术与标准化，2019，32（11）：64-66.

［7］朱敏，张丹丹.基于人工智能的电信运营商智慧客服系统探讨［J］.信息技术与信息化，2019（07）：153-155.

［8］程强，刘姿杉.人工智能在电信网络的发展趋势与应用挑战［J］.信息通信技术与政策，2019（07）：29-33.

［9］潘思宇，张云勇，张溶芳，张第.5G 时代，人工智能为运营商赋能［J］.电信科学，2019，35（04）：95-102.

［10］梁杨，胡立强，孙淳晔，赵晗.人工智能关键技术在电信行业的应用体系研究［J］.互联网天地，2019（02）：20-27.

［11］张云勇.5G 将全面使能工业互联网［J］.电信科学，2019，35（01）：1-8.

［12］曹政.人工智能与电信运营商浅析［J］.信息通信，2018（12）：291-292.

［13］LAI H Y，FENG C Q，ZHANG Z Y，et al.A brief survey of machine learning application in cancerlectin identification［J］.Current Gene Therapy，2018，18（5）.

［14］郭东升，鲍劲松，史恭威，等.基于数字孪生的航天结构件制造车间建模研究［J］.东华大学学报（自然科学版），2018，44（04）：578-585.

［15］章华.基于电信数据的用户信用评价模型的研究［D］.北京：北京邮电大学，2018.

［16］陶飞，程颖，程江峰，等.数字孪生车间信息物理融合理论与技术［J］.计算机集成制造系统，2017，23（08）：1603-1611.

［17］MCDONOUGH C C.U.S.telco industry history as a prologue to its future［J］.Australian Journal of Telecommunications and the Digital Economy，2017，5（2）.

［18］王志宏，杨震.人工智能技术研究及未来智能化信息服务体系的思考［J］.电信科学，2017，33（05）：1-11.

［19］向坤.人工智能可以给运营商带来什么价值［J］.中国电信业，2017（03）：76-77.

［20］陶飞，张萌，程江峰，等.数字孪生车间——一种未来车间运行新模式［J］.计算机集成制造系统，2017，23（01）：1-9.

［21］方媛，詹义，吴兴耀.深度学习技术在电信运营商网络大数据中的应用［J］.互联网天地，2016（08）：57-61.

［22］DENG C W，HUANG G B，XU J，et al.Extreme learning machines：New trends and applications［J］.Science China（Information Sciences），2015，58（02）：5-20.

［23］MARWAHA A S，SINGH R.Baseline parameters for IT transformation strategy in telco's［J］.International Journal of Innovative Research and Development，2014，3（12）.

［24］童晓渝，张云勇，房秉毅，等.大数据时代电信运营商的机遇［J］.信息通信技术，2013，7（01）：5-9.

［25］苗苗苗.数据挖掘中海量数据处理算法的研究与实现［D］.西安：西安建筑科技大学，2012.

［26］沈灵敏.基于数据挖掘的电信数据分析［D］.西安：西安建筑科技大学，2012.

［27］冉建荣.基于混合模型的电信客户流失预测方法研究［D］.成都：电子科技大学，2009.

［28］MA S，TAN T，HU Z，et al.Theories and algorithms of computational vision［J］.Bulletin of the Chinese Academy of Sciences，2005（03）：161-162.

［29］MOUSTAKIS V S.Managing machine learning application development［J］.Advances in Human Factors/Ergonomics，1995，20（20）：1097-1102.

［30］唐雄燕，廖军，刘永生，等.AI+电信网络运营商的人工智能之路［M］.北京：人民邮电出版社，2020.

［31］CAMERON A.AI is starting to pay：time to scale adoption［R］.Partner，2020.

［32］LUK Y，SOO D.Growing B2B2X：Taking telcos beyond connectivity and

5G［R］.Partner，2020.

　　［33］赛迪智库无线电管理研究所.5G十大细分应用场景研究报告［R］.通信产业报，2019.

　　［34］刘婷薇.大规模MIMO中的数模混合预编码设计及实现［D］.南京：东南大学，2019.

　　［35］张云勇.电信运营商大数据发展建议［N］.电信科学，2018-01-20.

　　［36］朱成，刘海强，朱峰，等.电信大数据的数据挖掘关键技术分析与探讨［N］.电信快报，2018-06-10.

　　［37］石立峰.人工智能在电信领域的应用及运营商布局建议［N］.人民邮电，2018-11-08.

　　［38］张军.试分析数据挖掘在通信行业营销中的应用［J］.信息通信，2018（7）.

第 10 章

人工智能与医疗健康行业

医之为道，非精不能明其理，非博不能至其约。

——喻昌

10.1 医疗健康行业的社会经济属性

医疗健康与人们的生活质量息息相关，关注医疗、促进医疗健康行业发展成为国家、社会、个人及家庭的共同责任和目标。

医疗服务，是指维护人体健康所必需、与经济社会发展水平相适应、公民可公平获得的，采用适宜药物、适宜技术、适宜设备提供的疾病预防、诊断、治疗、护理和康复等服务。医疗服务是个人和经济社会发展的基础，是社会保障体系中的重要组成部分，其基本功能主要包括医治和预防疾病、保障全民健康、提高全民身体素质等。同时，医疗服务是生产者提供服务给消费者实现基本功能的过程，是服务社会经济、形成医疗服务市场的过程。

医疗服务市场，与其他类型市场的运作模式类似：各个参与主体利用有限的资源，通过各种手段进行有效配置和管理，使资源投入得到合理补偿和积累。医疗服务市场的正常运营，是保持和提高社会医疗服务水平的必要条件。然而，医疗服务不同于一般的社会商品，具有特有的社会公益性和人道主义特点，从经济学角度看，医疗服务具有外部性、公共性、信息不对称和技术垄断四个特征。

10.1.1 医疗服务的外部性与公共性

医疗服务是社会保障体系的重要组成部分。以新冠疫情为例，除去已接种新冠疫苗者被感染和重症概率小之外，当接种人群在总体中的比例达到一定数量，就会形成群体免疫，这是疫苗接种者对未接种者的正外部性；相反，不遵守这一防疫准则的人，不仅使自己被感染的概率增高，染病后传染他人概率也增高，产生负外部性。预防传染病、实施疫苗接种和对传染病人实施救治的医疗服务体现了对外部性的管理。

医疗服务的公共性是指一个人享有某种医疗服务往往不会影响其他人享有。从经济学的角度出发，外部性和公共性的存在，容易导致搭便车的现象出现，即人们（潜在需求者）都想做群体免疫中那些不用接种疫苗的人，不愿意为医疗服务付费，这种情况下出现医疗服务市场失灵。传统应对市场失灵的手段，是通过政府干预，维持市场稳定。仍以新冠疫情中的医疗服务为例，中国政府大力倡导建立"预防为主"的全民普及疫苗接种的策略，是符合经济学规律的。

10.1.2 信息不对称与技术垄断

医疗服务行业中供需两端还广泛存在信息不对称和某种程度的技术垄断。患者作为需求方通常不具备专业的医疗知识，无法对医疗服务的质量做出很好的评估和判断，这给医疗服务的供给方带来了信息和决策上的绝对优势，容易引发医患矛盾。正是由于医疗服务机构拥有供给端信息优势，同时具有逃避市场机制制约的动机，容易造成不合理的医疗服务费用和社会医疗资源的浪费，例如，经济困难的患者得不到有效且必要的治疗，而有的患者被迫接受不合理的过度医疗等。在中国推行医疗体制改革后，绝大多数医疗器械和药品生产企业仍会将医生或者医院作为营销的核心对象，通过各个渠道去影响这些提供医疗服务的供给方。由于前述医疗服务的外部性和公共性的特征，加上信息不对称，传统的、完备的、和善的市场机制是失灵的，并不能调和供给和需求（即医患矛盾），这种情况下，政府干预显得十分必要。政府通常从以下角度介入市场：① 直接调控市场价格，例如规范医疗服务费用、药品价格等；② 向民众普及医疗卫生服务的教育，使人民群众了解常见的诊疗过程、治疗的价格和意义，定期向社会公布医疗质量参数和经济指数，减少信息不对称；③ 通过立法条规等手段制定医疗服务技术供给质量的标准，规范医疗机构制定价格的行为。

由上可知，医疗服务独有的特点决定了医疗行业运行的市场必须是在政府参与监管下的医疗服务资源优化配置的市场。随着我国经济发展水平的提高和人们日益增长的物质文化需求的提升，社会对医疗机构的供给能力提出了更高的要求，政府监管与市场自身运营之间的动态平衡是一个重要课题。不同于一般经济体制的变革，医疗服务行业相关体制的设计需要新的思路，在这样的大背景下，我国开始推进医疗体系改革。

10.1.3 数字技术赋能中国医疗体系改革

总体而言，中国医疗体系改革的目标是为了实现医疗资源在空间的合理配置，确保包括弱势群体在内的每个人都能享受到质量有保证的公共医疗服务。1994 年，国务院在江苏镇江、江西九江进行社会统筹与个人账户相结合的社会医疗保险制度的试点，为全国医疗保险制度改革探索经验，由此揭开了全国医疗改革序幕。经过近 30 年的艰苦探索，中国逐渐建立了一套比较完整的医疗服务和社会保障体系，构建起了人民的"健康长城"。

同时，在中国的医疗服务系统中，公立医疗机构处于提供医疗服务的核心地位，并在国家重大公共卫生安全问题上起到举足轻重的作用。在抗击新冠疫情的行动中，公立医院承担了最紧急、最危险、最艰苦的医疗救治工作，发挥了主力军作用。这些公立医疗机构也正是深化医疗体制改革的攻坚主战场，提高公立医院的服务质量和效率，努力使群众"看好病"等成为公立医疗机构改革的核心方向。

2021 年，国家"十四五"规划提出，未来我国医疗改革的关键在于"两个根本"的转变：公立医院的运行要从逐利性向公益性的根本转变，医疗体系要从"以治病为中心"向"以人民健康为中心"的根本转变。数字经济时代，互联网和人工智能等数字技术的兴起为在中国实现这两个根本转变提供了新引擎。这些新兴数字技术在医疗行业的应用，使得医疗服务的供给和需求端产生了以下新的经济特性。

① 医疗服务个性化需求得以满足：医疗服务像一般商品一样实现高度定制化，这也是医疗本身特性所要求的，数以万计的潜在"病患"都可以获得属于自己的医疗健康服务。

② 医疗机构的运营效率得以提升：企业、医疗机构和患者面临的购买药品价格降低，库存成本、营销成本和管理费用等明显下降。

③ 医疗服务公平性增加：生产企业、政府、医疗供给者和患者之间严格的分层结构得到重塑，医疗资源的获取渠道愈加多样化，更多普通民众能够享受到更高级的医疗服务，基层医疗服务质量得到根本改善。

除了数字技术为医疗行业带来巨大的变化外，医疗技术本身也随着人类社会的不断研究日新月异。医疗行业的各种主体在创新的道路上持续探索，同时政府部门通过监管，使公共卫生、医疗服务、医疗保障、药品供应四大体系相辅相成，实现医疗服务各个环节的规范、公平和高效率。

10.2　医疗健康行业的构成与现状

10.2.1　医疗行业的内涵与外延 ·· □

医疗行业是我国国民经济的重要组成部分，是传统产业和现代产业相结合，融合第一、第二和第三产业 [①] 的综合性产业。我国医疗行业主要分为药品企业、医疗器械企业、医疗服务机构、商业机构、监管机构和医疗保险公司这 6 大细分领域。

药品企业。药品研发具有高投入、高风险、长周期的特点，目前国内药品企业主要分为两类：第一类是传统大型药企逐渐由仿制转向创新（例如恒瑞医药和复星医药），第二类是新兴创新药企，这类企业主要由具有技术优势的资深科学家创建（例如亚盛医药、微

---

① 在我国，第一产业是指农、林、牧、渔业（不含农、林、牧、渔服务业）。第二产业是指采矿业（不含开采辅助活动），制造业（不含金属制品、机械和设备修理业），电力、热力、燃气及水生产和供应业，建筑业。第三产业即服务业，是指除第一产业、第二产业以外的其他行业。

芯生物和奥萨医药）。

医疗器械企业。医疗器械企业主要包括一般大型检测仪器、体外诊断仪器、耗材、家用仪器等（例如迈瑞医疗、迪安诊断和乐普医疗）。当前我国医疗器械仅在少数高端领域实现替代进口，在其他领域依然依赖国外产品。

医疗服务机构。医疗服务机构主要为合同组织，包括合同研发组织（contract research organization，CRO）、合同生产业务组织（contract manufacturing organization，CMO）、合同研发与生产业务组织（contract development and manufacruring organization，CDMO）。这些机构通过合同外包形式，接受药企或者生物科技公司委托，在药物研发过程中提供专业化研发服务，提供产品生产时所需要的工艺开发、原料药及中间体的生产、制剂生产等。第三方医学实验室（又称独立医学实验室，independent clinical laboratory，ICL）是指在卫生行政部门许可下，具有独立法人资格，独立于一般医疗机构之外、从事医学检验或病理诊断服务，能独立承担相应医疗责任的机构（例如金域医学）。

商业机构。商业机构主要包括各类线下与线上药店和流通商（例如老百姓药房、华润医药）。

医疗保险公司。医疗保险主要用于解决大病治疗产生的医药费问题，一般由各大保险公司承保（例如平安人寿、中国人寿）。

除了一般的企业和商业机构，行业有序发展离不开监管机构。我国医疗监管机构包括卫生健康委员会、药品监督管理局和医疗保障局。卫生健康委员会负责公共卫生和医疗改革；药品监督管理局管理药品、器械和化妆品；医疗保障局负责医保和各类招标工作。

10.2.2 医疗行业发展现状

1. 不断增加的市场需求

2000 年，中国进入老龄化社会，目前，中国已经成为世界上老年人口最多的国家。据国家统计局最新数据，中国 60 岁以上老年人口数量不断增长，2013 年突破 2 亿，占比14.9%，2017 年达到 24 090 万人，占比突破 17.3%。2020 年达到 26 402 万人，占比达到18.7%，如图 10.1 所示。随着人口老龄化程度加深，未来中国老龄人口将进一步增加。人口老龄化的加剧将带来老年群体医疗、保健需求量的急剧增长。

医疗消费升级叠加人口老龄化将大大拉动医疗行业的需求。自"十三五"规划中明确提出大健康概念后，人们尤其是老人对诊疗保健的需求开始发生了质的变化。老年人口罹患各类急慢性疾病概率较高，在老龄人数增加的前提下，对医疗资源的使用要求更高，医疗费用支出也逐渐增长。老龄化增速与不健康的生活方式，导致我国慢性病的患病比例居高不下。肥胖、心血管疾病、消化道疾病（胃炎、肠炎）等各类慢性疾病已成为威胁我国居民健康的头号杀手。在慢性疾病治疗中，除了临床诊疗服务，患者更需要连续、主动、常态化的健康管理服务，包括相关指标监测、慢性病用药的购买和配送、定期诊疗安排等。个性化用药和慢性病综合管理将逐渐成为主流趋势。

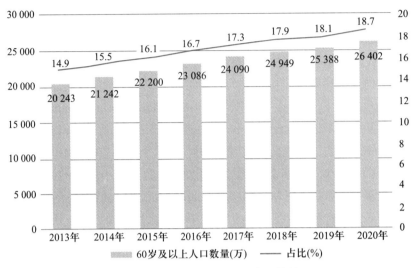

图 10.1　中国 60 岁及以上人口情况

药品行业是医疗行业中最重要的子行业之一。药品市场的波动能很好地反映人们对医疗卫生需求的变化。2020 年，我国药品销售三大渠道（公立医院、零售药店和公立基层医疗）合计 1.64 万亿元，药品销售规模仅次于美国。其中，公立医院渠道销售额为 1.05 万亿，占比 64%，零售药店渠道销售额为 4330 亿元，占比 26.3%，公立基层医疗渠道销售额为 1595 亿元，占比 9.7%。我国药品三大渠道总销售额逐年稳步增长，但是增速呈现下降的趋势，主要源于国家医保控费措施的实施。我国主要药品流通区域为广东、北京、上海、浙江、江苏等经济发达地区，各类医药商品销售中西药类销售居主导地位，2018 年销售额占药品销售总额的 70% 以上。

近 10 年来，我国居民人均医疗卫生费用年均增速超过 14%；卫生费用支出占 GDP 的比重逐年提高，2019 年已达 6.39%，但是与发达国家（美国为 17%）相比，仍有较大差距。中国医疗消费水平尚处于初级阶段。2019 年，我国居民人均可支配收入超过 3 万元。中产阶级人数也保持高速增长，2009 年大概在 1.57 亿人，10 年翻了三到四倍，预测到 2030 年国内中产阶级人数可能还会再翻一倍，接近 10 亿人。中产阶级对健康消费升级需求的提升，以及更强的支付意愿和能力，为医疗市场扩容提供了有力的支撑。人均可支配收入及健康观念的不断提升将促使医疗卫生消费实现长期稳定的发展，市场发展空间广阔。

2. 医疗资源供需不平衡

据《国家医疗服务与质量安全报告（2019）》统计，在医疗资源供给方面，2019 年，全国医疗机构总数超 100 万家，其中医院数量 3.4 万（公立医院 1.19 万）；全国医疗机构诊疗人次 87 亿人次，相比 2014 年增加 14.7%；住院诊疗人次达到 2.7 亿人次，相比 2014 年增加 30.4%。重症医学科床位占医院床位的比例从 2014 年的 1.9%，上升到 2.2%，增幅 16.4%。在人力资源层面，2019 年，全国执业（助理）医师 386.7 万人，比 2014 年增加

33.7%；全国注册护士总数达到 445 万人，比 2014 年增长了近 50%。总体来看，医院的医疗服务质量在不断提高，服务能力逐步增强，为人们的医疗卫生服务需求得到更好的满足提供了保障，医院步入了新的发展阶段。

虽然中国的医疗资源供给逐年改善，但是也面临着新的挑战，其中最为突显的是医保资金面临的压力和医疗资源结构性缺口问题。据艾昆纬公司估计，我国城镇职工基本医疗保险结余在 2029 年将会出现当期收不抵支的风险，至 2034 年将面临亏空风险。同时，医疗资源分配面临结构性缺口问题。大量病人蜂拥至数量有限的等级医院。根据 2018 年数据，公立医院数量占比 36.45%，而床位数占比高达 73.66%；三级医院数量占比仅 7.7%，而床位数占比高达 39.37%。我国医疗服务供给端，呈现出以公立医院、三级医院为主的格局。全国医疗机构中占比不超过 4% 的等级医院接诊了超过 40% 的病人，而在占比近 95% 的基层医疗机构，服务诊疗人次仅占 53%。医院总体病床使用率已经超过 84%，其中承担最主要医疗任务的三级医院病床使用率更是高达 97.5%，医生人均每天负担诊疗人次 7.0 次，基本属于满负荷甚至超负荷运转的状态。同时，我国每万人口医师数为 18 人，每万人口护士数 23 人，远低于德国、澳大利亚等国家。

综合来看，"效率较低的医疗体系、质量欠佳的医疗服务、看病难且贵的就医现状"为代表的医疗问题逐渐成为社会关注的焦点。这些问题在空间上往往分布不均，大医院人满为患，社区医院无人问津，病人就诊手续烦琐等问题的背后都存在医疗信息不畅，医疗资源两极化，医疗监督机制不健全等原因，这些问题已经成为影响医疗行业本身发展以及社会和谐的重要因素。

10.2.3　健康医疗大数据

健康医疗大数据（或简称医疗大数据）主要指在人们疾病防治、健康管理等过程中产生的与健康医疗相关的数据。医疗大数据在国内的发展历程最早可追溯至 2009 年医疗改革中以电子病历为代表的医疗信息化建设。自 2015 年开始，国家陆续出台了医疗大数据相关的行业标准和监管要求，医疗大数据市场开始起势，市场前景可观。从 2016 年国家发布健康医疗大数据战略至今，医疗大数据产业经历了数据产出、数据收集、数据存储、数据加工等早期阶段，数据分析和数据应用的产业化价值正逐渐凸显出来。医院内和各地大数据中心汇聚的大量数据总体还处于沉睡状态，数据变现是当今医疗大数据行业面临的突出问题。

医疗大数据依据不同的数据来源和用途可以有不同的划分，例如根据健康活动的来源，有临床大数据、健康大数据、生物大数据、运营大数据 4 个方面。其中，临床大数据主要包含电子健康档案、生物医学临床大数据；健康大数据包括对个人健康产生影响的生活方式、环境和行为等方面的数据；生物大数据指从生物医学实验室、临床领域和公共卫生领域获得的基因组、转录组、实验胚胎、生物组、代谢组等研究数据，有助于理解遗传标记与疾病之间的因果关系；运营大数据指各类医疗机构、社保中心、商业医疗保险机构、药企、药店等运营产生的数据，包括不同病种治疗成本与报销数据，成本核算数据，医药、耗材、器械采购与管理批号等数据，药品研发数据，产品流通数据等。

　　健康医疗大数据不仅具有大数据的"4V"特点，还包括时序性、不完整性、隐私性等医疗领域特有的特征。例如，时序性强是医疗数据区别于一般数据的显著特征，因为患者就诊、疾病发病过程在时间上有一个进度，而且医学检测的波形、图像等均有时间标注。不完整性是由于目前保留的医疗数据大量源于人工记录，导致数据记录的残缺和偏差，医疗数据收集和处理的不完整，大大增加了医疗数据库的建立难度，数据也无法全面反映疾病信息。医疗数据归属权也是医疗大数据应用的难题之一，因为患者的医疗数据具有高度的隐私性。目前我国患者的医疗数据一经产生就由政府或医院来管理，即使明确病例归患者个人所有，也不影响国家疾控、公共卫生和政府部门对病历数据的使用，所以实际上决定患者数据使用权的是政府和医疗机构。具体到大型医院，一般科室主任拥有数据的使用权，在进行科研时，如果有需要，他们有权将这些数据脱敏以后使用。医疗数据的传输、存储和加工是由医院和为其服务的信息化公司共同完成的，出于隐私保护的考虑和法律限制，实际上这些信息化公司无权使用医疗数据。

　　健康医疗大数据可广泛应用于临床诊疗、药物研发、卫生监测、公众健康、政策制定和执行等领域，其海量性、多样性的特点与大数据分析、人工智能技术的结合可为健康医疗产业带来创造性变革，全面提升健康医疗领域的治理能力和水平。目前的应用领域包括以下几个方面。

　　① 临床诊疗管理与决策。随着人工智能技术的发展及其在医疗领域应用的不断深入，基于人工智能技术的临床决策支持系统的出现并逐步落地于各大医院与基层医疗机构，辅助医生进行临床决策，得到业界的广泛关注。临床决策支持系统（clinical decision support system，CDSS）一般指能对临床决策提供支持的计算机系统，这个系统充分运用新一代信息技术，针对半结构化或非结构化医学问题，通过人机交互方式改善和提高决策效率，协助临床医生做出诊断决策。在一些大医院，新型医疗机器人常驻病房，在病情监测、病患护理等方面发挥了独特作用。

　　② 药物研发。新药研发是一个系统工程，周期长、成功率低。传统药物研发在于发现疾病相关的有效靶点，借助各种技术进行小分子（或大分子）的筛选与设计。药物研发的每个阶段都有多种可用的方法和技术，各自优缺点并存，而人工智能技术可应用于药物研发的各个层面，其在新药研发领域能整合大量高通量组学数据、网络药理学数据和图像等高维表型数据，进行有效靶点的筛选和药物设计，节省药物研发成本，缩短药物研发时间。

　　③ 公共卫生监测。当前，大数据和人工智能技术在现代公共卫生监测体系中的应用越来越广泛，为疾病防控提供了更加综合和多元化的信息来源，呈现出巨大的发展潜力。大数据和人工智能技术的应用可扩大卫生监测的范围，从以部分案例为对象的抽样方式扩大到全样本数据，从而提高对疾病传播形势判断的及时性和准确性。将人口统计学信息、各种来源的疾病与危险因素数据整合起来，进行实时分析，可提高对公共卫生事件的辨别、处理和反应速度，并能够实现全过程跟踪和处理，有效调度各种资源，对危机事件做

出快速反应和有效决策。

④ 公众健康管理。健康管理是变被动的疾病治疗为主动的自我健康监控，通过将物联网和人工智能技术广泛融合并应用于生活中，实现贯穿用户全生命周期的数据采集、监测，并对各项数据指标进行综合智能分析，服务于用户的健康管理，从而提高健康干预与管理能力，由"治已病"向"治未病"逐渐过渡，有效缓解医疗资源供需矛盾，并为持续改善全民健康水平提供更全面的支撑。集成分析个体的体征、诊疗、行为等数据，预测个体的疾病易感性、药物敏感性等，进而实现对个体疾病的早发现、早治疗、个性化用药和个性化护理等。健康管理应用配合智能硬件理论上能实现人体的全面健康管理，但受限于目前的传感器、硬件发展水平，以及相关疾病数据积累不足等因素，目前主要的应用范围是疾病预防、慢性病管理、运动管理、睡眠监测、母婴健康管理、老年人护理等。

⑤ 医药卫生政策制定和执行监管。整合与挖掘不同层级、不同业务领域的健康医疗数据以及网络舆情信息，有助于综合分析医疗服务供需双方特点，服务提供与利用情况及其影响因素，人群和个体健康状况及其影响因素，预测未来需求与供给方发展趋势，发现疾病危险因素，为医疗资源配置、医疗保障制度设计、人群和个体健康促进、人口宏观决策等提供科学依据，表 10.1 展示了 2020 年我国主要智能医疗政策。

表 10.1　2020 年我国主要智能医疗政策

时间	部门	政策
2020.2	国家卫生健康委员会	《关于加强信息化支撑新型冠状病毒感染的肺炎疫情防控工作的通知》 《关于在疫情防控中做好互联网诊疗咨询服务工作的通知》
2020.3	国家卫生健康委员会、国家医疗保障局	《关于推进新冠肺炎疫情防控期间开展"互联网＋"医保服务的指导意见》
2020.4	国家发展和改革委员会、中央网络安全与信息化委员会办公室	《关于推进"上云用数赋智"行动　培育新经济发展实施方案》
2020.5	国家卫生健康委员会	《关于进一步推动互联网医疗服务发展和规范管理的通知》
2020.7	国家发展和改革委员会、国家卫生健康委员会等	《关于支持新业态新模式健康发展激活消费市场带动扩大就业的意见》
2020.9	国务院	《关于以新业态新模式引领新型消费加快发展的意见》
2020.10	国家发展和改革委员会、国家医疗保障局	《关于积极推进"互联网＋"医疗服务医保支付工作的指导意见》 《近期扩内需促消费的工作方案》

10.2.4　新冠疫情加速智能医疗发展

2020 年开始，新冠疫情在全球蔓延，随着疫情的发展人们的关注逐步集中到各国医疗服务、医疗机构和社会公共卫生的水平与效率等问题上。各国政府、科研机构、科学家、医疗工作者和社会组织纷纷投入资源，在认识病毒、理解传播途径和机理、疫苗研发等相关医学领域快速开展研究工作。同时，在现阶段数字经济和信息技术高速发展的背景中，政府倡导通过信息技术领域的创新成果辅助抗击疫情。我国工业和信息化部发布了《充分发挥人工智能赋能效用协力抗击新型冠状病毒感染的肺炎疫情倡议书》，倡议进一步发挥人工智能赋能效用，组织科研和生产力量，把加快有效支撑疫情防控的相关产品攻关和应用作为优先工作。

疫情期间，人工智能在公共卫生领域特别是传染病的预防与控制方面发挥重要作用，传染病大数据分析预警系统、疫情排查系统、智能测温机器人、消毒机器人、语音服务机器人等在战"疫"一线被广泛应用。智能影像识别的加入提高了医生诊疗效率，识别病灶仅需 23 秒；智能化人体体温测量系统实现多人检测、无接触、多目标体温测量，异常体温筛查等工作，大幅提高了检疫工作的效率和准确性，分担了防疫人员工作压力。人工智能还在药物研发、疫苗研发、病毒基因测序等工作中发挥作用。例如，2020 年 2 月，由浙江省疾控中心、阿里达摩院人工智能团队和杰毅生物共同研发的全基因组检测分析平台投入使用，利用不同于传统核酸检测方法的全基因检测技术，将整个分析流程时长由原来的 60 分钟缩短至 30 分钟，大幅度提高了疑似病例的确诊速度和准确率。

与此同时，在非疫情的医疗保障方面，政府鼓励在线开展部分常见病、慢性病复诊及药品配送服务，降低其他患者线下就诊交叉感染风险。在这样的情形之下，线下各级医疗卫生机构迅速搭建平台开通线上问诊，例如，微医互联网总医院"新冠肺炎实时救助平台"快速响应上线，为全国百姓提供免费咨询和问诊服务。部分城市开通了医保线上支付，一部分医疗服务转向线上，医生和患者的习惯被迅速改变。政府推出的多项"互联网 + 医疗"相关政策，聚焦医疗、医药、医保三个方面，推动了医疗行业的数字化和智能化转型。根据 2020 年 5 月的统计数据，线上提供互联网诊疗和互联网医院服务的公立医院，从疫情前的 170 家迅速增至 1 000 余家；与此同时，线上平台注册医生也突破 100 万人，医生线上活动非常活跃。据腾讯大数据显示，2020 年共有 5 000 多名专家参与线上直播，总计时长突破 7 000 小时，全国共有 3 万名医生通过腾讯微医平台参与线上义诊，为 122 万人次提供了便捷的线上就医服务。

经此一"疫"，医疗数字化和智能化发展迎来了新的发展契机。

10.3　人工智能赋能医疗行业的主要路径

现阶段在人工智能的各种应用中，医疗领域的应用场景数量排在第一位。从需求层来讲，人口老龄化加速、慢性疾病种类增多、居民健康意识提高等使得医疗需求快速增加。从供给层面来讲，优质医生和医疗资源不足、资源分配不均，难以与快速增长的医疗需求匹配。相对于传统医疗方式，人工智能技术能够为疾病诊断、治疗方案创建提供全新的方法，提高医生和医院效率，减少误诊，同时在基因筛查和新药研发等方面也有着亮眼的成绩。根据弗罗斯特·沙利文的研究报告，通过强大的计算能力、成熟的算法和海量的大数据，人工智能可将医疗服务绩效提高 30%～40%，降低多达 50% 的医疗成本，在医疗行业的应用不断提速。

人工智能赋能医疗的发展水平与商业化程度、人工智能技术自身的发展水平和成熟度息息相关，如图 10.2 所示。根据中商产业研究院数据，2020 年"人工智能＋医疗"已占人工智能市场的 18.9%。依据 IDC 统计数据测算，到 2025 年人工智能应用市场总计将达到 1 270 亿美元，其中医疗行业将占其中的五分之一。全球上百家"人工智能＋医疗"创业公司分布在医学影像、辅助医疗、药物研发、健康管理等应用领域。人工智能技术中计算智能、感知智能、认知智能等细分领域，能够应用于医疗行业的多个方向。

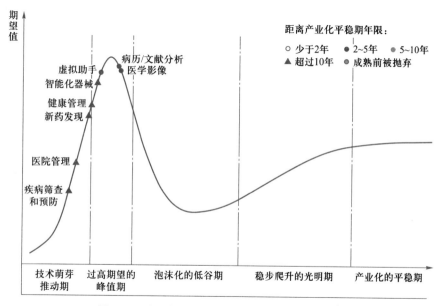

图 10.2 人工智能与医疗企业技术成熟度曲线 ①

（1）计算智能技术的核心在于计算能力，而计算能力的进步离不开基础设施和硬件设备的支持。人工智能在计算海量医疗数据资源时，需要依托强大的数据处理能力、系统和数据存储设备。目前我国医疗大数据的发展速度较快，尤其受到新冠疫情的影响，医疗领域的数字化进程提速，医疗大数据产业在政府引导下通过市场运作方式为医疗的发展提供动能。作为新基建的重要组成部分，目前已规划建设多座国家级数据中心。在医疗数据领域，2019 年，我国已将福建、江苏、山东、安徽、贵州、宁夏的国家健康医疗大数据中心与产业园建设为国家试点，为医疗大数据的发展提供基础设施保障。

（2）感知智能的技术体现在语音识别、影像识别、语言处理等方面。目前我国人工智能医疗在医学影像领域发展较快。在肺结核领域，我国已有依图科技、图玛深维等多家企业能够提供智能 CT 影像筛查服务，并自动生成病例报告，可帮助医生快速检测，提高诊

① 资料来源：《人工智能与医疗》。

疗效率。

（3）认知智能技术关键在于机器学习能力。但由于机器的深度学习依托于概率分析，而对于疾病的诊治和治疗需要结合复杂的影响因素，是一个动态的决策过程。因此，认知智能技术被较多应用于疾病筛查，帮助医生进行初步诊断，我国人工智能医疗在认知智能方面仍存在较大的探索空间。

作为人工智能应用的热门领域，人工智能医疗板块的发展受到了资本的青睐。2020 年，全球人工智能医疗领域完成 129 笔融资，融资金额 128.87 亿美元；其中中国人工智能医疗领域融资 82 笔，金额为 78.56 亿美元；美国融资 29 笔，金额为 48.71 亿美元，中美两国占全球融资金额的 98.8%，如表 10.2 所示。

表 10.2　2020 年全球人工智能医疗领域融资 Top20

公司	国家	融资轮次	融资金额（万美元）	细分领域
京东健康	中国	IPO	341 297	健康管理
Fitbit	美国	并购	210 000	健康管理
京东健康	中国	战略融资	136 000	健康管理
京东健康	中国	B 轮	83 000	健康管理
丁香园	中国	战略融资	50 000	健康管理
微医集团	中国	战略融资	35 000	辅助医疗
Magic Leap	美国	战略融资	35 000	健康管理
晶泰科技	中国	C 轮	31 880	药物研发
Zymergen	美国	D 轮	30 000	其他
Freenome	美国	C 轮	27 000	辅助医疗
Olive	美国	战略融资	22 550	其他
Tempus	美国	G 轮	20 000	辅助医疗
太美医疗	中国	F 轮	18 513	其他
Karius	美国	B 轮	16 500	辅助医疗
Concerto HealthAI	美国	B 轮	15 000	辅助医疗
Element Science	美国	C 轮	14 560	辅助医疗
Insitro	美国	B 轮	14 300	药物研发
LeanTaaS	美国	D 轮	13 000	其他
Atomwise	美国	B 轮	12 300	药物研发
零氪科技	中国	D+ 轮	10 835	辅助医疗

根据鲸准数据库显示，2012—2015 年我国人工智能医疗领域每年股权投资案例数均不超过 30 起，处于低位。2016 年，人工智能医疗领域股权投资案例数增加至 57 起，较上年增长 97%。2017 年快速增长至 74 起，2018 年投资案例数最多，共 91 起。2019 年，受到资本寒冬影响，人工智能医疗领域投资热度有所回落，投资案例数下滑至 52 起。2020 年，新冠疫情暴发，人工智能医疗领域又受到广泛关注，投融资金额创下新高。

人工智能在医疗行业的应用和各人工智能医疗初创企业的发展，离不开各国政府在政策上的大力扶持。2016 年 10 月，美国《国家人工智能研究和发展战略计划》提出，在医学诊断等领域要开发出有效的人类与人工智能协作方法，人工智能系统在识别到人类需要帮助时，能够自动执行决策和进行医疗诊断。日本也将医疗健康、护理作为了人工智能技术和产业的突破口，将基于医疗、护理系统的大数据化，建成以人工智能为依托、世界一流的医疗与护理先进国家，以缓解当前在日本越来越突出的快速老龄化问题。英国提出发展人工智能医疗的三大潜力领域：辅助诊断领域、早期预控制流行病并追踪其发病率领域和图像诊断领域。2017 年 7 月，中国《新一代人工智能发展规划》特别提出要在医疗健康领域发展便捷高效的智能服务。《新一代人工智能发展规划》提出，要"加强群体智能健康管理，突破健康大数据分析、物联网等关键技术，研发健康管理可穿戴设备和家庭智能健康检测监测设备"，还要"推广应用人工智能治疗新模式新手段，建立快速精准的智能医疗体系。探索智慧医院建设，开发人机协同的手术机器人、智能诊疗助手，研发柔性可穿戴、生物兼容的生理监测系统，研发人机协同临床智能诊疗方案，实现智能影像识别、病理分型和智能多学科会诊"。

10.3.1　改变传统的医疗服务体系

传统的医疗体系都呈现出类似金字塔形的结构，如图 10.3 所示。这个系统的基底由医疗保险公司、医药公司和政府依托国家搭建；金字塔的中间层是医疗专业人员，这些医疗人员几乎承载了所有的医疗救护责任；而患者则处于系统中最细小的塔尖部分。伴随着人工智能的介入，这个系统正在发生显著变化，患者开始从金字塔尖下沉，在医疗过程中参与和贡献。例如，在不久的将来，老龄患者可以自己在家里测量并获得自己的健康参数，选择同步给家人和医生，令他们能随时掌握老龄患者的健康状态；患者也能更清楚地知道自己在什么时间需要吃什么药，同时能几乎不间断地记录血压、心电图和其他的基本医疗数据，供后续医疗诊治。

这里的患者被称为"e- 患者"（e-patient），属于更加积极主动的群体，将在未来成为医疗金字塔体系重要的组成部分。一个典型的应用领域就是慢性病的管理。在传统体系中，一个"三高"（高血糖、

图 10.3　医疗金字塔体系

高血压、高血脂）患者需要定期去医院做测试和评估，再根据评估结果对下一个阶段采取针对性的健康管理措施。然而问题在于慢性病多为终身性疾病，阶段性的测评在时间上存在滞后，并且患者长时间对医生或者医院产生强烈的依赖性，进而忽略了对危害健康因素的认知，缺乏"健康生活方式"的概念。而人类疾病由急性病向慢性病的迁移驱使医学理念和诊疗方案发生了根本性的变革。现阶段已经出现一些移动医疗 App、智能可穿戴设备和纳米技术等数字技术工具，帮助 e- 患者更好地掌握自己的身体状况，特别是能够针对慢性病患者，纠正他们的不良生活习惯，改善医疗效果，这对于医生提高对患者的管理科学性有很重要的作用。

（1）移动医疗 App

移动医疗 App 除了帮助患者记录血糖、心率等健康指标，还可以对患者健康状况进行评估。运用大数据和人工智能技术追踪、监测和记录的数据可以生成电子疾病日志，方便患者随时查看病情发展情况，查询对应的措施。医生也可以更好地制定合理的诊疗方案。这类 App 的优势包括：① 减少患者去往医院的次数，减轻医疗人员的负担；② 患者通过 App 反映自身情况，医生远程分析相关数据并对患者进行治疗指导；③ 医生可以通过 App 快速掌握患者病情，为下次问诊提前做好准备；④ 患者和家属可随时通过 App 与医生在线沟通交流，提高慢性病管理的工作效率。

（2）智能可穿戴设备

慢性病患者通过智能可穿戴设备可实时对血压、血糖等生理指标进行监测，这些数据会及时上传至手机或云端。例如，智能血糖仪大大提高了糖尿病患者对治疗的依从性，对患者自我管理能力的提升起到了重要的促进作用。随着技术的进步和发展，智能血糖仪体积越来越小，测量结果越来越精确，测量所需时间减少到了几秒钟，血液样本也只需几微升，方便病人的日常使用。除此以外，还有将胰岛素泵和血糖仪结合的胰岛素自动输送系统，该系统由算法驱动，通过智能 App 和云端连接可以帮助记录胰岛素剂量和时间，还可以计算胰岛素推注量并实现数据共享。这类智能设备的出现优化了慢性病的管理，能够帮助患者达到最佳的治疗效果。

（3）纳米技术

纳米芯片可以附着或者植入皮肤表层，对人体的呼吸、心率等实时监测与感应，实现类似智能可穿戴设备的功能。另一个大胆的实验成果来自 2014 年的 DNA 纳米器件，该器件特别之处在于其可以越过人体天然的免疫系统，这为以后利用智能 DNA 纳米机器人进行逻辑诊断，发现癌变组织和抑制器官移植排斥反应提供了可能。

人工智能分析引擎从移动 App、智能可穿戴设备、家庭健康监控设备中提取数据并进行预测预警。随着人工智能技术将手机、可穿戴设备变为强大的家用诊断工具，诊断将更便捷，价格也将更便宜。疾病监测、预警的技术手段将大规模下沉到患者的日常生活中，疾病的监测不再是间断的单点活动，而是连续、长期的过程。全周期的健康监测数据为医生提供了解读患者健康状况全面而连续的视角。医疗服务流程由传统的"诊前、诊中、诊后"向两端延伸，转变为全周期的健康服务。医患互动关系从"主动"和"被动"转变成

"合作伙伴关系"，"以患者为中心"的理念有望真正实现。

全球范围内众多企业正在参与这场变革。例如苹果公司设计的 ResearchKit 和 CareKit 开发框架，能够帮助临床试验项目招募患者并远程监控他们的健康状况，借助拥有庞大受众群体的 iOS 平台，利用追踪移动监控设备和健康管理软件的数据进行个人健康数据管理，并通过人工智能技术处理数据；以色列创业公司 Healthy.io 为肾病患者提供了家用尿液检测产品，结合手机 App 及检测套组在家完成尿液检测，利用人工智能算法进行图像识别判断测试结果；美国创业公司 SkinVision 利用相似的原理用手机摄像头评估用户患皮肤癌的风险。

10.3.2　改变医疗技术的创新模式

医疗技术创新的最终目标是提高医疗费用的可负担性和医疗服务的普及性。可负担性不只针对患者也对医药企业和政府部门提出了很高的要求。以肿瘤抗体药物为例，在进入医保之前，一般的 PD-1 单抗药物费用一年超过 10 万元，普通患者难以承受。因此，医药企业和政府部门需要不断推进技术创新，在提高疗效的同时，降低成本。而医疗服务的普及性跟费用可负担性紧密相连，当然，不同医疗服务的普及性有不同的侧重点，以医疗器械为例，便携化和小型化是提高医疗服务普及性的另一个重要方向。

医疗器械是医疗产业一个重要的领域，有其独特性：不少器械的临床需求并不为普通人所知，即使是成熟的技术平台也可能错过医疗市场。这些新技术的拥有者注意到医疗应用后，就会迅速抢占市场，这可能会导致稍微落后的同行竞争者遭遇巨大的劣势。因为通常情况下单个医疗器械的市场不大，规模大多在百亿以内，与消费级市场动辄千亿的市场相比可谓九牛一毛，如此小的市场规模下持续投入研发全新的技术有很大的风险，只有竞争技术足够成熟时才会切入器械领域。相对漫长的医疗器械审批时间和严厉的监管机制也决定了新技术的引入必定困难重重并且成本高昂。以往国内医疗器械市场都是进口产品主导，2013 年我国使用的高端医疗器械中，80% 的 CT、中高档监视仪、85% 的检验仪器和90% 的磁共振设备、心电图机、超声波仪器、高档生理记录仪都是国外品牌，国内产品极少。随着近 10 年医疗器械领域国产化替代的加速推进，摆在中国企业面前的问题越发严峻，只有高水平的创新才有可能在医疗器械领域立足。

受制于信息壁垒、专利屏障、高入市门槛，传统医疗机构创新动力明显不足，在相对有限的数据获知情况下，对消费者的医药需求不明确，仅仅通过产品销量推测消费需求，难以把握市场动向，容易导致企业产品定位模糊，企业竞争力下降，即使能够获取足够多的数据，因为缺乏数据处理和管理能力也无法将其快速转化成有效的生产力。人工智能技术改善了医疗大数据的信息孤岛现象，能够破除机构间信息壁垒。个体通过生物传感器等工具可以实时记录体征，随时上传诊断数据。这样一来，传统医疗机构可以通过合法的手段，获取个体数据，既可以自己研发技术，也可以与人工智能第三方企业合作，能够在研发、生产、销售等各个环节共同探索新的技术路径，而不再仅仅依赖长期经验摸索和专利寻购，如图 10.4 所示。

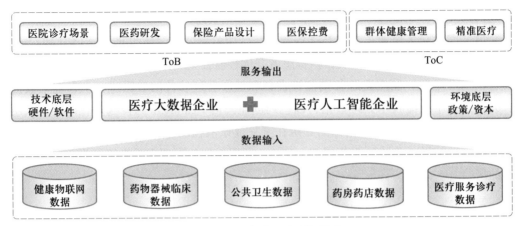

图 10.4　人工智能医疗创新模式

以人工智能为代表的新技术和相关创新企业可以真正实现物料、排产、品控一体化，以更快的速度、更低的成本、更便利的方式提供新兴医疗服务，有助于解决技术通胀和人口老龄化带来的医疗费用难题，这对我国政府降低医疗保险费支出具有非常重要的意义。同时，有不少初创企业着眼于通过人工智能技术解决医疗机构创新服务和应对老龄化问题，形成新兴医疗服务领域，相比在其他赛道竞争的人工智能企业，此类企业的存活率和产品商业化成功率较高。

2020 年 8 月，乐普医疗公司人工智能"心电图机"（AI-EGG）获国家药品监督管理局（NMPA）注册批准，该产品是在嵌入式人工智能芯片基础上，通过集成已经获得 NMPA 注册批准的心电人工智能分析软件算法的一款智能心电图机，AI-ECG 也是国内首项获得美国食品药品监督管理局（FDA）批准的人工智能心电产品，是国内人工智能医疗领域的里程碑事件。其最大优势就是能够在一个设备上，实现从心电图采集、人工智能自动分析到打印报告的心电图检查全部工作流程。该设备的人工智能算法基于深度学习技术，使用了千万级别的心电图大数据进行训练，总体准确率达 95% 以上。心电图机在心血管监测领域具有基础且不可替代的作用，而乐普公司的智能心电图机在临床检查、监护和家庭监测等多个方面具有广泛应用的价值，尤其对于普遍缺乏高水平专业诊断心血管疾病医生的基层医疗机构而言，具有较高的临床价值和可观的社会效益。人工智能技术与医疗技术的结合改变了国内众多医药企业的研发思路和市场化道路，为中国医疗行业的发展提供了新的契机。

10.3.3　改变医疗方案决策体系

1. 人工智能提高决策前诊断效率

现阶段人工智能医疗在医学影像领域应用落地最多，技术最成熟。从需求角度看，医学影像是临床诊断最重要的依据之一。常见的医学影像数据有如下几种：从最早出现的 X 射线，到 CT、超声、核磁共振（MRI），以及目前越来越广泛应用于临床的正电子发射计算机断层显像（PET-CT）。不断更新的设备辅助医生能够越来越精准地观察病灶。医学影像数据也由于设备普及和医疗需求增长，而呈现迅速增长的态势，主要有以下特点：
① 数据类型繁多，且不断涌现出新的成像方式；② 数据增长速度快，据麦肯锡公司统计，
2020 年医疗数据达 35 ZB，为 2009 年的 44 倍，其中医学影像数据占绝大部分；③ 数据
体量大，一家大型医院历史影像数据量为 50 ～ 200 TB，每年新增 20 ～ 50 T。医学影像
数据已经成为真正意义上的大数据。但是值得注意的是，目前大部分医学影像数据也存在
价值密度低的缺陷，以肺结节检测数据库 LUNA16 的 CT 影像为例，数据量为 111 GB 的
影像数据只包含 1 186 个结节信息。

目前针对医学影像主要依靠医生人工读片，人工智能的加入旨在缓解优秀资源分配不
均的问题。当前高质量的医护人员及设备资源大部分集中于大城市的三甲医院，尤其是优
秀的放射科医生数量远远未能满足需求，而诸如 CT、核磁共振等已经成为目前医疗的主
要诊疗手段之一。然而读片本身工作量极大，一个放射科医生一天查看上万张影像是普遍
现象，在此过程中医生精神高度集中，容易疲劳，人工误差也不可避免。针对这些现象，
众多科学家和公司开始考虑将人工智能的方法引入辅助诊断系统，如图 10.5 所示。以肺
结节检测为例，传统筛查肺部结节全靠医生在 CT 扫描图像上逐层观察，诊断一个病例需
要阅读几十甚至上百张片子，不仅工作量浩大，而且容易遗漏微小结节。人工智能算法
应用于肺部 CT 读片后，能够快速对图像进行肺结节分割，得到肺结节区域，再通过进一
步的分类，获得真正的肺结节位置和置信度，极大地提高了检测效率，减少了医生的工作
量，使得医生得以专注于下一步的诊断后治疗方案制定。

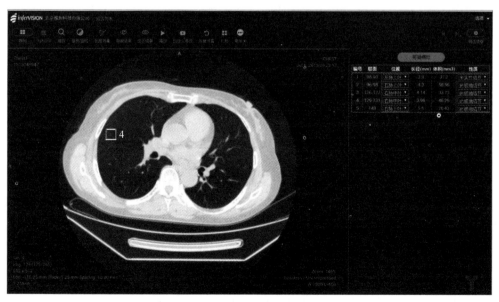

图 10.5　推想科技智能 CT 辅助检测系统

2. 人工智能优化医疗方案

医疗的进步一方面依赖于前沿的探索，另一方面则依靠经验的积累。通常情况下，普
通专业医生可能对几十个研究成果和大量的论文熟悉，但随着全球医疗技术的快速发展和

不断涌现的大量新案例，要跟上最新的医疗进展，医生可能每周需要花费超过 160 小时，所以只有很小一部分医生在做诊断决策时会依赖最新的临床试验证据。而人工智能加持的认知计算机经过训练可以遍历几乎所有的治疗可选方案，极大地提高正确诊断率，确保最新的科研和临床成果能够得到应用。IBM 公司的 Watson 能在几秒钟的时间内处理超过200 万页的资料，并针对患者症状提出可能的诊断列表，每个诊断都注明了经 Watson 计算出的信赖区间及与之相关的医学文献。2015 年，Watson 仅用 10 分钟就为一位 60 岁的女患者准确诊断出了白血病，并且向日本东京医科大学提出了合适的康复方案。2017 年9 月，Watson 正式进入南京第一医院肿瘤科，成为江苏第一台"医疗人工智能"。Watson本身并不像传统的问答系统直接回应问题，而是基于大量的数据，根据医患对话给出尽可能多的最相关的结果，最终参与到医生的决策树当中。决策权衡可能包括放射、外科手术和数不胜数的化疗药物等治疗方案。虽然目前 Watson 系统本身的发展不尽如人意，但是通过人工智能技术帮助医生迅速掌握信息，辅助诊断的发展趋势仍然强劲。

除了决策过程的优化，人工智能在经济上也更具优势。根据森斯通研究所的项目研究：500 名随机选取的患者参与了仿真试验，医生的绩效和患者的治疗效果与人工智能序列决策模型比较，显示普通治疗手段的花费为 497 美元，而人工智能模型为 189 美元。

对于研究者们来说，在临床决策使用人工智能的真实目的是帮助患者和医生获得所需要的工具和信息，辅助他们做出最好的决定。但是当前技术实现依然面临着诸多挑战，伦理是绕不开的难题，包括一旦某个应用出现重大错误，应该由谁来承担法律责任的问题也仍然在讨论中。国家卫生健康委员会发布的《人工智能辅助诊断技术管理规范（2017 版）》对相关问题的应对给出了如下一些建议。

（1）必须明确人工智能在临床上的适用范围、使用限制和注意事项。要充分考虑和重视患者对人工智能的接受程度和知情权，根据个体需要决定是否使用人工智能技术。

（2）治疗前要明确医疗责任主体，划清权责范围。医护人员应该遵循"综合分析，相互协作"的伦理要求，依据但不依赖人工智能技术。

10.3.4　促进医疗产品创新

当前医疗人工智能产品是以患者为中心，以医疗机构为服务主体，通过使用人工智能技术为患者及医务人员服务的系列产品，覆盖了从患者疾病的预防、诊断、治疗到康复的全过程。随着各国医疗人工智能产品审批速度的加快，医学影像、医疗人工智能产品设计越加精细，更多应用将逐步走向市场。

人工智能与医疗结合的方式多种多样，从就医流程来看，有针对诊前、诊中和诊后的各阶段应用；从应用对象来看，有针对患者、医生、医院和药企等不同对象的应用；从业务类型来看，有增效、降本等多种模式。医疗人工智能具体的细分领域有 9 大类：虚拟助手、疾病筛查和预测、医学影像、病历 / 文献分析、医院管理、智能化器械、药物发现、健康管理、基因测试。截至 2019 年 8 月，共有 26 款医疗人工智能产品获得了美国 FDA的批准，如表 10.3 所示。

表 10.3 美国 FDA 已批准的人工智能医疗产品 [1]

获批时间	产品名称	业务方向
2018.01	WAVE Clinical Platform	猝死预警
2018.02	Embrace	癫痫检测
2018.02	Viz CTP	脑卒中护理
2018.03	Guardian Connect	低、高血糖预警
2018.04	IDx-DR	糖网筛查
2018.05	OsteoDetect	骨折检测
2018.06	DreaMed Advisor Pro	糖尿病辅助决策
2018.06	HealthCCS	冠心病检测
2018.07	Dip.io	智能尿检
2018.08	Briefcase	脑部 CT 辅助诊断
2018.09	Apple Watch Series4	心率异常检测
2018.09	SubtleMR	MRI 实时重建增强系统
2018.11	Accipiolx	急性脑出血检测
2018.11	AI-ECG Platform	心电图分析诊断
2018.11	SubtlePET	PET 增强
2018	Cognoa	儿童自闭症筛查平台
2019.01	Study Watch 的 ECG 心电图功能	心率检测记录
2019.02	Kardia AI	心电图处理分析算法
2019.03	RhythmAnalysis	检测心率异常
2019.03	Paige.AI	癌症诊断平台
2019.05	Briefcase	脑栓塞筛查
2019.05	HealthPNX	人工智能气胸预警
2019.06	Eversense 连续血糖检测系统	血糖监测
2019.07	Quantx	乳腺癌诊断
2019.07	eMurmur ID	心脏杂音检测
2019	Critical Case Suite Optima XR240amx	移动智能 X 影响算法

---

[1] 资料来源:《中国医疗人工智能发展报告（2020）》。

目前，我国有 12 个人工智能医疗器械产品获得国家药品监督管理局颁发的医疗器械三类注册证，覆盖包括心血管疾病、颅内肿瘤、眼科疾病等多个应用场景，如表 10.4 所示。

表 10.4　我国已批准的人工智能医疗器械产品

获批时间	产品名称	业务方向
2020.01	冠状血流储备分数计算软件（科亚医疗）	冠状动脉血流检测、肿瘤等
2020.02	心电分析软件（乐普医疗）	心血管、IVD
2020.06	颅内肿瘤磁共振影响辅助诊断软件（安德医智）	心血管、头颈、胸部等
2020.08	糖尿病视网膜病变分析软件（Airdoc）	眼科疾病
2020.08	糖尿病视网膜病变眼底图像辅助诊断系统（硅基智能）	眼科疾病
2020.11	CT 造影图像血管狭窄辅助分诊软件（数坤科技）	心血管、脑、胸部
2020.11	肺结节 CT 影响辅助检测软件（推想医疗）	胸部、脑等
2020.11	CT 骨折智能分析系统（联影智能）	胸部、脑、骨等
2020.12	肺结节 CT 影响辅助检测软件（深睿医疗）	胸部、心血管等
2021.03	肺炎 CT 影像辅助分诊和评估软件（深睿医疗）	胸部
2021.03	儿童手部 X 射线影像骨龄辅助评估软件（依图科技）	手部
2021.03	肺炎 CT 影像辅助分诊和评估软件（推想医疗）	胸部

为了推动人工智能医疗产品的创新，2019 年 7 月，我国人工智能医疗器械创新合作平台成立，合作平台接受国家药品监督管理局业务指导，挂靠在国家药品监督管理局医疗器械技术审评中心（以下称器审中心）。合作平台主席单位为器审中心，国家相关单位（如国家计算机网络应急技术处理协调中心）、科研机构（如中国信息通信研究院）、科研院校（如清华大学）、医疗机构（如中国人民解放军总医院）、学会等单位与器审中心签订合作协议成为合作平台的成员单位。该平台致力于构建开放协同的人工智能医疗器械创新体系，服务人工智能医疗器械科学监管、科技创新和产品转化。在 2020 年 7 月举办的世界人工智能大会上，人工智能医疗器械创新合作平台发布了多项成果，涵盖数据库、平台、标准 3 个要素，也体现出未来的创新方向，包括以下几个方面。

技术规划——支持新冠肺炎疫情工作发布了《肺炎 CT 影像辅助分诊与估软件审评要点（试行）》，完成相关规范性文件编制修订工作。

测试数据库建设——开展医疗人工智能测评数据库建设工作，包括：完善体系框架、启动数据采集工作、跟进国际化进展等。

标准化与测评——标准体系构建、标准采用条件、平台内标准协调共享。

测试技术——完成医疗人工智能测评公共服务平台（一期）的建设，与眼底糖网数据库实现对接；发布两项人工智能产品测试技术文稿：《基于眼底彩照的糖尿病视网膜病变辅助决策产品性能指标和测试方法》和《基于胸部 CT 的肺结节影像辅助决策产品性能指标和测试方法》。

在我国工业和信息化部、中国信息通信研究院、各大医院等机构的合作下，标准化、规模化的人工智能医疗器械创新时代即将到来，越来越多的人工智能医疗产品的入场将会掀起新一代医疗技术的革新浪潮。

10.4 人工智能赋能医疗行业的应用案例

随着人工智能技术在智能机器人、图像识别和处理、语音识别、自然语言处理、智能传感等方面不断地更新和发展，从底层的基础设施支持到顶层的实际场景落地，人工智能在医疗领域的应用创新越来越多样化。根据闫莹雪等人的调查研究[①]，在调查的 122 家国内企业中，共收集到各类产品 299 种，辅助诊疗类产品 159 种，其中，影像类产品占比超过一半，其次是语义分析类产品。

人工智能医疗的各参与主体，依据业务侧重的不同，可以分为基础层、技术层和应用层三类，如图 10.6 所示。位于基础层的企业，主要包括提供人工智能医疗基础设施支持的企业，业务范围涉及医疗大数据、算法与框架，以及其他基础硬件设施。数据采集基础设施建设的市场主要是做传统医疗信息化的企业，包括软硬件、系统集成、医疗信息化、互联网医疗平台，数据采集端口包括医院、基因测序、医疗体检等。基础层企业主要依托医疗信息系统和实验项目进行数据收集，例如多年深耕于医疗健康卫生信息化领域的厦门智业、卫宁健康和源启科技等企业，这些企业具有先发优势，以长期积累的大量健康医疗数据为发展基础，华大基因和贝瑞等基因领域龙头企业则通过基因测序实验项目拥有绝大多数的基因数据。提供云计算服务的，例如阿里云、腾讯云和金山云等服务商，通过构建云服务生态圈，凭借合作伙伴协同发展战略，赋能医疗行业解决方案创新研发和推广。健康医疗大数据平台的企业，涉及的业务包括数据存储、数据处理、数据分析、数据安全、数据交易、数据标准化、数据整合平台等，例如医渡云，基于医疗数据自主研发的"医学数据智能平台"，针对大规模多源异构医疗数据进行深度处理和分析，建立真实世界疾病领域模型，助力医学研究、医疗管理、政府公共决策、创新新药开发，以及帮助患者实现智能化疾病管理。

第二层是技术层，多为运用人工智能技术赋能医疗行业的技术企业，这些技术企业提供人工智能技术及技术延伸服务，支持医疗行业的日常工作。例如阿里云提供的云基础和知识图谱等技术帮助医疗机构或者智慧医疗创业企业开展医疗行业智能化应用。现阶段医疗领域技术企业经常运用的人工智能技术包括知识图谱、机器视觉、自然语言处理、机器学习等。

---

① 资料来源：《中国医疗人工智能发展报告（2020）》。

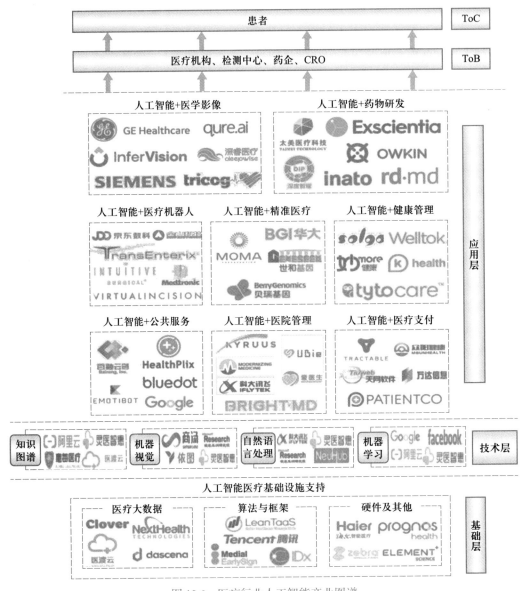

图 10.6　医疗行业人工智能产业图谱

　　第三层是应用层，主要是面向各种应用场景的、采用人工智能技术赋能健康医疗服务的企业，应用场景包括医学影像、药物研发、医疗机器人、精准医疗、健康管理、公共服务、医院管理和医疗支付等。现阶段人工智能赋能医疗领域的应用场景不断拓展，各家企业业务处于铺量阶段，短期内尚未形成拥有市场影响力的龙头企业。在本章的后续内容中将着重介绍人工智能在医疗行业应用层的一些典型应用。

10.4.1　智能辅助手术系统

达芬奇外科手术系统以麻省理工学院（MIT）研发的机器人外科手术技术为基础，于1999 年发布。美国 FDA 已批准达芬奇外科手术系统用于成人和儿童的普通外科、胸外科、泌尿外科、妇产科、头颅外科及心脏外科手术。其设计理念是通过微创的方法开展复杂的外科手术，整个平台由 3 个部分组成：外科医生控制台、床旁机械臂系统和成像系统。

新版本的达芬奇外科手术系统被命名为 Xi，于 2014 年投放市场。系统设计可以允许从 4 个象限进入腹腔，使得如肠道切除这样的外科手术流程变得容易很多。窥镜可以从一个机器臂移动到另一个机器臂，这使得手术医生的操作空间大大增加。以泌尿外科手术为例，由于泌尿系统解剖学上的特殊性，一些复杂的手术往往难以掌握，但通过达芬奇外科手术系统可以化繁为简。在美国，超过 80% 的泌尿外科复杂手术均由达芬奇外科手术系统完成。综合来说，达芬奇外科手术系统具有 3 个方面的优势：① 手术操作更加精确，与传统腹腔镜（二维视角）相比，达芬奇外科手术系统三维视角可以放大 10 倍以上，使得手术精度大大增加，术后恢复快，愈合好；② 创伤更小，术后疼痛减少，减少手术出血量，减少组织创伤和炎性反应导致的术后粘连，缩短了患者住院时间；③ 手术人员工作环境更加轻松，减少疲劳，减少参与手术人员数量。

根据 2019 年的数据，达芬奇外科手术系统在中国已有 87 套，手术量已经达到 11.5 万例，在全球已经有 5 000 套，手术量达到 600 万例。

达芬奇外科手术系统造价昂贵，进口受到我国卫健委配额限制。并且，由于早期国内大多数医生倾向于根据自己经验来进行手术，没有机会或意向接触和掌握这种高端医疗手术设备，因此 Intuitive Surgical 公司为了在亚洲尤其是中国推广产品，进行了长期的市场培育，主要通过每年定期邀请国内知名三甲医院外科主任医生前往公司免费学习掌握设备的使用方法，免费参加公司举办的学术研讨会，同时支持医生通过使用其设备进行学术研究，发表相关论文，以扩大公司在医学界影响力。经过一段时间的铺垫和积累，当医生能够很好地掌握达芬奇系统的性能，习惯使用该系统进行手术，并体会到了系统的优越性后，会产生用户黏性，从而逐步形成市场进入壁垒。

在很多行业，尤其是在医疗器械行业，"设备＋耗材"的捆绑销售模式是常见的盈利模式。因为，一家医院采购一台中大型医疗设备，往往可以使用很多年，这就降低了医疗器械公司的新产品的更替率。仅仅依靠售卖设备，市场规模有限，企业盈利是有天花板的。因此，很多医疗器械企业都会将设备上某些部分转变为一次性使用的耗材。这样就可以让医院定期采购与其之前购买设备配套的耗材，增加医疗器械企业的收入，实现由低频变高频的商业模式。达芬奇外科手术系统的商业模式同样使用了这种"刮胡刀＋刀片"的捆绑销售盈利模式，Intuitive Surgical 公司以销售达芬奇外科手术系统为依附，获得较长期稳定的重复消耗的耗材、配件工具及服务等的收入。近年来，公司销售后的配件、服务费的收入增幅已经要大于达芬奇外科手术系统本身的增幅，早在 2014 年配件和服务收入占比就超过了 70%。尤其是在整体的机器人产品中，机械臂作为高值耗材，每条机械臂仅能使用 10 次，此后就必须更换才能重新解锁开机。目前机械臂的价格在美国从 700 美元到 3 200 美元不等，国内每条机械臂约 10 万人民币，平均每次手术的耗材费用约 1 万元人民币。这在一定程度上限制了产品在国内的推广。

人工智能技术公司与器械公司的合作一般通过将系统搭载在器械上实现，所得利润按照双方商量好的比例进行分成，其盈利模式如图 10.7 所示。

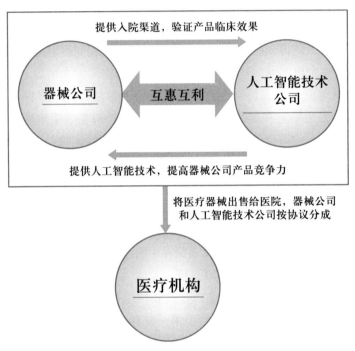

图 10.7　企业合作的盈利模式

目前国内的智能器械，尤其是医疗机器人仍处于起步阶段。中国市场的成长空间很大，以达芬奇外科手术系统为例，在美国，每 1 000 万居民中的渗透率达到了 112 台，而在亚洲，每 1 000 万人的渗透率仅为 3 台。因此国内企业在这一领域做了艰苦卓绝的探索，天智航公司作为国内医疗机器人开拓者和国产手术机器人"第一股"，主打产品为天玑骨科手术机器人。该系统能够辅助开展脊柱外科手术以及创伤骨科手术，以机械臂辅助完成这些手术中的手术器械或植入物的定位。其独有入钉点及钉道计算智能算法使得机械臂能精准运动到规划位置，借助骨科引导器，为医生提供精准稳定的导针置入路径。在 5G 网络的加持下，2019 年 6 月，世界首例多中心（北京、克拉玛依、天津、张家口 4 地 3 台）骨科机器人远程手术成功开展，而天玑骨科手术机器人在该手术中扮演了至关重要的角色。2021 年 4 月 23 日，天玑 Ⅱ 成功上市，通过"智能手术舱"和 360 度全向跟踪，天玑 Ⅱ 使得手术流程更加高效流畅，并且能够应对更多的复杂手术场景，如图 10.8 所示。

图 10.8　天玑 Ⅱ 系统

10.4.2　新药研发

药物设计的原理是通过找到疾病原因靶点，采用相应的信号通路进行抑制或者增强，从而调节人体细胞内生化环境，以达到治疗疾病的目的。核心环节是寻找靶点，然后设计特异性药物精确定位该靶点进行通路调节。药物的研发过程包括：靶点识别、靶点验证、靶点到先导化合物的产生、先导化合物的优化、临床前期候选药物识别、临床前研究和临床研究。

2020 年 11 月，德国制药巨头 Merck 公司宣布与人工智能医药研发公司 Insilico Medicine（英矽智能）达成合作。双方合作后，将把 Insilico Medicine 公司用于全新分子设计的产品 Chemistry42 生成化学人工智能平台整合到 Merck 公司的高性能计算（HPC）基础设施上，提供定制化的服务。

Insilico Medicine 公司一直致力于开发生成化学和生成生物算法。2016 年，Insilico Medicine 公司发表了首篇开创性论文，描述了生成对抗网络模型在肿瘤学领域小分子药物发现方面的应用。2016 年至 2020 年，公司发表了 40 多篇论文，获得多项专利。Insilico Medicine 公司进行了多项概念验证实验，证明生成模型确实能发现全新靶点，并设计出可在体外和体内合成和测试的具有特定性质的分子。Chemistry42 是 Insilico Medicine 公司旗下 Pharma.AI 药物发现平台的核心部分，该软件平台可以将人工智能和机器学习方法与医学和计算化学领域的技术相结合，设计出具有特定物理化学特性的新型小分子。

对于医药公司来说，新药研发开始呈现出明显的高风险特征。根据美国塔夫斯大学药物开发研究中心 30 多年来的统计数据，目前每一个新药的研发成本大约为 26 亿美元，平均耗时 14 年，成功率为 13%。药物研发的投资回报率从 2010 年的 10.1% 下降至 2018 年的 1.9%。对某些复杂疾病领域，例如肌萎缩性侧索硬化症，在过去半个世纪里超过 50 项临床试验未能显示出任何积极的疗效。而人工智能技术的介入让药品公司看到了新的前景，2021 年 2 月，Insilico Medicine 公司宣布成功利用人工智能技术发现全球首个新机制特发性肺纤维化药物。从疾病假设到临床前候选药物，整个研发过程只用了不到 18 个月的时间，花费约 200 万美元，该新型药物已经完成人类细胞和动物模型测试，Ⅰ 期临床试验也在 2021 年 12 月开始进行。人工智能技术在新药研发领域展现出巨大威力，如图 10.9 所示为 Insilico Medicine 公司新药的研发路径。

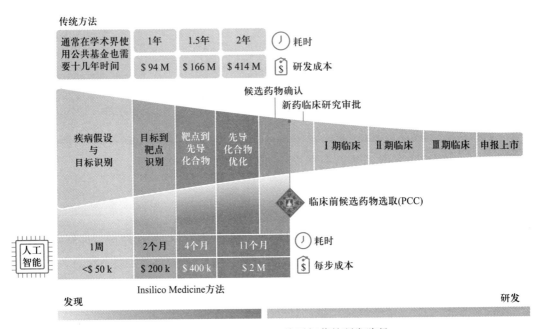

图 10.9　Insilico Medicine 公司新药的研发路径

目前新药研发面临三大痛点：第一，怎样找到合适或全新的靶点治疗某种疾病；第二，找到靶点后如何发现全新的化合物，将靶点推向临床；第三，如何设计临床方案以减少不可预测性。Insilico Medicine 公司首次利用多个相互关联的深度学习模型和其他先进的人工智能技术，成功地将生物学和化学结合起来，发现了一个新的生物靶点，并生成了能够作用于疑难疾病特发性肺纤维化的一个新的小分子。Insilico Medicine 公司的人工智能药物发现平台除了核心组件 Chemistry42，还有靶点发现和多组数据分析引擎 Panda'Omics 和临床试验结果预测引擎 InClinico。这些组件可以很好地应对新药研发面临的三大痛点。

在当前的药品市场上，真正完全创新的药物数量并不多。2020 年，FDA 共批准 53 款新药上市，其中 35 种是小分子药物，而且这些药物中的许多都是针对已知分子靶点，发现能够作用于广泛适应症新靶点的新分子是罕见的。Insilico Medicine 公司的经验展现了人工智能在新药研发的巨大力量，特别是在大型复杂多维数据集建模，如基因组学、蛋白质组学、临床数据、靶点结构数据等方面的作用不可小觑。

10.4.3　疾病筛查和诊断

　　医学影像是现代医疗诊断最重要的依据之一。医学影像辅助诊断是人工智能医疗应用较为成熟的领域，很多研究在皮肤科、放射科、眼科、病理科的复杂诊断都获得了不错的成果。一个经验丰富的医生诊断 10 张 CT 扫描图像需要 1 分钟，而人工智能技术可以将诊断时间缩短到几秒钟，同时诊断正确率提高 15%～20%。以卷积神经网络方法为例，图像数据经过多次卷积和非线性操作迭代，转换成潜在图像概率分布，可以达到图像分类（如恶性或良性）和医疗特征定位（如肿瘤）等。

　　2021 年 3 月 15 日，上海铱砶医疗科技有限公司（脑医生）宣布完成数千万元 A+ 轮融资，中国风险投资有限公司为该轮独家投资方。自 2017 年成立以来，脑医生以"做国际顶级的脑影像人工智能企业"为目标，深耕脑科学和神经影像学原创技术，聚焦以阿尔茨海默病为代表的神经退行性疾病和以脑卒中为代表的脑血管疾病的精准诊疗方案，先后上线了中国首个人工智能脑结构精准分析产品"脑医生云平台"（如图 10.10 所示）和专注脑卒中术前精准评估的"睿脑"，并获得 NMPA 和 CE（Conformite Europeenne，欧美安全认证）的双重认证。脑医生云平台基于自建的中国最大脑影像数据库，已在超过百家三级医院落地，诊断准确率超过 85%，同时联合多家头部体检机构推出了"脑健康精准筛查"的脑部体检项目，填补了国内体检市场无常规脑部深度检测项目的空白。

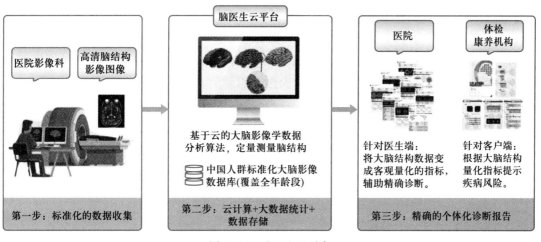

图 10.10　脑医生云平台

　　在现代医疗机构中，医生获取患者的脑部核磁共振图像后，往往根据经验来判断大脑是否出现萎缩。然而经验判断差异化较大，漏诊的现象时有发生，脑医生智能诊断可以有效地避免这类问题的出现。脑医生云平台的诊断流程为：医生将患者数据上传，脑医生通过图像处理、大数据计算和统计分析的方法，将医生的经验量化、标准化后生成精确的诊断报告。脑医生云平台主要有 3 点优势：系统设置十分人性化，操作简单；系统产出数据清晰、全面，不仅对多种脑病有重要的参考意义，而且可以帮助放射科和神经内科做出更具针对性的诊断；一站式平台适用于标准数据采集和案例整理，为临床研究提供帮助。以阿尔茨海默病的诊断为例，大脑皮质灰质的萎缩是阿尔茨海默病患重要的早期诊断指标，脑医生云平台可以自动标注受试者大脑结构的体积，将其与正常指标做对比，就可以对受试者的情况做出判断，供医生参考。

10.4.4　医院管理

传统的医院管理方式很大程度上依赖人工，但是在医院规模不断扩大、医疗资源紧张，以及患者数量不断增加的当前，人工管理一方面很难持续保持高效，另一方面，也很难针对医院不断变化的情况做出最具效率的资源配置，同时，管理工作使得部分优秀的医生无暇专注于临床业务和科研水平的提升。人工智能技术的出现为医院管理提供了全新的工具和方法。

人工智能可以很好地处理传统人工管理带来的问题，优化医院的运营流程，提升运营效率。借助大数据，人工智能系统可以在宏观层面协调资源分配。电子病历、既往病史等能够告诉医院哪些患者最需要救治，从而使得医疗资源优先分配给这些病患。具体来说，这种系统从点评网站、社交平台和新闻媒体等第三方机构搜集患者的反馈意见，通过自然语言处理技术将非结构化的数据转换成能够易被识别的结构化数据，借助已经构建好的模型，分析出评价后的真实含义，最后将这些信息总结成可视化的图表呈现给医院的管理者。

著名医院管理企业 Qventus 公司开发了世界上第一个针对医疗机构的实时操作系统，该系统已经广泛应用于旧金山的医疗机构，并从美国政府医疗网站收集详细数据（美国所有接受医疗保险和医疗补助基金的医疗机构数据都汇总在此）。Qventus 公司实时分析这些数据输出辅助性的推荐信息，帮助医院管理者和医护人员做出决策，如图 10.11 所示。

获得系统性	提升利润	扩展EHR价值	改善医护	降低员工负荷
可视化水平提升资源最优化利用	+1千万美元的财政收益	运营实现自动化和可预测化	缩短停留时间更高医护质量	减少认知负担和突发事件

图 10.11　Qventus 改善医疗机构运营

新冠疫情下美国各州医院面临巨大的病患救治和收容压力。波士顿医疗中心、圣卢克医疗等多个一流医疗机构与 Qventus 公司达成合作，有效提升了病患出院和人流管理效率。某医院在使用该公司提供的智能管理系统后，整体管理从 8 个维度得到了显著改善，如表 10.5 所示。Qventus 公司分析得到的辅助性决策或者预警性信息会通过电话或者短信发送到医生和护士的手机上，方便他们及时调整策略。

表 10.5 医院管理改善情况 [①]

维度	改善程度（%）
患者就诊时间冲突	−25
手术等待时间	−11
患者平均等待就诊时间	−10
患者平均在院停留时间	−15
因医院忙碌导致患者离开	−55
患者流失	−39
不必要的生化检查	−40
患者满意度	18

10.4.5 互联网医疗

国内一些人工智能初创企业聚焦互联网医疗领域，为用户提供医疗服务及健康维护服务等。互联网医疗服务中既包括常规医疗服务的线上化、网络化，例如用户可以通过其互联网医院、互联网医院服务中心，以及连接到互联网医疗服务平台中的医院获取其医疗服务，也包括健康维护服务。健康维护服务提供的是会员式数字化慢性病管理服务和会员式健康管理服务。互联网医疗的市场前景十分广阔，以慢性病管理服务为例，这一类型的服务用户黏性较高，2019 年中国已有 3 亿名慢性病患者，这一规模决定了慢性病管理服务领域成为互联网医疗企业争相进入的庞大市场。以下通过多个企业的案例描述互联网医疗的类别与形态。

1. 在线医疗

在线医疗服务收入主要来自会员服务类产品，以及伴随在线问诊服务产生的电子处方购药业务。其中，会员服务产品包括健康守护 360、私家医生服务。会员类产品在 2020 年上半年总收入超 4.2 亿元，同比增长逾 200%，超过 2019 年全年会员收入。

在线医疗业务很大程度上抓住了公共卫生事件的流量红利。目前，上海、浙江、江苏、四川、广东等省市已经将部分线下定点医疗机构中常见病、慢性病的线上复诊及线上购药纳入医保。

在线医疗领域的领军者平安健康医疗科技有限公司目前在国内外取得了一定的知名度，背靠平安集团，成立四年后即完成上市。公司主要进行医疗科技赋能及自有医疗团队的建设，目前的四大主要业务包括在线医疗、消费型医疗、健康商场及健康管理与互

---

① 资料来源：《人工智能与医疗》。

动。公司旗下的"平安好医生"在完善智慧城市等 ToB 业务的同时，针对 ToC 业务也推出了私家医生等服务拓展渠道。此外，公司还在拓展业务半径，建立互联网医院，探索医保支付的道路。公司目前的医疗健康生态圈如图 10.12 所示。在深受疫情影响的 2020 年上半年，"平安好医生"实现营收正向增长，收入达 27.47 亿元人民币。其中，在线医疗业务大幅跃升，营收贡献首次超过四分之一，这将是"平安好医生"日后着重发力的方向。

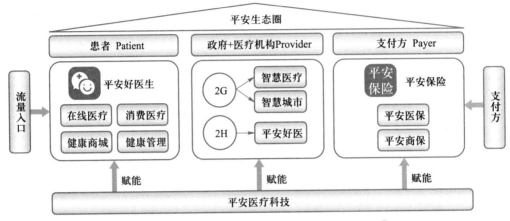

图 10.12　平安健康医疗科技公司医疗健康生态圈 [①]

2. 医药电商平台

受到疫情的影响，2020 年我国医药电商交易规模涨幅为历年之最。据网经社"电数宝"电商大数据库显示，2020 年我国医药电商交易规模达到 1 876.4 亿元，同比增长 94.58%。医药电商领域也频受资本的青睐，据网经社最新数据显示，2020 年 1 月至 2021 年 6 月 8 日，国内医药电商发生了 16 起投融资事件，融资总额超 38.1 亿元。目前，我国医药电商模式主要有以下 3 种。

（1）B2B 模式。该模式在医药电商中销售额占比较大，一般来说是政府主导的 B2B 采购平台，或者药企 B2B 平台，比较著名的有九州通医药网等。

（2）B2C 模式。B2C 模式是医药电商最为引人注目的领域，普通民众更多接触到的是 B2C 平台。B2C 模式又分两种，一种模式是依赖于天猫、京东等平台的电商，相当于在天猫上开的淘宝店，凭借一定资质进行医药销售。B2C 的另一种模式是自建平台，如好药师、健客、康爱多等，药品销售在自己建立的网站或者 App 上面进行。这些自建平台的电商，几乎都在天猫等平台上同时开有自己的网店，并且很多在第三方平台的销售额甚至远大于自己平台的销售额。

（3）O2O 模式。该模式存在线下实体店和网上平台，如果患者在实体店未能买到需要的药品，可以在线上平台下单，再由平台送到患者手里或者去实体店取药。

阿里健康是阿里巴巴集团在健康领域布局的平台，阿里健康目前逐步发展出了以"医 + 药 + 保 + 健"为线索的平台格局，目前的主要业务包括医药电商平台业务、医药自营业务、

---

① 资料来源：iResearch 艾瑞咨询。

医疗服务业务，以及消费医疗业务，如图 10.13 所示。但是其主要收入仍来源于医药电商。就现有业务而言，一方面得益于 2019 年底医药政策进一步放宽，另一方面阿里健康在大健康领域四大业务平台的业务逐渐成熟，2020 年阿里健康医药电商（平台 + 自营）营收占比超过总营收的 95%，且增长率相比 2019 年分别增长了 69.6%（平台）、92.4%（自营）。从阿里巴巴集团的经验来看，医药电商业务发展潜力巨大，未来进一步的成长空间可期。

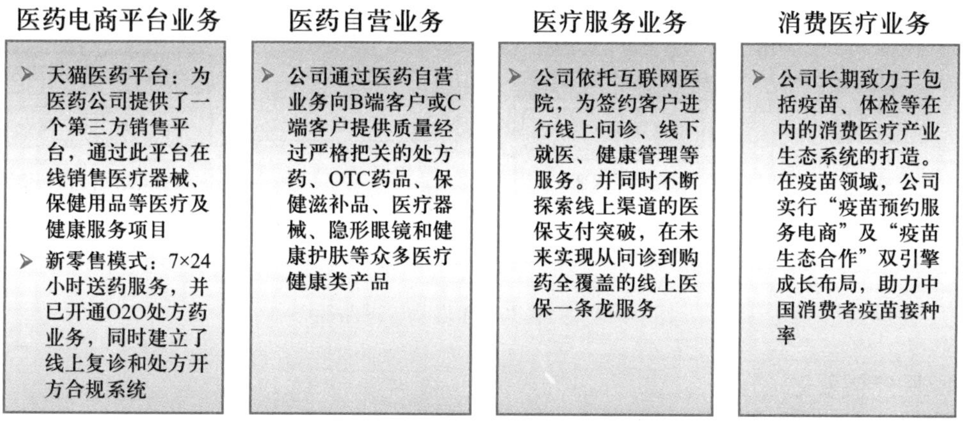

医药电商平台业务	医药自营业务	医疗服务业务	消费医疗业务
➤ 天猫医药平台：为医药公司提供了一个第三方销售平台，通过此平台在线销售医疗器械、保健用品等医疗及健康服务项目 ➤ 新零售模式：7×24 小时送药服务，并已开通 O2O 处方药业务，同时建立了线上复诊和处方开方合规系统	➤ 公司通过医药自营业务向 B 端客户或 C 端客户提供质量经过严格把关的处方药、OTC 药品、保健滋补品、医疗器械、隐形眼镜和健康护肤等众多医疗健康类产品	➤ 公司依托互联网医院，为签约客户进行线上问诊、线下就医、健康管理等服务。并同时不断探索线上渠道的医保支付突破，在未来实现从问诊到购药全覆盖的线上医保一条龙服务	➤ 公司长期致力于包括疫苗、体检等在内的消费医疗产业生态系统的打造。在疫苗领域，公司实行"疫苗预约服务电商"及"疫苗生态合作"双引擎成长布局，助力中国消费者疫苗接种率

图 10.13　阿里健康医疗大健康领域布局[①]

3. 慢性病管理平台

成立于 2014 年致力于慢性病医疗的医联平台以打造患者为中心的慢性病管理平台为口号，希望能聚焦优质医疗资源，赋能医生、服务患者。目前医联平台以慢性病管理为核心，主要针对的慢性病以需要长期药物维持及健康管理的肝病、糖尿病、肿瘤、艾滋病等为代表。根据医联平台公布数据，截至 2020 年，平台实名认证医生超过 80 万人，签约医生超过 5 万人，累计服务患者超过 550 万人次，患者满意度高达 96%。

医联平台通过对我国慢性病管理现状的分析，目前研发了以下 3 种主要模式对慢性病患者进行管理。

① 生物医学管理模式。该模式全面了解患者慢性病发展历程，为慢性病患者建立个人电子档案，为提升患者慢性病控制效果，详细记录主治医师对患者进行的药物干预、调节及反馈信息。

② 认知行为干预模式。根据患者自身情况，由专业医生制定合理生活方案，向患者进行患病教程知识普及，通过物理训练、运动饮食建议等方式指导患者健康合理的生活方式，使患者主观能动地朝着易于治疗的生活方向转变。

③ 心理动力激发模式。专业心理咨询师对患者心理状态进行评估并制定相应方案，之后有针对性地激发患者自主参与慢性病管理的热情。

医联平台通过全方位服务患者模式，建立的慢性病管理服务闭环将有助于我国慢病管理产业链的一体化运营和发展，如图 10.14 所示。

---

① 资料来源：iResearch 艾瑞咨询。

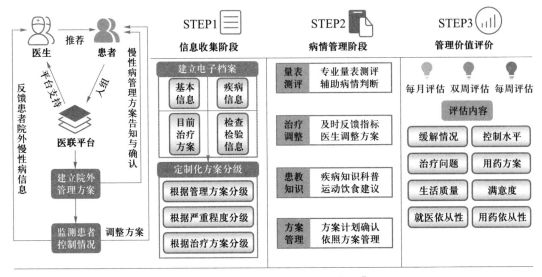

图 10.14　医联平台慢性病管理路径 [1]

4. 医疗信息化

微医公司是一家综合医疗服务机构，旗下包括挂号网、唯一移动医疗平台等，其中，挂号网是一个就医指导及健康资讯平台，主要为患者提供分诊导诊、预约挂号、医疗支付服务。公开信息显示，微医公司的核心业务覆盖医疗、医药、医检、健保等领域。截至 2021 年 4 月，微医公司已连接了 7 800 多家医院、27 万余名注册医生，累计注册用户 2.2 亿；微医控股拥有 27 家互联网医院 [2]，其中 17 家可以通过医保直接结算。

不同于阿里健康等传统互联网医疗巨头的"卖药"路径，微医公司依托问诊、慢性病管理、专科护理等纯医疗服务整合发展起属于自己的平台业务。微医公司最大的优势就是医院业务的外移，借助互联网平台和人工智能技术有效地承接了医院的部分服务，帮助优化医院医疗服务业务。2021 年 4 月 1 日，成立超过 10 年的微医公司正式提交了招股书，分拆其数字医疗服务平台"微医控股"在港股上市。

多年以来一直受困于支付环节的症结迟迟未能打开，其中以医保接通及纳入统筹管理、商业保险的接入承保及支付兑现问题最为关键，互联网医疗一直难以获得商业普及。在疫情暴发前，我国政府已经出台《国家医疗保障局关于完善"互联网＋"医疗服务价格和医保支付政策的指导意见》，明确互联网医疗服务的报销规则和标准，对药品依托数字化技术实现流通提供了保障。而在疫情暴发后，省市级层面的政策落实进一步加快。2019 年 8 月在山东省泰安市推出了首个市级数字慢性病管理服务，获得山东省泰安市医保局认可。2020 年，在疫情的催化下，微医公司在武汉、天津等城市实现医保直接结算。作为覆盖中国 95% 以上人口医疗支出的支付方，医保的打通给微医未来业务的扩展和与

---

① 资料来源：iResearch 艾瑞咨询。

② 互联网医院：2015 年 7 月，国务院先后发布 2 项与医疗改革相关的文件，《关于积极推进"互联网＋"行动的指导意见》与《关于推进分级诊疗制度建设的指导意见》，鼓励医疗机构和科技公司积极探索互联网延伸诊断、电子处方、药物配送等网络诊疗应用，初衷是解决医疗资源匮乏、医疗资源分布不均和分级诊疗的问题。

更多医院开展合作提供了基础。

　　除了将医院窗口"云化"，近年来微医公司逐渐聚焦深入慢性病管理和智能化业务。依托浙大睿医人工智能研究中心，微医公司推出了以下两款智能诊疗应用。

　　（1）睿医智能医生是一款西医人工智能诊疗应用。睿医智能医生通过深度学习技术辅助诊疗，采用百万份优质病患数据训练后的算法，在糖尿病视网膜病变、宫颈癌筛查、肺小结节、骨龄检测、全科辅助诊疗等 10 多个领域表现良好。例如，糖尿病视网膜病变两分类的大部分数据特异性达 99%、敏感度达 95%，宫颈癌筛查准确率、敏感度超过临床医生；技术指标达到国际领先水平。

　　（2）华佗智能医生是一款中医人工智能诊疗应用。华佗智能医生以中国传统中医名医名方经验为核心，通过人工智能技术辅助医生开药方，目前华佗智能医生已接入 11 个地市（主要在浙江省）的 400 家中医馆，累计辅助开方量超过 160 万张，成为全球应用范围最广的"云端中医大脑"。据反馈报告，杭州米市巷社区卫生中心自 2016 年使用该系统后，中医药服务量大幅增长，中药饮片和非药物治疗的服务占比从不足 30% 提升到近 50%。

　　通常来说，用户对于个人问诊和医疗建议的支付意愿并不强烈，企业在投入大量资金搭建基础数据库和人工智能团队建设后，完成后续的盈利是一个重要课题。微医公司从 2018 年到 2020 年，营收年年翻倍，但是三年累计亏损超过 20 亿。目前来看，类似微医这样的互联网医疗平台的盈利主要依赖就医导流、药品购买导流和保险服务，如图 10.15 所示，距离达成依靠"健康服务"变现的目标还有相当长的路要走。

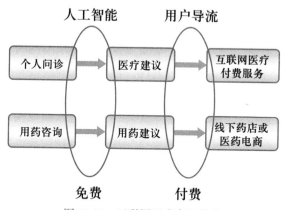

图 10.15　互联网医疗商业模式

　　我国目前人工智能在院内管理方面的应用还不普及，主要原因是短期还未找到一个很好的商业模式。在美国，主要是按照医疗机构定期向企业支付服务费的方式进行。国内企业在这方面的涉足较浅。与智能影像诊断等设备投入后快速收益的情况不同，人工智能在医院管理的应用需要较长的时间才能获得收益，医院方面对此动力不足。不过长远来看，大城市高等级医疗机构的就诊压力逐年增大，随着国家在互联网和人工智能医疗等领域的标准制定和推行，这势必会迫使各大医院开始涉足人工智能赋能院内管理。

10.5 人工智能赋能医疗行业趋势与展望

如前所述，人工智能在医疗行业的应用，相比其他行业，已有很多的探索和创新。其中，不论高科技企业还是传统医疗行业主体，都希望利用数字技术来促进整个医疗体系的创新，政府对此也表现出积极支持的态度。然而，各个国家医疗体系的治理体制和特征都非常不同，数字化进程也参差不齐，再加上医疗健康事关社会稳定和人民福祉，很多问题需要技术类企业、医疗类企业和政府监管部门共同探讨。

10.5.1 医疗人工智能的商业化趋势

从商业的角度看，医疗行业前景良好，无论是药品研发、器械制造等都有比较丰厚的利润，而人工智能技术的赋能无疑能够为医疗行业带来更加美好的前景。但与其他行业相比，医疗行业牵涉的利益更广，除了经济因素，更多地关系到人民福祉、社会安定、国家发展。因此，在这个行业中，患者、医疗服务提供者和保险公司都有着各自的利益出发点，并且监管问题错综复杂，一项投资可能需要 10 年或者更久才能看见回报。这也是人工智能技术与医疗行业结合所必须面临的不确定性。

合适的商业模式是新技术真正获得生命力的"血管"，良好的闭环才能让这个新机体持续运作、发展。经验表明，人工智能医疗产品的商业化过程包括 3 个步骤：首先是最浅层面的产品落地，其次是商业模式落地，最后是盈利能力落地，如图 10.16 所示。目前大多数人工智能医疗公司都还没有实现盈利能力落地。以医学影像领域为例，很多企业仍处在产品落地阶段。产品落地，一方面需要场景真实性及需求刚性的确认和技术实现。另一方面，除了技术的稳健性、可靠性和可提升性，业内专家和医院对产品和技术的认可，是这个领域至关重要的因素。在业务推广初期，当"第一个吃螃蟹的人"寥寥无几时，产品落地比较艰难。随着顶级三甲医院覆盖率提升，产品进入商业模式落地阶段，在这一环节，部分企业会针对不同的阶段和医院等级采用创新的合作模式，例如依图科技公司与顶级三甲医院的合作是免费的，但会针对基层医院探索多种收费模式。最后是盈利能力落地，医企合作模式明确，产品在医院端的渗透率达到显著水平，并且开始进入第三方医疗机构，此后企业才获得了外延扩张的盈利能力。

从全球范围来看，智能医疗的商业化实践并不顺利。人工智能医疗产业仍处于发展早期阶段，相比于传媒、零售、教育等领域来说，商业化程度偏低。在美国，IBM 公司的 Watson 商业收入与其投入严重不匹配。Watson 年收入为 10 亿～ 15 亿美元，这与 IBM 公司的首席执行官 Virginia Rometty 在 2013 年 10 月预估的收入差 10 倍。此外，作为世界上最先进的智能语音技术公司 Nuance 业务发展同样遭遇瓶颈，虽然与美国 77% 的医院有合作，旗舰产品全球占有率超过 70%，但 Nuances 的营业收入自从 2016 年开始连续五年下降，营收缩减超过 25%，最终被微软公司收购。

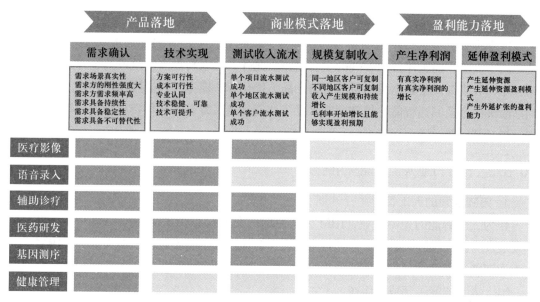

图 10.16 人工智能医疗企业商业化流程 [1]

国内，众多互联网巨头、人工智能公司、医疗机构、高校、风险投资等花费几百亿巨资参与智能医疗的研发与商业探索，相关研究进展及成果不断发表于学术杂志，但是成功得到国家药品监督管理局批准的医疗器械软件仅 11 款，就目前市场整体情况来看，人工智能在医院仍未得到规模化应用，医院的付费意愿并不强烈。对于用户端来说，使用习惯与付费习惯的培养、医保政策等配套基础设施的建立与完善仍然有很长的路要走。

2018—2019 年私募股权投资市场连续两年持续调整，2020 年基金募资先紧后松。在不确定性因素增多的大环境下，对深耕场景、拥有规模化落地应用能力和清晰商业模式的成熟项目成为资本方关注的重点。与此同时，技术与场景的深度融合能力和不依赖"烧钱"的可持续盈利能力成为人工智能医疗公司持续发展的重要支撑。

高通生命公司的总裁 Rick Valencia 曾表示对该领域现有的创收模式持怀疑态度，短期看来没有创造出行之有效的商业模式，他认为找到确切可行的商业模式是一个长期的目标。虽然目前人工智能医疗各个领域的商业模式还不明确，但是通过初步探索，现行的商业模式包括销售硬件设备、提供技术服务或软件授权、后台数据变现、自有数据库建设和开放、一体化解决方案等，如表 10.6 所示。

表 10.6 人工智能医疗的商业模式

商业模式	场景
销售硬件设备	智能医疗机器人、智能可穿戴设备等
技术服务或软件授权	信息化软件、智能医学影像诊断等
后台数据变现	广告精准推送、医疗电商等
自由数据库建设和开放	药物研发数据库、医疗知识图谱开源等
一体化解决方案	软硬一体、智能医院管理等

---

[1] 资料来源：《人工智能与医疗》。

确立差异化竞争战略，以公司主营业务与优势技术为核心，开辟多条并行产品线，在更多医疗细分领域进行技术创新与场景深耕，以此寻求多元盈利模式获取可持续现金流。这是当下人工智能医疗公司发展的主要出路。此外，寻求与更多医院或药企等潜在付费机构合作，收集高质量数据集，持续打磨产品，优化算法模型，智能医疗企业才能提高产品的诊断准确率及其他智能化推理判断水平，切实满足医院等潜在付费机构对效率提升的需求，提升其付费意愿。

10.5.2　医疗行业人工智能应用趋势

1. IBM 公司的人工智能医疗计划

作为人工智能的先驱企业，IBM 公司目前的业务核心在"Watson 认知"上，并且将其发展成为医疗保健大平台。依托自身"人工智能"和"新型硬件"两大能力，IBM 公司在人工智能医疗领域有着更大的野心。

（1）人工智能 + 超成像系统

"超成像系统"是一种广范围的电磁波谱成像技术。超成像可捕捉到除了人眼可见光范围外的图像，模拟出这些电磁波对应的图像，从而获得传统影像所忽略的细节和线索，帮助临床医生对病患和治疗做出更好的决策。

超成像的发展已有近 20 年的历史，相关硬件已经开始出现，但是 IBM 公司的目标在于将其简化、小型化和低成本化，并且有效融入认知算法对图像进行破译和可视化，使得超成像技术真正地在医疗领域发挥作用。例如，使用超成像设备看牙和为标准医疗射线检查提供更丰富的信息。在不久的未来，这种技术将被整合到普通人的手机上，在吃饭和服药前扫描一下，即可查看是否含有有害物质和致敏源。

（2）人工智能 + 芯片实验室

新一代人工智能分析技术——芯片实验室是 IBM 公司的另一个目标。这种设备大小类似荷包，只需要一滴血或者体液就能分析出病毒、细菌或者疾病相关的蛋白质。利用数字化制造和 3D 打印等技术，定制化探针被嵌入到传感器中，从而达到追踪最细微的生物标记的目的。

这项技术的核心优势在于它可以帮助人们在出现症状之前了解自己患病的风险，具有明显的预示能力。以阿尔茨海默病为例，在出现明显症状很长一段时间后，患者的神经状态已经发生了明显改变。依赖这种新设备，通过定期血检，潜在病患可以在早期就能寻找到生物标记，迅速制定相应的治疗方案。

（3）人工智能 + 文字信息

在精神疾病诊断中，病患的谈话一直都是医生判断病情的重要因素。语速、音量、用语特点都可以用于判断精神疾病。IBM 公司希望把这个任务交给人工智能来完成。IBM 公司的团队利用人工智能算法对受试者的语言模式进行追踪和分析，从而判断其罹患精神疾病的风险，该算法预测准确率高达 83%。此外，这套算法还能区分近期罹患精神疾病人群和正常人群的语言模式，并且准确率达到 72%。2018 年 IBM 公司公布其研究成果：

59名受试者中有19人在2年时间内患上了精神疾病，其余40人正常。未来，将这种算法植入到手机或者其他等可穿戴设备中是这一技术实现的模式之一。其他类似的研究包括来自美国著名医疗机构梅奥诊断和以色列Beyond Verbal，科学家们尝试通过分析声音找出冠状动脉患者具有的显著声音特征。

2. 腾讯公司的医疗健康产业链

腾讯公司作为国内互联网领域最为成功的企业之一，依靠自身的科技优势和资源储备，早早便与红杉资本、Y Combinator、纽交所等全球顶级投资机构合作进行多元化投资，并且着重布局医疗健康初创项目。从2015年起，腾讯公司在国外投资了超过14个项目，包括人工智能药物研发公司Atomwise和癌症筛查公司Grail。在国内，自2014年起腾讯参投近30个项目，包括互联网医院微医和具有社交属性的健身应用程序Keep。

从布局上看，腾讯公司希望建立一条线上、线下一体的完整医疗产业链，包含了寻医问诊、健康管理、慢病康复、线下诊所、医药O2O、保险和运动健身等，服务的对象也包括了患者、医生、医疗机构、保险公司和药店等。腾讯公司依托其在社交用户、关系链和平台上的优势，打破信息壁垒、实现大健康产业链各环节的无缝连接，如图10.17所示。

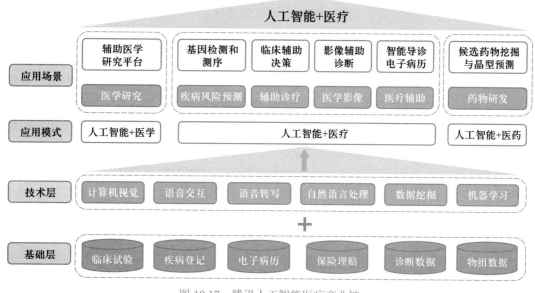

图10.17　腾讯人工智能医疗产业链

2020年7月9日，腾讯公司首席运营官任宇昕在世界人工智能大会开幕式上透露，腾讯公司将正式进军"人工智能＋新药研发"，其开发的人工智能药物发现平台"云深智药"将向科研人员全面开放。这充分展示了腾讯公司深入人工智能医疗这片战场的决心。

3. 传统药企和医疗机构的探索

随着人工智能生物技术初创公司不断涌现，传统制药企业感受到了前所未有的压力，纷纷将目光抛向人工智能创业企业，希望能从中寻得创新解决方案。强生、诺华、赛诺菲、葛兰素史克公司（GlaxoSmithKlein）、Amgen、Merck 等顶级制药公司近 2 年都纷纷宣布与人工智能创业公司建立合作伙伴关系，旨在寻找新的药物，以治疗肿瘤学和心脏病领域的一系列疾病。

制药企业对该领域的兴趣也推动了股权交易数量的增加，2018 年仅至第二季度就达到了 20 笔，等于 2017 年全年交易总量。人工智能在医疗行业的应用并不仅限于药物开发。作为最大的人工智能并购交易之一，罗氏集团于 2018 年 2 月以 19 亿美元的价格收购了 Flatiron Health 公司，后者可以通过机器学习挖掘患者数据。Flatiron Health 公司是肿瘤大数据业内的领头羊，主要聚焦于肿瘤临床数据，目前有超过 2 500 家诊所使用 Flatiron Health 公司的肿瘤电子病历 OncoEMR，还有 200 多万活跃病历可供研究。这能够为罗氏乃至整个行业的肿瘤药物研发提供所需的技术和数据分析能力，帮助其做新药研究决策，为肿瘤学研发设立全新的标准，加速新药上市进程。2020 年 10 月，罗氏集团宣布与 Dyno Therapeutics 公司达成一项价值 18 亿美元的合作和许可协议，将利用后者的 CapsidMap 平台开发新一代腺相关病毒（AAV）载体，用于为罗氏集团和旗下 Spark Therapeutics 公司的研发管线开发治疗中枢神经系统疾病的基因疗法和肝脏定向递送的疗法。CapsidMap 平台采用人工智能技术设计新型衣壳。平台的核心是利用机器学习和 Dyno Therapeutics 公司基于大量实验数据构建的先进搜索算法，它不但能够优化腺相关病毒载体衣壳的组织靶向性和免疫逃逸特性，还能提高衣壳的负载能力和可制造性。

OptumIQ 在 2020 年针对主要医疗机构进行了一项关于医疗人工智能的调查，结果显示，未来 5 年每个机构的平均投资将达到 3 240 万美元。在接受调查的 500 名医疗行业领袖当中，91% 的人相信人工智能将带来投资回报。其中，38% 的雇主和 20% 的医疗企划部门高管甚至认为人工智能可以在 3 年或更短时间内获得投资回报。75% 的受访者正在积极实施或计划实施人工智能战略，相较于 2018 年增长了 88%。尤其众多医疗公司和机构在技术上缺乏独立完成人工智能转型的条件。因此，建立合作伙伴关系至关重要。根据德勤的报告预测，至 2040 年前，这些以疾病为中心的医疗体系将被彻底改革，未来取而代之的是全新的、具有前瞻性、数据一体化和个性化的医疗服务体系。

10.5.3 中国人工智能医疗未来发展路径

医疗人工智能应用可以依据数据有效性和商业模式的发展大致分为以下 3 个阶段。第一阶段为数据整合阶段。医疗大数据因为其独特的隐私性和独有性，导致数据标准化程度低，数据共享机制弱，不便公开且缺乏统一管理的医疗数据使人工智能在医疗行业的效果和应用领域并不理想。第二阶段是"数据共享＋感知智能"阶段。通过第一阶段的整合发展，当医疗大数据融合到一定程度，辅助诊疗、图像识别等各领域的商用医疗产品开始面向市场。第三阶段是"认知智能＋健康大数据"阶段。随着人们对自身健康管理的越来越重视，社会将步入个性化医疗时代。就我国而言，目前有许多企业涉足医疗影像行业并取得了一定成果，但总的来说，我国还未完成第一阶段的数据整合工作，虽然医院信息化管理系统在我国医院内实施比例超过 70%，但是这些医院使用的系统纷繁多样且互不兼容，医疗数据的标准化程度低，共享机制未健全，数据真实性和有效性难以确认，"数据孤岛"现象广泛存在，数据真正价值挖掘不足。

近年来我国政府和相关企业已经开始聚焦这些问题的解决。2017 年，中国 15 个部委依托百度、阿里巴巴、腾讯和科大讯飞这 4 家企业及众多顶尖高校搭建了 4 大创新平台，聚焦基础研究、政策探索、标准制定、准入管理、技术创新、成果转化、数据整合、资源共享、产业发展和社区融合等，从多个方向描画了未来的人工智能医疗赛道，如图 10.18 所示。

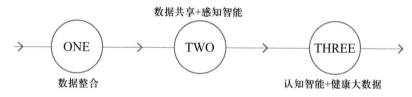

图 10.18　人工智能医疗发展路径

10.6　本 章 小 结

医疗行业有其独特的社会经济属性：医疗市场的外部性、公共性、供需双方的信息不对称性和技术垄断。政府介入相对严格和深入，医疗行业的发展直接影响国民健康和社会经济活动的有序进行。人工智能医疗的主线围绕着医疗系统变革、医疗服务全流程技术创新驱动力的革新、医疗决策体系的颠覆和医疗工具的迭代等展开。

医疗机构和患者拥有海量的用户数据，是构建人工智能医疗产业生态的基础，各大人工智能医疗公司致力于整合和运用数据推动医疗全领域发展的质量变革、效率变革、动力变革。人工智能医疗逐渐分化成 9 大细分领域：虚拟助手、疾病筛查和预测、医学影像分析、病历/文献分析、医院管理、智能化器械、药物发现、健康管理和基因测试。

目前只有少数企业和医疗机构利用人工智能医疗技术完成效益提升，但是未来所有的医疗部门都需要人工智能技术来实现降本提效。互联网公司等高科技企业通过投资和合作正开始建立属于自己的技术"护城河"。政府部门入场，加速推动多方合作，建立新的行业标准和入门机制，协助外部企业和医疗机构整合资源，不断拓宽人工智能医疗应用场景，推动整个行业的智能化转型。

习题 10

1. 医疗服务行业的外部性和公共性分别指的是什么？
2. 数字经济时代，医疗服务的供给端和需求端产生了哪些新的经济特性？

3. 试总结医疗服务行业的体系架构，并分析医疗服务行业的产业链。

4. 什么是大数据的"4V"特点？医疗大数据具有什么特点，具体体现在哪几个方面？

5. 联系实际，谈谈人工智能在医疗服务行业的一个具体应用，分析其优势和劣势，并试析该应用未来发展的方向及原因。

◀ 参 考 文 献 ▶

［1］王珊，金水高.浅析"新医改"思路的经济学特征［J］.卫生经济研究，2009（05）：14-15.

［2］张丹，吴明江，李劲然.医疗服务的经济学特征与行政干预［J］.中华医院管理杂志，1994（08）：457-460.

［3］张雪高，周恭伟.人工智能＋医疗健康［M］.北京：电子工业出版社，2019.

［4］赫拉塔·麦斯可.颠覆性医疗革命，未来科技与医疗的无缝对接［M］.北京：中国人民大学出版社，2016.

［5］动脉网蛋壳研究院.人工智能与医疗［M］.北京：北京大学出版社，2019.

［6］36氪研究院.2020人工智能医疗产业发展蓝皮书［R/OL］.36氪网，（2020-09-07）.

［7］张旭东.中国医疗人工智能发展报告（2020）［M］.北京：社会科学文献出版社，2020.

［8］秘丛丛，林怡龄.2020医疗领域数字化企业融资盘点："资本逐浪"，AI医疗火热［EB/OL］.亿欧网，（2020-12-30）.

［9］Schmid C.数字医疗能为中国带来什么？［EB/OL］.亿欧网，（2018-09-27）.

［10］李唐宁.新基建东风助力，医疗服务模式数字化转型提速［EB/OL］.人民论坛网，（2020-05-06）.

［11］CB INSIGHTS.The 10 Most Valuable Private Digital Health Companies［R/OL］.CB INSIGHTS，（2020-09-17）.

［12］BENNETT C C，HAUSER K.Artificial intelligence framework for simulating clinical decision-making：A Markov decision process approach［J］.Artificial Intelligence in Medicine，2013，57（1）.

［13］CORCORAN C M，CARRILLO F，FERNÁNDEZ-SLEZAK D，et al.Prediction of psychosis across protocols and risk cohorts using automated language analysis［J］.World Psychiatry，2018，17：67-75.

［14］OPTUMIQ.3rd annual optum survey on AI in health care［R/OL］，［2022-05-30］.

［15］全国人民代表大会常务委员会.中华人民共和国基本医疗卫生与健康促进法

［N/OL］.全国人大网，（2020–03–15）.

［16］熊建.医疗水平显著提升，安全制度日趋严密［N］.人民日报海外版，2020–10–20.

［17］杨朝晖，王心，徐香兰.医疗健康大数据分类及问题探讨［J］.卫生经济研究，2019，36（03）：29–31.

［18］代涛.健康医疗大数据发展应用的思考［J］.医学信息学杂志，2016，37（2）：2–8.

［19］国务院.国务院关于印发新一代人工智能发展规划的通知［N］.中华人民共和国国务院公报，2017–08–10.

［20］岷江资产.阿里云：大数据视觉智能实践及医学影像智能诊断探索［EB/OL］.新浪微博，（2017–05–17）.

［21］跃马檀溪.中国互联网＋医疗行业研究报告［R］.艾瑞咨询系列研究报告，2020–09–01.

［22］赵永超.医疗人工智能的应用领域与颠覆创新（上）——医疗人工智能的历史发展与构成要素［EB/OL］.微信公众号，（2017–08–31）.

结　　语

人工智能技术和产业发展至今，人们已经形成了基本的共识，即本轮的发展高潮建立在数据、算力和算法的红利之上。然而，面向未来的人工智能技术本身仍有许多"硬骨头"要啃，一些重大数理基础问题亟待解决，即基础研究的理论创新，其中既包括对原有理论体系或框架的突破，对已有理论和方法的修正，也有对全新未知领域的探索。例如，在本书的第 2 篇中，介绍交互式对话系统的人工智能芯片，能将人工智能算法中特定重复使用的运算/操作硬件化，是一种加速数学算法的物理措施。但是目前的芯片在可靠性、精度和功耗方面仍有很大的突破空间。这将会从根本上将本轮人工智能浪潮从"可落地"发展成"真好用"。

本书第 3 篇中描述了人工智能赋能各行业，优化企业运营、实现降本增效和创造新业务的各种实例。除此之外，人工智能技术也通过作用于行业固有技术路径的发展，对企业和商业生态产生影响。以车联网为例，传统无线通信系统的设计严重依赖基于模型的方法，即基于测量数据分析构建通信系统模块。但是，到了 6G-V2X 场景下，一些要求非常精确建模的场景（干扰模型、准确信道估计等）就很难完成。由于能够提取特征和识别某些深层次隐藏的输入和输出数据之间的关系，机器学习方法可以在上述场景中作为工具采用，其数据驱动特性可以帮助推断和预测用户行为、网络流量、应用程序要求和安全威胁等，从而改变运营商资源调配和改善网络运作的方式。

人工智能技术除了作用于产业变革，还在很多科学研究中发挥重要的作用。在生物学领域，DeepMind 团队于 2020 年宣布推出 AlphaFold，这种基于蛋白质的基因序列，利用人工智能预测蛋白质 3D 结构的系统，解决了过去 50 年间困扰生物学家的难题。此外，英国《自然》杂志也在 2021 年发表了一个机器学习框架，能帮助数学家发现新的猜想和定理。

1. 人工智能产业

本书第 2 篇主要是站在人工智能供给端的角度，将整个人工智能产业链抽象成"基础层""技术平台"和"应用层"，讲述了建立在计算机视觉技术、智能语音语言技术、信息检索与挖掘和控制智能与机器人这四大类代表性技术体系与其业态的现阶段基本状况，如图 11.1 所示。其实目前市场上活跃的重要参与者还包括互联网公司如阿里巴巴、百度和腾讯公司，以及传统的信息通信技术（ICT）企业如华为公司等。这些企业多是依托自身原有业务的优势，将人工智能的能力应用在自身业务的优化和创新上，同时又对外输出基于云的人工智能能力。这些企业在人工智能方面的产品和竞争策略与人工智能的创业企业有着很大的不同。例如，DeepMind 团队于 2021 年推出 Gopher，一个 2 800 亿参数的语言模型，期望提升谷歌公司在搜索引擎等系列产品上的质量。

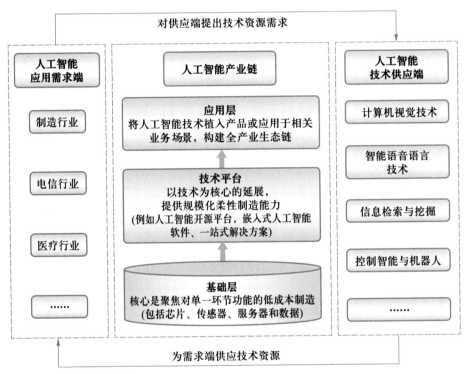

图 11.1   人工智能需求、供给和产业链

不同技术已经有不同的商业落地表现，这些落地也反过来对技术今后的发展产生影响。计算机视觉在分类、定位、检测、分割等基本语义感知研究任务上已经取得很好的效果，在真实场景中也能够经受住实战考验，特别是安防等政府采购（ToG）的项目上。也有观点认为，现阶段计算机视觉应用同质化严重、技术进步走到瓶颈期。事实上，对于人类而言视觉是认知和推理的起点，对于机器而言也是同理。如何像人类一样将多模态信息融合分析、三维世界适应，突破依赖数据输入的局限，通过将知识和常识结合解决高层次的问题，以及主动感知与适应复杂变化等，都将是计算机视觉技术可期待的下一次拐点。

最后，标准在技术发展的过程中一直起到至关重要的作用。工业时代，全球化大分工背景下的技术标准主要解决产品零部件的通用和互换问题，后来演变成贸易保护的重要壁垒。进入数字经济时代，技术标准也成为高科技产业竞争的制高点，例如在互联网应用之前就先有了 IP 协议，3GPP（3rd Generation Partnership Project）协调移动通信技术各种标准，在 5G 商业应用之前，围绕各国各种不同技术路线的方案是否被纳入标准的竞争如火如荼。在人工智能领域，国内的标准化体系建设也在 2020 年印发的《国家新一代人工智能标准体系建设指南》引导下，逐步推进，保证人工智能产业朝着健康、有竞争力的方向发展。

2. 人工智能赋能行业

在第 3 篇中，本书从需求出发，呈现了当前实体经济中三大行业的运行逻辑和现有企业对人工智能技术的应用采纳。不难发现，这些应用基本上还是应用场景驱动的，而且行业不同，行业固有技术与人工智能技术结合的紧密程度也有差别，例如电信行业对大数据、人工智能技术在优化企业运营和提升用户体验方面的应用需求较直接，但是在工业制造企业领域，此类需求较一般。如果继续深入探讨下去，即使同一行业中的不同企业，由于数字化程度不同，对人工智能的应用采纳也会有所细分。对企业的数字化基础水平的评级指标体系的建立可以成为一个探索方向，包括建立更好地理解企业人工智能需求的工具。

现阶段人工智能技术应用比较好的行业，大多数据禀赋较好。数据已经成为数字经济时代重要的生产要素，但是不同行业的数据禀赋参差不齐，金融、电信、电力等行业由于信息化基础相对较好，数据获取能力以及存储能力相对较强；农业领域和工业领域目前这方面的应用偏少，能力偏弱。所以在相当长的一段时间内，围绕模型和算法的采纳，较多的应用会集中在数据禀赋相对发达的行业之中。

另一方面，不仅是人工智能的企业，其他不同行业的企业都逐渐意识到了数据的价值，原本数据禀赋优良的行业就会在数据分析和处置能力上不断加大投入。就目前来看，开发一项人工智能模型并上线应用大致需经历从业务理解、数据采集标注及处理、模型训练与测试到运维监控等一系列流程。在此过程中需要大量的算力、高质量数据源、应用算法研发及人工智能技术人员的支持，但实体经济中大部分中小企业用户无论从财力还是技术能力上都不具备零基础自主构建人工智能方案的能力，而大型企业的可支付能力强，需要高性价比的人工智能开发部署方案，并且会考虑可拓展性、部署应用速度、可解释性和与既有系统兼容稳定等问题。所以实体经济中的企业对于外部人工智能服务或产品的需求，将主要来源于无法在短期效内实现自建能力的企业，或者经过评估比较发现购买市场服务和产品在效率和成本上优于自建的企业。这种需求与企业对信息技术（IT）业务外包、企业对企业资源计划（ERP）系统的需求有相似之处，从这一点上来看，下一步人工智能企业和企业智能化的发展或许可以从这些外包公司和企业软件系统公司的发展历程中寻求经验和规律。

长期来看，随着工业领域工业互联网的普及，各种工业数据信息搜集成本大幅下降，5G 以及未来移动网络技术的进一步发展，工业企业出于对柔性生产、满足客户定制化需求、内部降本增效等的驱动，数字化、自动化和智能化的需求会越来越高。对社会生产力贡献非常大的第二产业，至今仍然是经济的重要组成部分，也是国家竞争力的重要构成因素之一。工业领域是技术创新、提高生产力水平的主战场，人工智能企业将面临的是如何从场景驱动的应用模式，转化成能真正帮助企业提升生产效率。

除了工业制造领域的发展前景外，以深度学习为代表的人工智能技术在医疗、公共服务等民生领域也将有广阔的应用前景。从 2020 年开始席卷全球的新冠疫情，给人类社会带来了前所未有的挑战，不仅是对医疗系统，对人们的工作、社交和生活出行等活动带来了深远的影响。在本书第 2 篇和第 3 篇的内容里，介绍了目前的人工智能技术应用的实践，这些实践的技术是否还有别的常规应用场景？同时，随着病毒变种的不断涌现，新的问题不断涌现，例如，如何快速有效识别和应对病毒新变种，封控地区的物资运输和保障等。现实的需求不断涌现，人工智能技术是否对此能有一番用武之地，是值得深入问题的本质去思考和探索的。

3. 供给和需求不匹配的现状

当前，人工智能企业不遗余力地将智能化技术带入大众视野的同时，也暴露出了一些问题。例如，仍然采用工业时代传统的卖方思维，会耍大刀的就夸大刀好，会挥几板斧子的就夸斧子的厉害之处，依托自身的技术优势去寻找应用场景，划定市场，典型的技术"卖方市场"思维。当前五花八门的机器人产品就充分反映了现阶段的这种特征，例如，市场上各种厂家、各种功能的机器人种类众多，包括扫地机器人、做饭机器人、看护机器人、陪伴机器人等，然而，这种供给驱动方式的缺陷是与市场需求脱节，人们需要的不是数量众多的机器人，而是一个能帮难解困的生活助手。医疗方面的人工智能应用，虽然被认为是目前应用场景最丰富，也是最被投资者所看好的领域，但是 2021 年，媒体报道 IBM 公司正在考虑如何脱手旗下的沃森健康（Watson Health），谷歌公司也解散谷歌健康（Google Health）部门，将团队分散到其他不同部门。在实际的人工智能医疗项目实施过程中，医生常常对工程师发出这样的抱怨：智能语音方向上，技术提供方总是强调语音识别与自然语言处理算法的准确率极高，能够将语音自动转化成文本，节省医生写病历时间，然而病历最核心的是记录下医生的判断以及后续辅助诊断的措施决策，仅仅将与病人的对话转化成文本的实际应用意义较低。

当然，现阶段供给和需求的矛盾与当前人工智能技术所处的发展阶段有很大关系。上述各类功能机器人就是在面向单一明确需求的"专用"人工智能技术下实现的，如果这些企业能继续投入基础研发，实现"通用"人工智能，充当全方位生活助手的通用机器人的出现将指日可待。但是，"通用"人工智能技术的发展是解决现有的供需不匹配的核心吗？它们是否可以解决人们最本质的需求？当人工智能技术无限向人类的能力逼近，其中的伦理问题如何解决？这些都是未来值得人们继续深入探索的问题。

新技术和新产品渗透到生活和工作的方方面面，人们习惯于默认技术推动人类社会和生产生活不断向前。工业革命以来，人和技术的互动共存是社会向前发展的永恒旋律。身处当下，愿这本书作为技术与产业发展洪流中的小小篇章，为记录和分享本轮人工智能的发展贡献绵薄之力！

新一代人工智能系列教材

  "新一代人工智能系列教材"包含人工智能基础理论、算法模型、技术系统、硬件芯片和伦理安全以及"智能＋"学科交叉等方面内容，以及实践系列教材，在线开放共享课程，各具优势、衔接前沿、涵盖完整、交叉融合，由来自浙江大学、北京大学、清华大学、上海交通大学、复旦大学、西安交通大学、天津大学、哈尔滨工业大学、同济大学、西安电子科技大学、暨南大学、四川大学、北京理工大学、南京理工大学、华为公司、微软亚洲研究院、百度公司等高校和企业的老师参与编写。

教材名	作者	作者单位
人工智能导论：模型与算法	吴飞	浙江大学
可视化导论	陈为、张嵩、鲁爱东、赵烨	浙江大学、密西西比州立大学、北卡罗来纳大学夏洛特分校、肯特州立大学
智能产品设计	孙凌云	浙江大学
自然语言处理	刘挺、秦兵、赵军、黄萱菁、车万翔	哈尔滨工业大学、中科院大学、复旦大学
模式识别	周杰、郭振华、张林	清华大学、同济大学
人脸图像合成与识别	高新波、王楠楠	西安电子科技大学
自主智能运动系统	薛建儒	西安交通大学
机器感知	黄铁军	北京大学
人工智能芯片与系统	王则可、李玺、李英明	浙江大学
物联网安全	徐文渊、冀晓宇、周歆妍	浙江大学、宁波大学
神经认知学	唐华锦、潘纲	浙江大学
人工智能伦理导论	古天龙	暨南大学
人工智能伦理与安全	秦湛、潘恩荣、任奎	浙江大学

续表

教材名	作者	作者单位
金融智能理论与实践	郑小林	浙江大学
媒体计算	韩亚洪、李泽超	天津大学、南京理工大学
人工智能逻辑	廖备水、刘奋荣	浙江大学、清华大学
生物信息智能分析与处理	沈红斌	上海交通大学
数字生态：人工智能与区块链	吴超	浙江大学
赋能：人工智能与数字经济	王延峰、于晓宇、史占中、吴明辉、李泉、周曦、俞凯、惠慧、熊友军	上海交通大学
人工智能内生安全	姜育刚	复旦大学
数据科学前沿技术导论	高云君、陈璐、苗晓晔、张天明	浙江大学、浙江工业大学
计算机视觉	程明明	南开大学
深度学习基础	刘远超	哈尔滨工业大学
机器学习基础理论与应用	李宏亮	电子科技大学
遥感图像智能分析与处理	尹继豪、罗晓燕、飞桨教材编写组	北京航空航天大学
具身智能	刘华平	清华大学
因果发现与推断	李廉	合肥工业大学

新一代人工智能实践系列教材

教材名	作者	作者单位
智能之门：神经网络与深度学习入门（基于 Python 的实现）	胡晓武、秦婷婷、李超、邹欣	微软亚洲研究院
人工智能基础	徐增林等	哈尔滨工业大学（深圳）
机器学习	胡清华、杨柳、王旗龙等	天津大学
深度学习技术基础与应用	吕建成、段磊等	四川大学
计算机视觉理论与实践	刘家瑛	北京大学
语音信息处理理论与实践	王龙标、党建武、于强	天津大学
自然语言处理理论与实践	黄河燕、史树敏、李洪政	北京理工大学
跨媒体移动应用导论	张克俊	浙江大学
人工智能芯片编译技术与实践	蒋力	上海交通大学
智能驾驶技术与实践	黄宏成	上海交通大学
人工智能导论：案例与实践	朱强、飞桨教材编写组	浙江大学、百度

读者意见反馈

为收集对教材的意见建议，进一步完善教材编写并做好服务工作，读者可将对本教材的意见建议通过如下渠道反馈至我社。

咨询电话　400-810-0598

反馈邮箱　gjdzfwb@pub.hep.cn

通信地址　北京市朝阳区惠新东街 4 号富盛大厦 1 座
　　　　　高等教育出版社总编辑办公室

邮政编码　100029